目 錄

第二章　變數的宣告與使用　25

第三章　條件敘述與 for 敘述　67

第四章　Bottom-Up 程式策略　111

第六章　while 敘述與 do 敘述　195

第七章　陣列的宣告與使用　233

第八章 陣列程式設計 267

第九章 函數程式設計 313

第十一章　檔案程式設計　401

第十二章　自訂變數型態　433

附錄 A　主控台與 DOS 指令（光碟）　465

附錄 B　Dev-C++安裝與操作（光碟）491

附錄 C　Visual C++安裝與操作（光碟）511

附錄D　Turbo C 安裝與操作（光碟）533

序言一

電腦語言是用來讓人對電腦下達命令，使之執行工作。和電腦語言比起來，人類語言具有龐大的字彙、複雜的語法及用法。然而電腦語言的字彙僅有數十個字，而且語法固定，甚至於用錯標點符號都會被電腦認定為語法錯誤。因此**當讀者學不來用電腦語言寫程式時，原因不是電腦語言太難，而是它太簡單、太原始，所以才學不來。**

學習電腦語言的**第一個障礙**是 ── 我們在習慣於使用**高等**且**複雜**(功能強大)的**人類語言**後**，**我們的思維無法運用**簡單**、**原始**而且語法固定的**電腦語言。**傳統上解決這個障礙的教學方法是：**閱讀範例程式來學習程式**，所使用的主要工具則是**流程圖**，但**流程圖可以幫助瞭解程式的邏輯運作**，卻**無法有效幫助程式初學者寫出程式**。因為當一個程式設計者遇到不知如何著手的程式問題時，也意味著他不知如何著手畫出解題程式的流程圖，因此**本書將不使用流程圖說明程式運作**。

本書完全揚棄**藉閱讀程式範例來學習程式設計**的策略，改採筆者自創的程式發展策略 ── 運用**直線方程式**於系統分析的 **Bottom-Up** 與 **Top-Down** 方法，將之轉化成**入門的程式設計策略**，讓程式設計能按部就班的進行而不再憑空想像。經筆者多年的實際教學經驗，證明這兩個策略可以快速提升程式學習效果，並大幅縮短學好程式設計的期程。

序言二

在筆者寫本書期間，許多同事、朋友及學生問我：「大家都知道 Turbo C (簡稱 TC)是 DOS 時代的產物，TC 不是早已經成為歷史了嗎？為何還要用 TC 呢？」

二十餘年的教學生涯中，筆者曾經教過或用過 VB(Visual Basic)、VC (Visual C)、Delphi…等等所謂的「物件導向程式語言」，但是 TC 仍然是我的最愛，當然也成為本書所介紹的三個程式發展工具之一，筆者選擇 TC 有幾個重要的理由：

在 Windows 問世之後，提供視窗操作環境的「物件導向程式語言」就如雨後春筍般地出現，VB、VC、Delphi 就是其中的佼佼者。緊接著許多技、職學校的程式入門課程通通改學視窗操作環境的「物件導向程式語言」，如：VB。

這個現象所造成的結果是：由於使用複雜的程式發展系統，愈來愈多的學生不知道他寫的程式放在硬碟的哪個目錄(directory)，因此就無法拷貝「在電腦教室寫出的程式」，將之存入磁碟或隨身碟帶回家。

愈來愈多的學生不知道檔案的延伸檔名(extension、副檔名)叫什麼，所以常見學生使用 Windows 的「記事本」編修網頁檔案 index.htm 後，被存成 index.htm.txt 而不自知，結果造成網頁無法正常瀏覽。同樣的，使用 Word 編修網頁檔案也會有類似的問題。

此外，愈來愈多的學生會用 VB、VC、Delphi 做出很漂亮的「成績處理系統」操作畫面，卻沒有能力寫出搜尋或排序的程式找到成績最好的學生資料。

這些現象就是筆者至今仍然選擇使用 TC 教授程式入門課程的主要理由，在 Windows 環境下的 DOS 視窗使用 TC，可以讓學習者磨練 DOS 指令、熟悉目錄與路徑(path)的觀念，還可以經常用到、看到檔案的全名(即主檔名加上延伸檔名)。

此外，TC 是個簡單、輕巧的系統，是個不需要考慮美工問題、純粹訓練程式技巧的整合發展環境。使用 TC 系統，學習者可以學到簡單的系統設定(如：系統檔案路徑設定)、可以輕易地看到系統檔案放在哪裡、可以輕易地找到自己所寫的程式檔以及程式執行檔(exe 檔)，甚至於學習修補損壞的系統檔案。這些經驗對於學習者將來的系統操作能力，有決定性的幫助。使用 TC 還有一個最大的好處是：學習者將來比較能夠適應 Unix 或 Linux 系統。

普遍的觀念認為 Basic 是最好的程式入門語言，大部分的職校更是選擇 Basic。但筆者覺得把 C 語言納入程式入門課程，會有更好、更長遠的學習效果，值得試試看。

01
CHAPTER

C 語言初體驗

1-1 電腦語言是什麼？

人和人(人 ↔ 人)溝通使用的是人類語言，例如國語、臺語、英語、日語。由於人類語言具有龐大的字彙、複雜的語法及用法，不是現今電腦可以輕鬆、正確地處理。因此我們使用一種字數很少、語法很固定的語言來讓**人對電腦(人 → 電腦)**下達命令，使之執行工作，這樣的語言稱為**電腦語言**，著名的電腦語言如 C 語言和 Basic 語言。我們比較人類語言和電腦語言於表 1-1，很明顯的電腦語言的字彙僅有數十個字，而且語法固定，甚至於用錯標點符號都會被電腦認定為語法錯誤。**因此當你學不來用電腦語言寫程式時，主要的原因不是電腦語言太難，而是它太簡單、太原始，才讓你學不來。**

表 1-1 人類語言和電腦語言的比較

	人類語言	電腦語言
用　　途	人和人溝通	人對電腦下達命令
基本組成元素	字 (例：我、吃)	字 (例：for、while)
意義完整的若干字	句子 (例：我要吃飯)	敘述 (例：sum = 20;)
功能完整的若干句	段　落	程式段
功能完整的若干段	文　章	程　式
字彙大小	數萬字	數十字
語法複雜度	複雜且多變化	簡單且固定

希望有一天我們只須對電腦講人類語言就可以叫電腦工作，但是在那一天到來之前，如果要學習電腦語言來寫程式，C 語言是個不錯的選擇。因為 C 語言是個簡潔且有效率的電腦語言(程式語言)，且使用 C 語言可以學到完整的程式設計觀念及技巧。

筆者要在此先強調，**學習電腦語言的第一個障礙是：**我們在習慣於使用**高等**且**複雜**(功能強大)的**人類語言**後，我們的思維無法運用**簡單**、**原始**而且語法固定的**電腦語言。**傳統上解決這個障礙的教學方法是：**閱讀範例程式來學習程式**，所使用的主要工具則是**流程圖**，但**流程圖可以幫助瞭解程式的邏輯運作，卻無法有效幫助程式初學者寫出程式**。因為當一個程式設計者遇到不知如何著手的程式問題時，也意味著他不知如何著手畫出解題程式的流程圖，當然就不用談怎麼寫出解題程式了。

在開始進入 C 語言的學習時，筆者想先說明一些書中的用語。組成電腦語言的字(例如：for, while) 正式的名稱叫**關鍵字**(keyword)、**保留字**(reserved word)或**識別字**(identifier)，而意義完整的一個電腦語言句子(sentence)，正式的名稱叫做**敘述**(statement)。為了不要讓專有名詞變成讀者學習的障礙，在書中**筆者會用「字」、「句子」來代表「關鍵字」、「敘述」**。這樣做的另一個重要目的是要不時提醒讀者，**學習 C 語言其實是等於學習只有數十個單字的英語。**

1-2 C語言初體驗

現在我們開始學習第一個 C 語言句子，也就是 printf 句子， printf 句子(printf 敘述)的用途是命令電腦將訊息顯示在電腦螢幕上，printf 句子的語法(也可說 printf 的用法或 printf 的格式)如下：

語法

```
printf("所要顯示的訊息");
```

語意

將小括弧內前後兩個雙引號「"」引住的訊息顯示在電腦螢幕上。

說明

1. 所要顯示的訊息須用**兩個雙引號**「"」前後引住，再用**左右小括弧**包住，句末再標上分號。
2. 雙引號內可填入數字、英文大、小寫字母或符號，但是有些符號有特別的用途，詳細的說明請參考下一章。
3. **標錯任何標點符號**都會被視為語法錯誤。
4. 雙引號「"」引住的空白，不論個數多少都會被完整地(一個不少地)顯示在電腦螢幕上。
5. printf 的所有字母必須**全部小寫**，故若將 printf 鍵為 PRINTF 或 Printf 都會被視為錯誤。
6. 雙引號「"」引住的所有字元被稱為**字串**(string)。
7. \n 出現在 printf 所要顯示的訊息中會產生**換列**(new line)**輸出**的效果。

所以要將「I love C!」三個英文字與驚嘆號顯示在螢幕上所需要的 C 語言句子 (C 語言敘述) 是：

```
printf ("I love C!");
```

另外，如果要在螢幕上印出兩列的「I love C!」，所需要的 C 語言句子(C 語言敘述)則是：

```
printf ("I love C!\n");
printf("I love C!");
```

或者

```
printf ("I love C!\nI love C!");
```

請注意：我們可以根據螢幕輸出的需要，在 printf 所要顯示之訊息中的**任何位置**加入換列(\n)的符號，就可產生換列的效果。請讀者猜猜看，下列句子會產生什麼輸出。

```
printf ("I love C!\n\nI love C!");
```

一個完整的 C 語言程式要將所有的句子(敘述)用左右大括弧包住，並在左大括弧前寫下 main( )，一個簡單而完整的程式如下所示：

```
main()
{
    printf("I love C!");
}
```

程式開頭的「**main( )」是主函數(或叫主程式)的意思，其用途是告訴電腦從這裡開始執行程式**。而左右大括弧包住的就是主函數(主程式)的範圍，右括弧之後的句子是不會被電腦執行的。

筆者想再次強調：讀者可以**把 C 語言當成只有十幾個單字的英語來學**，但是要讓電腦看得懂你的 C 語言程式，程式中就**不能有任何錯誤**(語法或標點符號)。例如，目前讀者要特別注意的是：**C 語言是個會分別字母大小寫的**(case-sensitive)**電腦語言**，也就是

main 這個字不等於 MAIN，也不等於 Main，因此這裡的 main 必須全部用小寫。其實**組成 C 語言的所有關鍵字**(keyword)**或保留字**(reserved word)**全都是小寫的**，這些字都具有特定的意義及用途，任何誤用都被視為語法錯誤。

C 語言的程式排列並沒有要求一句一列，故我們可以將上一個程式鍵成如下所示：

```
main( ){    printf
("I love C!")
; }
```

這樣的句子排法，語法沒有錯誤，電腦可以看得懂，但要讓人(例如：你的 C 語言老師)來看就很不人道了。所以請**讀者務必培養正確、易讀的句子排列方式，正確的句子排列會讓大程式變得邏輯清楚、易讀易懂**。

1-3 檔案的命名

在新建完成一個程式或資料之後，存檔前我們須要先**設定檔名**，Windows 作業系統允許絕大部分的字元作為檔名，反而被排除的字元只有少數，最淺顯的兩個例子就是「\ 與 *」。這些字元不能當作檔名的主要原因是 Windows 賦予它們**特定的意義**。如「\」被 Windows 用來代表磁碟的**最上層資料夾**(又稱**根目錄**)，而「*」則被解釋為**萬用字串**或**通用字串**。不能用作檔名的字元有「\ * < > = + " / : ; . ,」，此外筆者建議與程式相關的檔案名稱也儘量不要使用「] [} { } 」以及**空白字元**(space)，以免發生意外的錯誤。

至於檔名的長度限制隨作業系統不同而略有不同，**檔名的最大長度約在 255~260 個字元之間**，但要算入檔案所在的**所有上層資料夾名稱與分隔號「\」**，這一指定檔案所在位置的字串叫作**檔案路徑**(file path)，1-5 節與附錄 A 有比較詳細的操作與說明。

檔案的命名原則首重**顧名思義**，例如，微軟公司把用來探索(explore)網際網路(internet)的**瀏覽器**程式檔取名為 iexplore，稱為**主檔名**。除了主檔名外，我們用若干字(大多是三、四個字母)來代表檔案的**功能**或**類別**，稱為**延伸檔名**(filename extension)，常見的延伸檔名有：exe(可執行檔)、txt(文字檔)、doc(word 的文件檔)、ppt(power point 檔)、cpp(C++程式檔)⋯等等。主檔名和延伸檔名間用「.」隔開，所以當看到檔名 iexplore.exe 時，就要知道它是可被電腦執行的檔案。

最後，請注意檔案或資料夾都可以有延伸檔(或資料夾)名，而且可以有**一個以上**的延伸名，所以 **movie.2012.picture** 也是合法的檔名或資料夾名。假設它是個檔案，且如果這個檔案位在 C 碟(C:\)下的 Users 資料夾下的 Jerry 資料夾，那麼這個檔案的**全名**就包括**檔案路徑與檔名**，也就是 C:\Users\Jerry\movie.2012.picture。檔案全名中有三個「\」，第一個「\」代表 C 磁碟的**最上層資料夾**(C 碟**根目錄**)，第二個「\」是 User 資料夾和 Jerry 資料夾的分隔號，第三個「\」是 Jerry 資料夾和 movie.2012.picture 檔案的分隔號。當我們使用 Windows 的**檔案總管**逐層開啟資料夾時，請注意視窗的**網址列**就會逐次秀出資料夾的**路徑**(path)。

1-4 程式的開發與執行過程

在此先提醒讀者：本節有比較多的專有名詞與理論，初次接觸電腦的讀者可以約略讀過，有個初淺的概念或輪廓即可，並不影響學習內容的連貫性。

要讓電腦執行一個完整的 C 語言程式有哪些過程有呢？首先要知道：電腦是由許多的電子元件所組成，其中有個**最最重要的元件**叫做 **CU** (**控制單元**，Control Unit)，位於 **CPU**(**中央處理器**，Central Processing Unit)內，**CPU 的功能就如同人類的大腦**，而 CPU 中的 **CU 負責解釋命令，指揮其他元件執行命令**所交付的任務。雖然一般常見的說法為：執行程式的電腦元件是 **CPU**。其實更精準的說法是：**CPU** 中的 **CU** 負責解釋程式中的每個命令，並指揮其他元件執行程式命令所交付的任務。

其次我們可以把電腦其他元件想像成電燈、音響或冷氣，如果我們用**數字 1 來代表：有電(送電)，數字 0 代表：沒電(斷電)**。那麼讓電燈一閃一閃的命令就會是：1010⋯。所以 **CU 指揮其他元件執行任務所使用的命令是由一連串的 0、1 所組成，稱為機械碼**(machine code)，或稱**機械指令**(machine instruction)**碼**。

所有的機械指令可視為 **CU** 和**其他元件溝通的語言**，稱為**機械語言**(machine language)。要特別注意的是：由機械碼所組成的程式檔才是真正能被 **CU** 執行的程式，稱為**指令檔**(command file)或**可執行檔**(executable file)。這類的檔案 Windows 系統會以 com 或 exe 為其延伸檔名，例如 Windows 的 IE 瀏覽器就是以檔名 iexplore.exe 存在系統中。

注意

由於每個機械指令都是一連串 0、1 所組成的代碼，閱讀不易。故可選用一簡單的**英文字**與**參數**(如：ADD 40)代表一**機械指令**並藉以顯示**指令的工作內容**，這些代表每一機械指令的英文字所組成的電腦語言稱為**組合語言**(assembly language)。

以 C 語言的「printf("I am fine!");」為例，這是給人使用的電腦語言，讓我們用來指揮電腦執行工作。這個 C 語言句子要**被轉換成若干個機械指令**，才能給 **CU** 執行，**CU** 依序執行這些機械語言指令時會在螢幕上依序秀出「I am fine!」，而這個把 C 語言轉換成機械指令的動作稱為**編譯或翻譯**(compile)。

C 語言跟 Basic 語言一樣，比較接近人類語言，這類的程式語言稱為**高階電腦語言**(High Level Computer Language)。而機械語言則是電腦元件間溝通的語言，需參考 **CPU** 的技術手冊才能解讀出每個機械指令的意義，這類的語言稱為**低階電腦語言**(Low Level Computer Language)。因此，所謂**編譯**(或**翻譯**)就是把**給人使用**的高階電腦語言程式轉換成**電腦元件所能看得懂**的低階電腦語言程式碼。

有了這些觀念之後我們可以正式的介紹程式的開發與執行過程，開發過程如圖 1-1 所示，各個步驟詳述如下：

人(鍵盤) —編修→ 甲程式.cpp —翻譯→ 甲程式.obj
人(鍵盤) —編修→ 乙程式.cpp —翻譯→ 乙程式.obj
甲程式.obj、乙程式.obj、系統資源 —鏈結→ 我的程式.exe

圖 1-1 程式的開發過程

1. 使用鍵盤鍵入程式，正式的說法是**編修**(Edit)**程式**。編修完的程式稱為原始程式(source program)，放原始程式的檔案稱為原始檔(source file)，系統會以 c 或 cpp 為其延伸檔名，表示檔案內容為 C 語言或 C++語言寫出來的程式。
2. 每一個 C 或 C++程式檔都要逐一被**翻譯**(compile)成機械碼程式檔，系統會以 obj 為其延伸檔名，obj 是 object 的縮寫，我們稱之為**目的檔**(object file)。目的檔的內容雖然是機械碼，但無法單獨執行，其中一個原因是：**甲程式**可能使用**乙程式**的**變數**或**資源**，但當系統在翻譯甲程式時，根本不認識乙程式的變數與資源，所以甲程式被翻譯成 obj 檔時，這些**外部的變數**或**資源**的**位置**(即**地址**)都會先留白，因此「甲程式.obj」是不能被執行的機械碼程式。
3. 當系統把所有的原始程式翻譯成 obj 檔後，就可將之排列好並與**系統資源檔**(如果有需要的話)整合，由於檔案順序已經決定，所有的變數、資源的地址都可以確定計算出來，接著就可以把 obj 檔中留白的資訊填入，轉變成可被執行的 exe 檔(可執行檔)。
4. 系統即可**載入**(load)可執行檔(exe 檔)進入記憶體(memory)後執行之。

總結這四個步驟：編修程式前電腦系統要執行一個叫**編修器**(editor)的程式，編修器負責自鍵盤讀入我們打入的資料(或程式)、並提供修改資料內容的操作指令(我們常用的**記事本**和 **word** 都是編修器)。緊接著要將原始(程式)檔翻譯成 obj 檔的系統程式稱為**編譯器**或**翻譯器**(compiler)。**鏈結器**(linker)接下來將所有的 obj 檔與系統資源檔整合後，轉變成**可執行檔**(exe 檔、executable file)。最後，系統會執行**載入器**(loader)將 exe 檔載入記憶體(memory)中，便可立即執行程式並秀出執行結果。

現在的程式發展系統大多把編修器、編譯器、連結器與載入器這四個程式整合成一個開發系統，通稱為**整合開發環境**(Integrated Development Environment)，簡稱 **IDE**。本書將介紹的整合開發環境(IDE)有：Dev-C++、Visual C++ 2008/2010 與 Turbo C，這些都是可以免費使用的工具，請讀者擇一安裝即可。但請特別注意：Turbo C 必須安裝於 **32 位元作業系統**，其餘兩者則可安裝於 **32 或 64 位元作業系統**。建議初學的讀者若要使用 Turbo C 就請優先選擇安裝 **32 位元**的 Windows，以免造成操作上的困擾。

另外對於有意在電腦系統技術與理論更上層樓的讀者，筆者建議你使用 Turbo C (簡稱 TC)來開發程式，詳細的理由請參考序言二(為何要用 TC)。

1-5 主控台(console)

讀者可能很難想像我們現在可以使用滑鼠與鍵盤來操作視窗環境、執行程式是件很幸福的事，早期的電腦(作業)系統只有提供使用者文字輸入的環境，電腦螢幕上經常是空白一片或是秀出密密麻麻的英文訊息。唯一不變的是螢幕的最後一列會有**游標**(cursor)一閃一閃提醒你輸入指令。所以電腦使用者必須熟記**系統指令**與**指令的格式**，才能要電腦做事(例如要刪除檔案 myfile.cpp 的指令是：del myfile.cpp)，否則只有望螢幕興嘆的份了。這個讓使用者輸入文字指令的工作環境(包括螢幕、鍵盤與作業系統)稱為**主控台**(console)。

雖然我們現在幾乎用不到主控台操作模式，但是幾乎所有的作業系統都還提供主控台的工作環境。為什麼呢？因為電腦系統啟動視窗環境之前，就是處在使用文字指令的主控台工作模式。因此，萬一系統無法啟動視窗時，使用者可以在主控台環境輸入文字指令、操作電腦。筆者想在此介紹主控台的原因是：本書所要介紹的 IDE(整合開發環境)，雖然多有提供視窗環境讓我們開發程式，但它們最後在**執行 exe 檔**的時候，還是以主控台環境較為簡單、快速。因此讀者若能有少許主控台的經驗，對於後續 IDE 的理解會有所莫大的幫助。

主控台在 **Windows** 作業系統中是以「**命令提示字**」來啟動的，不同的電腦作業系統會有些些不同，如下所示。

1. 使用 Windows 98 是點選：

   開始>**程式集**>**MS-DOS 模式**

2. 使用 Windows2000 則是點選：

   開始>**程式集**>**附屬應用程式**>**命令提示字元**

3. 使用 Windows 7 或 Windows XP 則是點選：

   開始>**所有程式**>**附屬應用程式**>**命令提示字元** (如圖 1-2 所示)

圖 1-2　使用 Windows 7(左圖)或 Windows XP(右圖)啟動命令提示字

在 Windows 7 執行「**命令提示字**」後，螢幕如圖 1-3 所示，雖然不同的作業系統會有不同的顯示內容，但意義完全相同，請放心繼續邊讀邊操作你的電腦。前兩列是有關命令提示字的**版本與版權資訊**，接下來看到的「**C:\Users\Jerry>**」，稱為**提示**(prompt)。請讀者特別注意：電腦提示的最後一個字 **Jerry** 是筆者的電腦**使用者名稱**，所以你看到的提示應該是「**C:\Users\你的使用者名稱 >**」。(如果是 Windows XP 的使用者，將會看到提示是「**C:\Documents and Settings\你的使用者名稱 >**」)

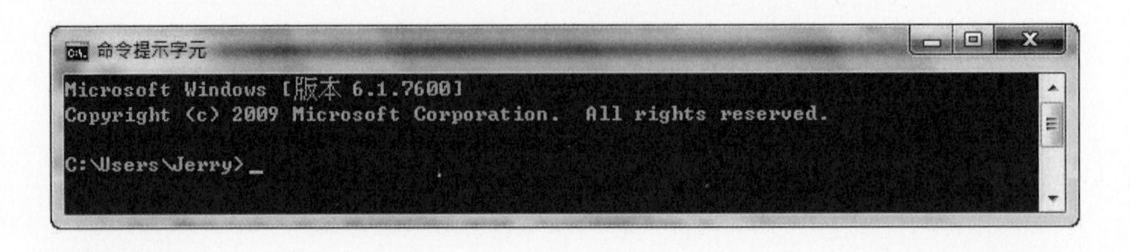

圖 1-3　主控台(命令提示字元)

提示(prompt)後一閃一閃的底線「_」叫做**游標**(cursor)，游標是用來提醒使用者可以輸入指令要電腦做事，另外「**C:\Users\Jerry>**」這個提示字串告訴我們現在**工作的資料夾**位於 **C 碟**的 **Users 資料夾**中的 **Jerry 資料夾**。

資料夾也可稱為**目錄**(directory)，目錄下的目錄可稱為**子目錄**(subdirectory)，最高階的目錄稱為**根目錄(root directory)**，Windows 用「\」表示根目錄，所以「**C:**」表示 **C 碟**的**根目錄**，另外「**C:\Users**」表示 **C 碟的根目錄下的 Users 子目錄**。請特別注意：Windows 也用「\」表示**目錄與子目錄**(或**目錄與所屬檔案**)之間的**分隔符號**，所以「**C:\Users\Jerry**」表示「**C:\Users**」下的 **Jerry 子目錄**。

最後，「**C:\Users\Jerry**」也稱為**工作路徑**(working path)**或工作目錄**(working directory)，也就是電腦**內定**(default)會去**讀取程式**、**存取資料檔案**與**執行程式**的目錄位置，當然我們也可以下命令要電腦到任一個**非工作目錄**去存取檔案，詳情請參考附錄 A(主控台的操作)。

主控台的操作環境也稱為 **DOS 視窗(環境)**，DOS 的全名為 <u>D</u>isk <u>O</u>perating <u>S</u>ystem(磁碟作業系統)，是微軟公司出產的第一個作業系統。DOS 基本上是 **Unix 作業系統**(Linux 的老祖先)的簡化、修改版，在圖形視窗作業系統(如 Windows)上市前，不管是 DOS 或 Unix 都是以文字訊息、文字指令為主的操作環境。所以筆者建議有志於從事**電腦系統工程**的讀者，可以先學習 DOS，對於將來學習 Linux 或其他系統會有很大的幫助。

在主控台或 DOS 視窗(環境)下所輸入的文字指令叫做 **DOS 指令**，本節只介紹三個 DOS 指令：dir、cls 與 pause。只要用過這三個指令，讀者就能對主控台、檔案系統(file system)有更清晰的認識，對於大部分的讀者這樣就足以應付本書後續章節的內容。如有需要更詳細的 DOS 指令與操作請參考附錄 A。

步驟一：請在「C:\Users\Jerry>」後打入 **dir** 再按【**Enter**】鍵，螢幕顯示如圖 1-4。

dir 是 directory(目錄)的縮寫，這個命令可以在螢幕上列出工作目錄的內容。螢幕現在顯示出 C:\Users\Jerry 的目錄內容，請讀者使用 Windows 的**檔案總管**開啟相同的子目錄(資料夾)，比對一下是否與主控台顯示的目錄內容相符。

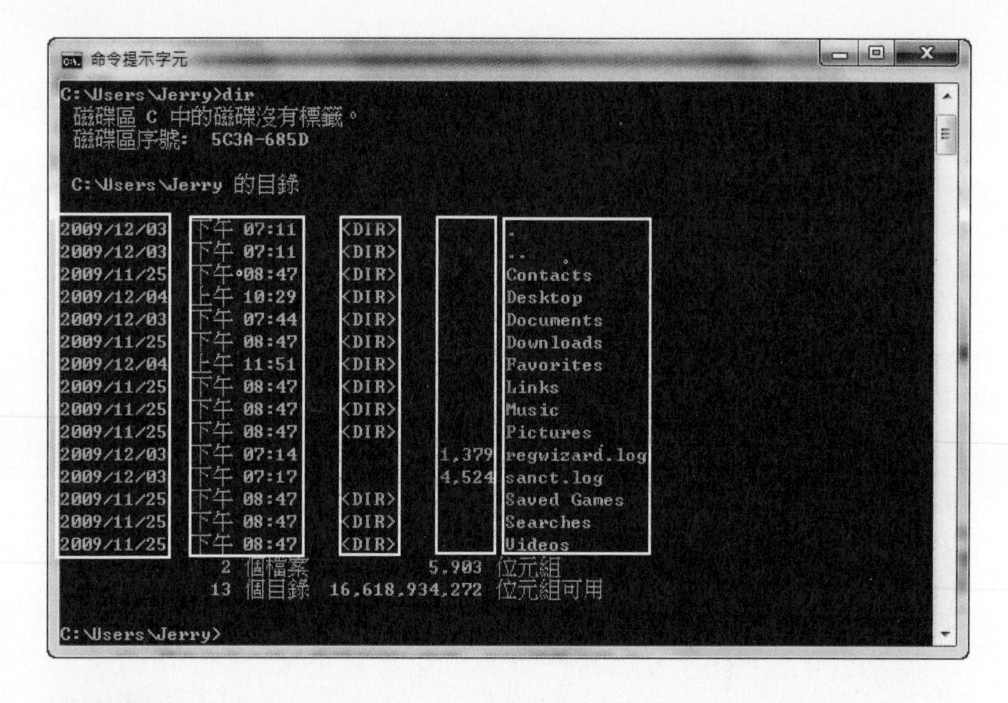

圖 1-4 dir 命令顯示 C:\Users\Jerry 的目錄內容

圖 1-4 顯示 C:\Users\Jerry 的目錄內容，每一**橫列**共有五項資訊，屬於一個**檔案**或子**目錄**。第一項(在最左邊的方框內)是檔案或子目錄的**最近更新日期**，第二項則是檔案或子目錄的**最近更新時間**，第五項則為檔案或子目錄的**名字**，稱為**檔名**或**目錄名**。至於分辨檔案或子目錄則是藉由第三項的標記，有「**<dir>**」的那一列是**子目錄**，沒有「**<dir>**」的那一列則是**檔案**，如果是檔案，在第四項會顯示**檔案大小**(單位為 byte)的資訊。

最後，在最下方的兩列資訊告訴我們 C:\Users\Jerry 這個目錄下共有 **2 個檔案**(檔案大小合計 5,903 位元組)，以及 **13 個子目錄**；另外 C 碟還**剩下的空間**是 16,618,934,272 位元組。

步驟二：請在「C:\Users\Jerry>」後打入 **cls** 再按【**Enter**】鍵，螢幕顯示如圖 1-5。

cls 是 <u>cl</u>ear <u>s</u>creen(**清除螢幕**)的縮寫，顧名思義這個命令可以清除目前顯示在螢幕的訊息，因此，先前的目錄資訊與剛剛輸入的 cls 指令全部都被清除乾淨。

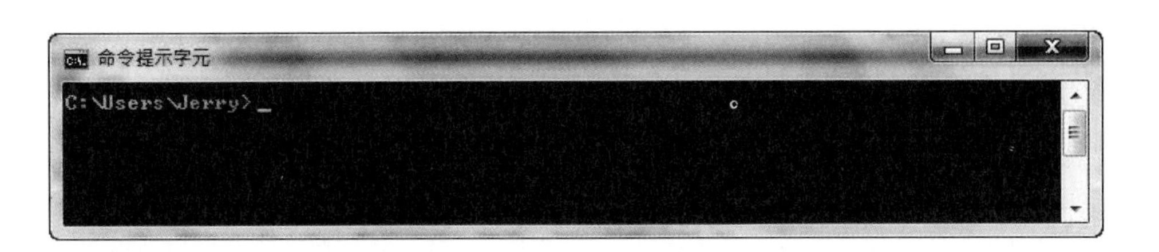

◯圖 1-5　cls 命令的執行結果

步驟三：請在「C:\Users\Jerry>」後打入 **pause** 再按【**Enter**】鍵，螢幕顯示如圖 1-6。

pause 的意思是**暫停**，這個命令會在螢幕上秀出「請按任意鍵繼續 …或 Press any key to continue …」後**暫停電腦系統**，當然要讓電腦繼續執行後續的工作就得按任意鍵。請再**按任何一鍵**就會完成 pause 指令。

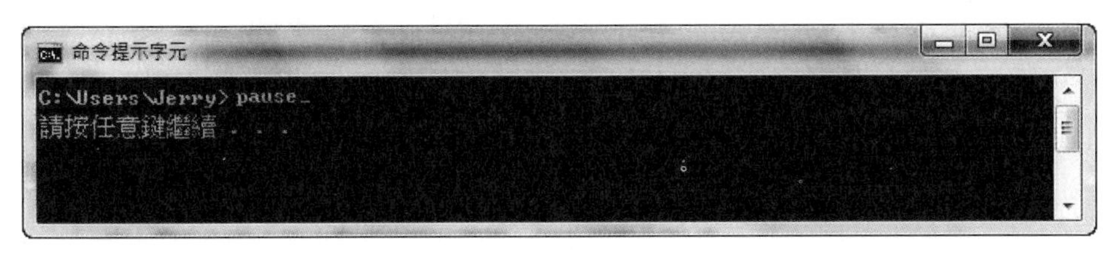

◯圖 1-6　pause 命令的執行結果

這樣一次執行一個命令，使用者需要一直待在主控台，等前一個命令執行完成後才能再輸入下一個命令，這會是件很令人痛苦的事。當然這三個指令的執行時間很短，所以讀者可能覺得無所謂，但試想，如果一個指令或程式需要 30 到 60 分鐘才能完成工作，這樣的漫長等待就很浪費時間了！

針對**一連串**的指令或程式要讓電腦來執行，我們可以先把這些**指令**或**程式名**(必須是指令檔或可執行檔)依序鍵入一個**文字檔(text file)**內，作業系統在讀入這個文字檔後，便可依序執行檔內的每個指令或程式，這樣的作業方式叫**批次作業(batch operation)**。所以系統也規定這個存放若干個指令或程式名的文字檔必須以 **bat**(batch 的縮寫)作為其延伸檔名，這種檔案稱為**批次檔**(batch file)或**批次指令檔**。

步驟四：啟動「記事本」編輯器(editor)。請點選「**開始**>**所有程式**>**附屬應用程式**>**記事本**」。

步驟五：編輯 myBatch.bat 檔，如圖 1-7 左側所示。

鍵入 dir、pause、cls 與 pause 四個指令，並將檔案取名為 myBatch.bat 存入目前的工作目錄。(以筆者為例，就是 C:\Users\Jerry，如圖 1-7 所示。)

圖 1-7 編輯 myBatch.bat 並儲存於工作目錄內

請讀者特別注意：在使用「記事本」存檔時，一定要記得將「**存檔型態**」設定為「**所有檔案**」如圖 1-7 所示，否則「記事本」會在你輸入的檔名與延伸檔名之後再加上「.txt」作為延伸檔名(變成 myBatch.bat.txt)。產生的後遺症是：**錯誤的延伸檔名經常會造成錯誤的結果**，因為絕大多數的應用軟體會以延伸檔名作為**讀、寫檔案的格式依據**。所以錯誤的延伸檔名經常會產生**讀取錯誤**的問題。因此，讀者需要學會怎樣檢查**檔名**或**檔案儲存位置**是否正確(提示：用 dir 指令)。

步驟六：執行 myBatch.bat 檔。請在提示「C:\Users\Jerry>」之後打入 **myBatch.bat** 再按【**Enter**】鍵。

螢幕秀出的結果依序如下：

1. 執行 dir 指令秀出工作目錄(C:\Users\Jerry)的內容，如圖 1-4。
2. 執行 pause 指令，如圖 1-6，等待你按下任意鍵。

3. 執行 cls 指令清除主控台畫面，如圖 1-5。

4. 執行 pause 指令，如圖 1-6，等待你按下任意鍵。

步驟七：再次執行 myBatch.bat 檔。請在提示「C:\Users\Jerry>」之後打入 **myBatch** 再按 **【Enter】**鍵。

只打入主檔名而省略延伸檔名也可以執行程式，此時主控台會依下列順序找**一個檔案**來執行：

1. 先找指令檔 **myBatch.com** 來執行。
2. 如果 com 檔案不存在，接著找可執行檔 **myBatch.exe** 來執行。
3. 如果 exe 檔案不存在，接著再找批次檔 **myBatch.bat** 來執行。
4. 如果 bat 檔案也不存在，系統會顯示「系統看不懂指令」的錯誤訊息。

注意

如果有**多個**主檔名(例如 **myBatch**)相同的檔案，它們的延伸檔名必定不同，為了避免混淆，使用檔案時只要把**主檔名**和**延伸檔名**一併指定清楚就不會產生問題。

另外，主控台可直接當命令來執行的檔案型態有三種，分別是：com 檔、exe 檔和 bat 檔。到目前為止，本章說明了 exe 檔與 bat 檔的產生過程，至於 com 檔案，請讀者無須費心，只要把 com 檔案想成是**縮小版的 exe 檔**就可以了，由於 com 檔案的大小無法超過 64K bytes，因此大多是古董級的系統產物。

最後請注意：現在的 Windows 比以前的 DOS 作業系統聰明許多，我們可以在主控台的提示後鍵入任何檔案的全名(**主檔名.延伸檔名**)。如果不是可被主控台直接執行的三種檔案型態，系統會**根據其延伸檔名來啟動合適的應用程式去讀入檔案全名所指定的檔案**。例如：假設工作目錄內有 myfile.doc，如果在提示後鍵入 myfile.doc 再按**【Enter】**鍵，主控台會啟動 word 讀入 myfile.doc 檔。

作業系統是怎麼做到的呢？因為作業系統在安裝一個應用程式時，會把它能處理的所有延伸檔名和這個應用程式建立連結資料，所以 doc 和 docx 檔會啟動 word 2007 或 word 2010，而 ppt 與 pptx 檔則會啟動 power point 2007/2010。至於找不到應用程式的延伸檔名，作業系統就會開啟對話視窗請教你。

1-6 函數(function)

截至目前為止筆者都稱 printf 為指令，其實精確的說：printf 是個 C 語言**函數(function)**，也有人把**函數**稱為**函式**。**函數是一段功能完整的程式段**，讓程式設計者依照規定的語法叫用。目前讀者只要把函數想像成**一部機器，吃進若干種原料，但至多只會產出一種成品**，如圖 1-8 所示。

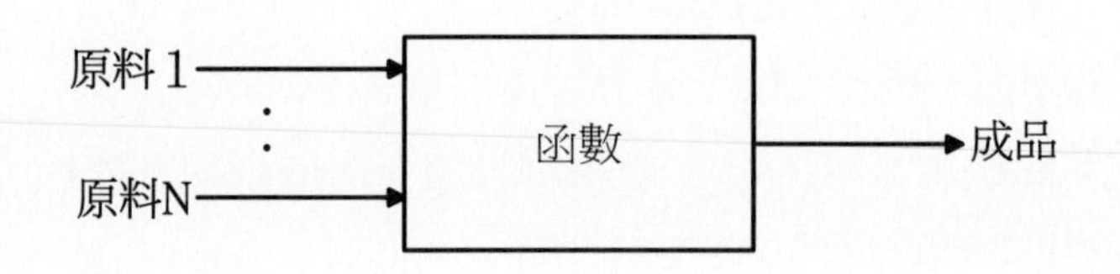

圖 1-8 函數示意圖

我們把製造果汁的機器叫做果汁機，同理，任何電腦程式語言都把會產出**整數**(**int**eger)成品的函數稱為**整數函數**、會產出**字元**(**char**acter)的函數稱為**字元函數**，不產出任何東西的函數則稱為 **void(空)函數**。

我們再次使用函數的概念來解釋「printf ("I love C!");」敘述，首先，傳給 printf 函數的原料要寫在左右小括弧中，也就是**字串** "I love C!"，而函數的功能是：**把這串字元秀在螢幕上**。至於 printf 函數產出什麼成品呢？第十章會有詳細的說明。最後，再次提醒讀者：雙引號「"」引住的所有字元被稱為**字串**(string)。

我們所開發的程式在主控台(console)環境下執行時，經常需要**在程式中執行一些 DOS 指令**，例如：執行 cls 清除主控台螢幕，好讓程式的輸出較為清楚好看、執行 dir 讀取目錄內容，可以讓程式知道目錄與相關檔案的資訊，或執行 pause 暫停電腦系統讓使用者有時間思考或檢視輸出。所以大多數的程式語言都提供這樣的函數給程式設計者叫用，而且大多數的程式語言都把這個函數取名為 system。

叫用函數 system 時，要把一個**字串**傳給函數，這個**字串**會被當成 DOS 指令來執行，所以會在主控台秀出指令的執行結果。當然如果傳入的字串不是合法的 DOS 指令，就會有**指令無效的錯誤訊息**出現在螢幕上。舉兩個常用的例子：

1. system("cls"); 會清除主控台畫面，新的訊息自第 1 列、第 1 行開始顯示。

2. system("pause"); 會在螢幕上秀出「請按任意鍵繼續…或 Press any key to continue…」後**暫停電腦系統，按任意鍵後**電腦才繼續執行後續的程式指令。

另外，由於主控台環境不區分指令的大小寫，所以程式中的 system 函數可以寫成「system("PAUSE");」，但不能寫成「SYSTEM("pause");」或「SYSTEM("PAUSE");」。為什麼呢？因為「PAUSE」是傳給主控台當指令用，所以不分大小寫。但是 system 卻是 C 語言的函數，C 語言可是個會分別大小寫的語言，因此 **system 這個字全部要小寫才行**。

1-7 標頭檔

目前讀者無需完全明瞭函數與指令的區別，只要有個粗淺的概念即可，第九章會詳細介紹函數的原理與製作，屆時讀者便可完全明瞭。但目前讀者需要知道：C 語言系統提供了數百個函數，然而為了增加效率，系統並沒有載入這數百個函數所需的**資料**或**程式段**。所以當我們要叫用某個函數時，就必須先知道該函數的資料放在哪個檔案，這些檔案稱為**標頭檔**(header file、其延伸檔名為 h)，再引入所需的標頭檔，這樣才能使函數正確地工作。例如：printf **函數要引入** stdio.h **檔**。

C 語言系統提供的「**引入檔案**」指令就是 **include**，這種指令稱為**假指令**(pseudo instruction)或**前置處理指令**(preprocessing directive)。請特別注意：假指令不是 C 語言指令，所以不會被翻譯成機械碼；假指令是系統提供給**程式設計者的服務指令**。**include** 的指令語法如下所示：

1. **#include "檔名"** — 用**雙引號**引住檔名，會**先在**「**程式目錄**」中找「**檔名**」所指定的檔案，將之引入假指令所在的位置。所謂「**程式目錄**」就是存放原始程式的目錄，除了系統內定的目錄位置外，我們可以任意找個目錄來存放程式。IDE 會逐一在這些目錄找檔案，若找不到，再到系統內定的(引入)目錄找。
2. **#include** <**檔名**> — 用 **<、>** 引住檔名，會在「**引入目錄**」中找到「**檔名**」所指定的檔案，將之引入假指令所在的位置。所謂「**引入目錄**」就是 IDE 存放所有標頭檔的目錄，一般都是 **IDE 系統所在的目錄**內的 **include 目錄**。

include 假指令大多放在主函數 main 之前，編譯器要翻譯程式檔之前會先處理所有的假指令，於是外部的檔案或資料會被引入，變成一個**更大的完整程式檔**。編譯器再開始翻譯這個更大的**完整程式檔**，這就是為什麼假指令也稱為前置處理指令的理由。有關本節的內容在本書第十章有更詳盡的範例與說明。

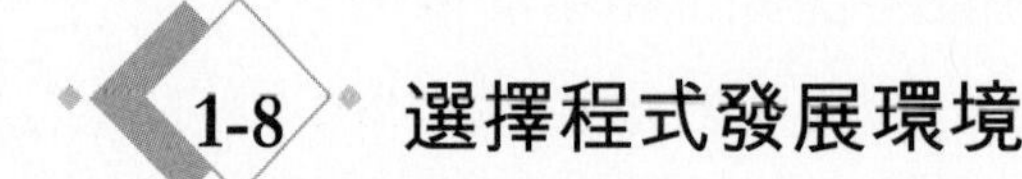

1-8 選擇程式發展環境

本書提供 Turbo C、Dev-C++和 Visual C++ Express 2008/2010，共三個 C 語言程式發展環境的裝機程式、安裝說明與程式開發示範，此外本書範例程式也依不同環境分別放在所附光碟的不同的資料夾內，目的就是希望初學的讀者能無痛的學習。

挑選哪一個程式發展環境可能是有些讀者會面臨的第一個困擾，筆者提供簡單的評論與建議：

Turbo C：系統很小(只需 3MB 左右的硬碟空間)，速度很快，所以適合任何等級的電腦硬體。使用者需要學習文字環境操作、系統操作較複雜、困難，需要較大的耐性，尤其適合準備進入**電腦系統開發、管理**領域的讀者。

Dev-C++：系統不大(約需 60MB 左右的硬碟空間)，速度中快。由於提供視窗操作環境，所以操作簡單，適合只想用視窗環境開發程式的初學者。

Visual C++ Express：雖然是免費的 Express 版，但已經是豪華大餐(約需 800MB 左右的硬碟空間)。提供視窗操作環境，但因為系統功能多而完整，所以操作較複雜、速度最慢。適合準備將來開發豪華視窗應用程式的學習者使用。

1-9 程式發展環境：使用 Dev-C++

Dev-C++是 Bloodshed 公司提供的整合發展環境(IDE)，它同時支援 C 與 C++程式的開發。本書付梓時的最新版為 Dev-C++ 5 (beta 9)，本書光碟附有該版軟體。準備使用 Dev-C++開發程式的讀者，請先研讀附錄 B，該附錄詳細說明系統的下載、安裝、基本操作與程式開發步驟。

本書所有的 Dev-C++範例都放在書中光碟的 Ex4DevCpp 目錄中，為能在操作時省去鍵入程式的時間，請讀者**把 Ex4DevCpp 目錄拷貝到電腦的硬碟**。如果讀者沒有特定的儲存位置，請拷貝到**根目錄**，也就是 C:\或 D:\ (C 碟或 D 碟的根目錄)。

1-10 程式發展環境：使用 Visual C++ 2008/2010

Visual C++ Express 是微軟(Microsoft)公司提供的免費整合發展環境(IDE)，它同時支援 C 與 C++程式的開發，本書付梓時的最新版為 Visual C++ 2010 Express，其操作、使用與 Visual C++ 2008 十分相似。準備使用 Visual C++開發程式的讀者，請先研讀附錄 C，該附錄詳細說明系統的下載、安裝、基本操作與程式開發步驟。

本書所有的 Visual C++範例都放在書中光碟的 Ex4VisualC 目錄中，為能在操作時省去鍵入程式的時間，請讀者**把 Ex4VisualC 目錄拷貝到電腦的硬碟**。如果讀者沒有特定的儲存位置，請拷貝到**根目錄**，也就是 C:\或 D:\ (C 碟或 D 碟的根目錄)。

1-11 程式發展環境：使用 Turbo C

Turbo C 簡稱 TC 是 Borland 公司的產品，目前也是免費供人使用，它只有支援 C 語言程式的開發。本書光碟附有 Turbo C 軟體，準備使用 Turbo C 開發程式的讀者，請先研讀附錄 D，該附錄詳細說明系統的安裝、基本操作與程式開發步驟。

本書所有的 Turbo C 範例都放在書中光碟的 TurboC 目錄中，跟 TC 系統放在一起。當讀者**把 TurboC 目錄拷貝到電腦硬碟時，就完成系統與範例的安裝**。

1-12 注意事項

至此，相信讀者已經選擇了理想的 IDE，並完成其對應附錄的操作練習。由於三種 IDE 的程式架構略有不同，故而本書中各章節所列的範例程式必須取其共同架構，才能方便所有的讀者閱讀。接下來，筆者想藉一個簡單的程式範列說明其差異。請讀者放心，這些小差異並不會造成困擾，只要知道書中所列的範例程式與光碟的 IDE 範例程式之間的差異即可。

注意

1. 本書絕大部分的範例程式都只會引入兩的標頭檔，分別 stdio.h 與 stdlib.h。故而，書中的範例程式都未列出引入標頭檔的兩列假指令「#include <stdio.h>」與「#include <stdlib.h>」。
2. 本書會在第 3 列放入一個空列，用來區隔**標頭檔引入區**與**主程式區**，因此 main 標記的列號是 4。

請看下列的 pr1-1.c 程式，目前讀者只要大致知道每個指令做些甚麼事即可。等學到第二章，就能完全了解程式內容。

第 5 列：宣告 sum 是個整數(int)變數。

第 7 列：變數 sum 的值設定為 123。

第 8 列：在螢幕上印出整數 sum 的值，所以會印出 123。

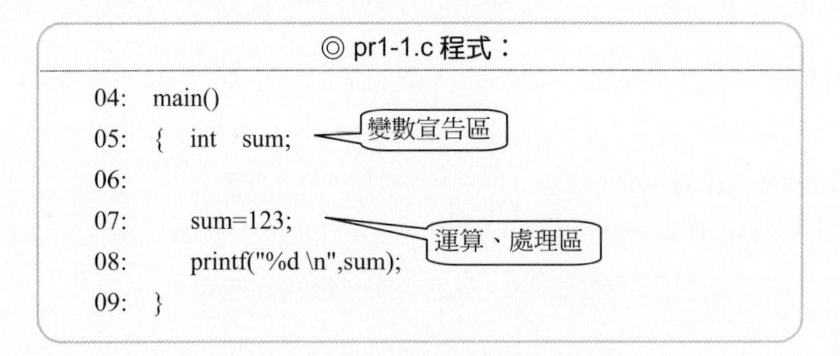

◎ pr1-1.c 程式：

```
04:  main()
05:  {   int   sum;
06:
07:      sum=123;
08:      printf("%d \n",sum);
09:  }
```


1-2 節提到 C 語言的程式可以自由排列，並沒有要求一句一列。所以筆者空出第 6 列，藉以區隔**變數宣告區**(可視為**材料區**)與**運算、處理區**(可視為**作業區**)，這樣做可以讓程式更容易閱讀。

接下來請讀者依據選定的 IDE，研讀相關的操作與程式說明：

使用 Dev-C++的讀者請開啟範例\Ex4DevCPP\pr1-1 專案，可看到 pr1-1.c 如下所示。

◎ Dev-C++的 pr1-1.c 程式：

```
01:  #include <stdio.h>
02:  #include <stdlib.h>          ← 標頭檔引入區
03:
04:  int main(int argc, char *argv[])
05:  {   int   sum;              ← 變數宣告區
06:
07:      sum=123;
08:      printf("%d \n",sum);     ← 運算、處理區
09:
10:      system("PAUSE");         ← 暫停系統指令
11:      return 0;
12:  }
```

請讀者注意：第 3 列的空列用來區隔**標頭檔引入區**與**主程式區**、第 9 列的空列用來區隔**運算、處理區**與**暫停系統指令**，藉以產生程式區塊的視覺效果。另外，更重要的是：光碟範例程式的第 5, 7, 8 三列和課本的範例完全相同，所以讀者可以放心的閱讀課本的各列程式說明。至於程式的第 4, 10, 11 三列，則在附錄 B 中有詳細的說明。

請**使用 Visual C++的讀者**開啟\Ex4VisualC\pr1-1 專案，可看到 pr1-1.cpp 如下所示。

◎ Visual C++的 pr1-1.cpp 程式：

```
01:  #include <stdio.h>
02:  #include <stdlib.h>          ← 標頭檔引入區
03:
04:  int main()
05:  {   int   sum;              ← 變數宣告區
06:
07:      sum=123;
08:      printf("%d \n",sum);     ← 運算、處理區
09:
10:      system("pause");         ← 暫停系統指令
11:  }
```

請讀者注意：第 3 列的空列用來區隔**標頭檔引入區**與**主程式區**、第 9 列的空列用來區隔**運算、處理區**與**暫停系統指令**，藉以產生程式區塊的視覺效果。另外，更重要的是：光碟範例程式的第 5, 7, 8 三列和課本的範例完全相同，所以讀者可以放心的閱讀課本的各列程式說明。至於程式的第 4, 10 兩列，則在附錄 C 中有詳細的說明。

使用 Turbo C 的讀者，請開啟範例程式\TurboC\pr1-1.c，程式內容如下所示 ，請注意：TC 不會顯示列號，本書加註列號是為了方便程式的說明。

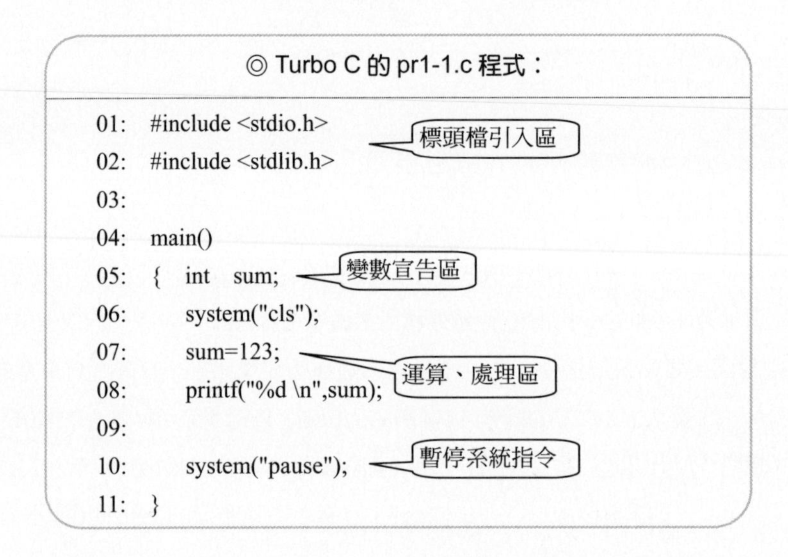
◎ Turbo C 的 pr1-1.c 程式：

```
01:  #include <stdio.h>
02:  #include <stdlib.h>
03:
04:  main()
05:  {   int   sum;
06:       system("cls");
07:       sum=123;
08:       printf("%d \n",sum);
09:
10:       system("pause");
11:  }
```


請讀者注意：第 3 列的空列用來區隔**標頭檔引入區**與**主程式區**、第 9 列的空列用來區隔**運算、處理區**與**暫停系統指令**，藉以產生程式區塊的視覺效果。另外，更重要的是：光碟範例程式的第 5, 7, 8 三列和課本的範例完全相同，所以讀者可以放心的閱讀課本的各列程式說明。至於程式的第 6, 10 兩列，則在附錄 D 中有詳細的說明。

最後提醒讀者：為使光碟所附範例之程式列號能和書中的程式列號相同，筆者做了兩項修正。

1. 使用 Turbo C 可以不用打入第 1, 2 兩列的引入指令，因為系統內定會引入這些標頭檔。現在多加這兩列也無妨，但如有必要，讀者自行刪除也可以。
2. 原本第 6 列應該是空列，用來區隔**變數宣告區**與**運算、處理區**。現在改放清除主控台畫面的「system("cls");」指令 ，以免主控台輸出畫面雜亂。

1-13 習　題

注意

以下各題只需用 printf 敘述即可，**不用宣告變數與指定變數值**。本習題的目的是讓讀者熟悉程式的編修、執行與輸出的格式控制。

1. 寫程式在螢幕上印出：

```
2×2=4
```

2. 寫程式在螢幕上印出：

```
2×2=4 2×3=6 2×4=8 2×5=10 2×6=12 2×7=14 2×8=16 2×9=18
```

3. 寫程式在螢幕上印出：

```
2×2=4 2×3=6 2×4=8 2×5=10 2×6=12 2×7=14 2×8=16 2×9=18
3×2=6 3×3=9 3×4=12 3×5=15 3×6=18 3×7=21 3×8=24 3×9=27
```

4. 同第 3 題，但用兩格列印乘積，好讓兩列輸出能對齊。

```
2×2= 4 2×3= 6 2×4= 8 2×5=10 2×6=12 2×7=14 2×8=16 2×9=18
3×2= 6 3×3= 9 3×4=12 3×5=15 3×6=18 3×7=21 3×8=24 3×9=27
```

5. 程式中只能使用一個 printf 敘述，在螢幕上印出：

```
I am Jerry.
She is Mary!
Who are you?
```

02

CHAPTER

變數的宣告與使用

2-1 代碼的概念

日常生活中，我們經常用使用到代碼，例如：跟政府機關交涉時，身分證號碼代表某國民；在學校，學號代表某位學生；在教室，座號代表班上某位同學。代碼的觀念是電腦入門的重要基礎知識，現在請隨筆者自生活周遭的例子學習代碼的概念。

問題

學校某班級使用兩位數的座號，請問班上最多能有多少人？

因為座號為兩位數，所以總共有 100 個號碼(00～99)可用，如果一個座號只能代表一位同學，班上最多 100 人。請注意：100 是怎麼算出來的？因為每一位數可填 0～9，有 10 種選擇，故而，兩位數共有 10x10 個號碼。

問題

學校某班級使用三位數的座號，但規定每一位數只能填 0 或 1，請問班上最多能有多少人？

因為每一位只可填 0 或 1，有 2 種選擇，故而三位共有 2x2x2 個號碼(分別是：000、001、010、011、100、101、110、111)，也就是班上最多能有 8 位同學。

在 1-4 節，我們提到電腦的電路可用：**有電**(送電)**代表 1**，**沒電**(斷電)**代表 0**。所以在電腦中的資料、指令…等，全部都是**由一連串的 0、1 所組成的代碼**。由於代碼的組成元素只有{0、1}，故稱為**二進位**(binary)代碼。另外，二進位數的一位(即 0 或 1)稱為**一位元**(bit)、8 位元稱為 1 **位元組**(byte)。例如：二進位碼「0100 0001」的長度為 8 bits，或者說長度為 1 byte。

問題

電腦使用某種長度為 8 bits 的代碼來代表中文字，請問最多可代表幾個中文字？

因為**每一位元只可填 0 或 1**，有 2 種選擇，故而，8 bits 共有 2^8(=256)個號碼。一個號碼代表一個中文字，因此只能代表 256 個中文字。例如：「我喜歡學電腦程式」，共有 8 個字，所以共需要 8 bytes 的記憶體來儲存這個句子。問題是：中文字有幾萬個，我們只能挑其中的 256 個。所以只用 8 bits 的代碼來代表中文字，顯然是不夠的。

問題

假設電腦準備使用某種代碼來代表 60,000 個中文字，請問代碼的長度至少要幾位元？

長度 **n 位元**的代碼可以產生 **2^n 個號碼**，而 $2^{15} = 32768$、$2^{16} = 65536$，所以長度至少要 16 位元的代碼才夠。這就是為什麼我們常常聽到或讀到「中文內碼的長度是 16 位元」的理由。

總之，現在的電腦幾乎無所不存，可以存中文、英文、日文、任何文字、符號、圖形、相片、影音…，但因為**電腦只用 0、1 所組成的代碼來儲存資料**，所以科學家或工程師要為電腦設計各種不同的代碼來記錄不同性質的資料。

2-2 資料的型態

日常生活中，我們經常碰到不同型態的資料，但可粗分為**數值**資料和**文字**資料。數值資料不是**整數**(integer)，就是帶有小數的**實數**(real number)；而文字資料則以中文、英文為主，其次是各類符號以及其他外國語文。由於電腦是以 0、1 所組成的序列來紀錄資料，且 0、1 所組成的資料稱為**二進位**(binary)資料或**數位**(digital)資料，所以任何型態的資料要放進電腦，都必須轉換成二進位型式，這個轉換的過程稱為**數位化**(digitize)。

在電腦中，不同的資料型態，因為性質不同會有不同的考慮因數。例如：實數要數位化時，需要處理小數的部分，但整數的數位化就沒有這個問題。可想而知，在電腦中整數與實數會有不同的數位化過程與**表示方式**(或稱**內碼**)。有關這部分的內容請參考有關數字系統的專書，或筆者拙著「輕鬆快速學會計算機概論」。

目前讀者必須要知道的是：我們只能**用有限的記憶體存放資料**，所以說每一種**資料(型態)之範圍是有限的**。道理就如同要用 4 個方格填入一個整數，如果規定每格只能填一個阿拉伯數字，我們能填的是 0000～9999 中的一個數；又如果規定第 1 格一定要填正、負號的話，那我們只能填 -999～+999 中的一個數。在這個例子中，4 個方格的功能就如同**記憶體**，**有限的方格**(記憶體)**只能表示有限的資料範圍**。

在電腦中，儲存不同型態的資料所需的記憶體大小很可能不同外，就連**儲存相同型態的資料也可能需要大小不等的記憶體**。其實在我們的日常生活就不乏類似的經驗，例如：在各種表格中，要填年齡(整數)的格子總會遠小於填寫銀行存款餘額(也是整數)的格子。在電腦中也是一樣，同樣都是整數(integer)，儲存年齡的所需的記憶體會少於儲存銀行存款餘額所需的記憶體。因此，針對同一種資料型態(如：整數)，電腦語言都會提供數種(需要記憶體大小不一的)儲存方式。

我們日常生活所接觸的資料型態有三大類：整數、實數和文字，當然這也是 C 語言提供的三大基本資料型態，詳細資料如下所示。

1. **整數**型態：short(短整數)、int(整數)、long(長整數)、long long (特長整數)。
2. **實數**型態：float(浮點數)、double(倍精準浮點數、加長型浮點數)、long double(長倍精準浮點數)。
3. **文字**型態：char(字元)，wchar_t(雙字元)。

針對整數資料，C 語言提供 short(短整數)、int(整數)、long(長整數)與 long long(特長整數)四種型態，從型態名不難看出：這個排列順序也是各型態所需記憶體由小到大的順序。會讓初學者相當困擾的是：其中的 int 所佔的記憶體大小，在本書所用的三個 IDE 並不一致。**這是因為 C 語言並未統一規定每一型態所用的記憶體大小**，因此，在使用不同平台或不同 IDE 時，一定要注意各種資料有效範圍的改變，以免發生意外的錯誤。整數各型態於各 IDE 所佔的記憶體大小如表 2-1 所示。

表 2-1 short、int、long 於各 IDE 所佔的記憶體大小(單位：byte)

	Turbo C	Dev-C++/Visual C++
short	2	2
int	2	4
long	4	4
long long	4	8

由於 C 語言並未統一規定每一型態所用的記憶體大小，隨著半導體技術的進步，電腦的記憶體容量愈來愈大，所以新的 IDE 會用比較多的記憶體來儲存 int 型態的資料。如果將來讀者發現你用的發展系統使用更多的記憶體儲存整數，或者整數型態不只這四種，請不要意外，更不必驚慌。因為只要知道它佔用多大的記憶體，就可以知道它能表示的範圍。各種不同(記憶體)長度的整數數值範圍如表 2-2 所示。

表 2-2 各種不同長度之整數的數值範圍

整數記憶體大小	數值範圍
1 byte = 8 bits	$-2^7 \sim +2^7-1 = -128 \sim +127$
2 bytes = 16 bits	$-2^{15} \sim +2^{15}-1 = -32768 \sim +32767$
4 bytes = 32 bits	$-2^{31} \sim +2^{31}-1 = -2147483648 \sim +2147483647$
8 bytes = 64 bits	$-2^{63} \sim +2^{63}-1$
n bytes = n*8 bits	$-2^{n*8-1} \sim +2^{n*8-1}-1$

讀者一定要學會使用表 2-1 與表 2-2，假設讀者使用 Turbo C 的 int 型態，因為它佔了 2 bytes 的記憶體，所以整數資料的範圍就是：－32768～+32767 。但如果讀者用的是 Dev-C++或是 Visual C++的 int 型態，因為它佔了 4 bytes 的記憶體，所以整數資料的範圍就是：－2147483648～+2147483647 。

我們使用整數有時會遇到的情況是：只需用到**正的整數**，而用不到負整數。其實，這會造成記憶體的浪費。為什麼呢？想像電腦如同人一樣，用 4 個方格儲存一個整數，因為整數可能有正、有負，所以統一規定第 1 格只能填入正、負號，因此可填入的整數為－999～＋999 中的一個數。但如果這 4 個方格要用來登記動物的年齡，負數就永遠不會出現，那麼用 3 格來儲存不就夠了嗎！

沒有正、負號的整數稱為**無號(unsigned)整數**，簡單的說，就是全部整數都視為正數(如有必要，也可全部整數都視為負數)。C 語言標示無號整數的方法很簡單：只需在既有的整數型態前加入關鍵字 unsigned 即可，例如：unsigned short、unsigned int、unsigned long。請讀者注意：把整數指定成無號數的最大好處就是：**可用的數值範圍變大**。以前段的「用 4 個方格儲存一個整數」為例，如果第 1 格只能填入正、負號，能表示的範圍是＋000～＋999 (因為年齡沒有負數)。但如果指定成**無號整數**，則第 1 格不需填入符號，只需內定將之視為正數，因此能表示的範圍是 0000～9999，範圍不就變大了嗎！各種不同(記憶體)長度的**無號整數**之數值範圍如表 2-3 所示。

表 2-3 各種不同長度之無號整數的數值範圍

整數記憶體大小	數值範圍
1 byte =8 bits	$0 \sim 2^8 - 1 = 0 \sim 255$
2 bytes = 16 bits	$0 \sim 2^{16} - 1 = 0 \sim 65535$
4 bytes = 32 bits	$0 \sim 2^{32} - 1 = 0 \sim 4294967295$
n bytes = n*8 bits	$0 \sim 2^{n*8} - 1$

對於無暇研讀數字系統的讀者，筆者簡短的略述整數範圍的估算方式。假設一整數型態用 16 位元來儲存，因為 16 位元可產生 2^{16}(= 65536)個代碼，可以代表 65536 個數。因此，如果用來代表**無號整數**，範圍會是 $0 \sim 2^{16} - 1 (= 0 \sim 65535)$。如果代表有正、有負的**帶號**(signed)**整數**，那正、負數各半，各有 2^{15} (=32768)個，且把 0 歸為正數，於是數值範圍就是 $-32768 \sim +32767$。其餘不同長度的整數，依此類推即可。

至於**實數**資料，C 語言提供 float(浮點數)、double(倍精準浮點數)、long double(長倍精準浮點數)三種型態。各型態所佔記憶體大小及其資料範圍如表 2-4 所示。**請注意：因 C 語言並未統一規定每一型態的表示方式，所以數值範圍會因平台不同而有所差異。**

表 2-4 float、double 的數值範圍

資料型態	所佔記憶體大小	數值範圍
float	4 bytes = 32 bits	$\pm(3.40E-38 \sim 3.40E+38)$
double	8 bytes = 64 bits	$\pm(2.226E-308 \sim 1.79E+308)$
long double	12 bytes = 96 bits	$\pm(3.37E-4932 \sim 1.18E+4932)$

針對文字資料，C 語言提供 char(字元)，wchar_t(雙字元)兩種型態。其中 char 是元老級的型態，用來儲存英文字母(**char**acter)與符號(symbol)，請注意：**字母也稱為字元，C 語言要求字元資料要用左、右單引號引住，而且只能引住一個字母或符號。**如 'A' 代表字元 **A**、而 'AB' 則不是合法的字元資料表示法。由於字母與符號的數量不

大，所以 char 只佔 1 byte 的記憶體，但也因此只能表示 **256 個**字母與符號。

總之，如果一個語言的文字是用 256 個以內的字母或符號拼組而成，char 就能輕鬆處理，因為用 1 byte 的記憶體就可儲存一個字母或符號。例如：儲存「I love C!」要用掉 9 bytes 記憶(包含字間的兩個空格)。

中文不是由字母拼組而成的語言，中文有數萬個字，所以代表**中文字**的二進位代碼必須有 **16 位元**的長度(參考 2-1 節)才夠。但 char 型態的長度只有 8 位元，因此近年問市的 IDE 都加入 wchar_t(雙字元)型態來處理 16 位元的 Unicode。基本上，Unicode 的代碼可以表示所有的英文字母、各類符號與部份中文字、部份外國文字。各個文字資料型態所佔記憶體大小及表示範圍如表 2-5 所示：

表 2-5 char、wchar_t 的表示範圍

資料型態	所佔記憶體大小	表示範圍
char	1 byte =8 bits	0 ~ 255
wchar_t	2 bytes = 16 bits	0 ~ 65535

附註：Turbo C 不支援 wchar_t 型態。

讀者可能會覺得很奇怪：**char** 型態的表示範圍怎麼會是 0～255，而不是類似 'A'～'Z' 以及 'a'～'z'呢？這是因為英文字母有順序性但符號沒有，所以就得列舉所有的符號，限於篇幅一般著作都將代碼以**無號數**(unsigned number)解釋，也就是 0～255。

表 2-6 ASCII Code 簡表

字元符號	十六進位	十進位	字元符號	十六進位	十進位	字元符號	十六進位	十進位
'0'	30	48	'A'	41	65	'a'	61	97
'1'	31	49	'B'	42	66	'b'	62	98
'2'	32	50	'C'	43	67	'c'	63	99
•	•	•	•	•	•	•	•	•
'9'	39	57	'Z'	5a	90	'z'	7a	122

附註：1. 空白鍵的 ASCII Code 是十六進位 20 (十進位 32)。
2. 【Enter】鍵的 ASCII Code 是十六進位 0D(CR)、0A(LF)。

這一套代表字元與符號的代碼稱為 ASCII Code (美國國家標準資訊交換碼)，常見字元的 ASCII Code 如表 2-6 所示。請特別注意「空白鍵」的 ASCII Code 是十六進位 20，【Enter】鍵的 ASCII Code 則是十六進位 0D(**C**arriage **R**eturn)、0A(**L**ine **F**eed)。

注意

wchar_t 是 C 語言新加入的資料型態，Turbo C 並不支援。且對於初學者而言，使用 wchar_t 資料型態比 char 複雜很多，本書內容暫不討論 wchar_t 的使用。

2-3 變數的宣告

日常生活中，當我們進行某些工作或活動時，經常需要暫存某些數值或運算結果。例如：準備做 50 下仰臥起坐。做第一次仰臥起坐，我們會喊(或默念)1，再做一下會喊 2，…。這樣的數法其實不自覺的是從 0 開始，每次增一且暫存在我們的腦子裡。這個**暫存且會改變**的數字電腦語言的術語稱之為**變數**(variable)，用來**動態的記錄我們做仰臥起坐的次數**，這個變數的功能就如同一個**計數器**(counter)。

市場的水果一個賣 5 元，拿起第一個水果老闆會喊(或默念)5，再拿一個會喊 10，…。這樣的數法其實也是不自覺的從 0 起算，每次增 5 且暫存在我們的腦子裡。這當然也是一個變數(variable)，動態的記錄應收貨款的**總額**(sum)，這個變數的功能就如同顯示計算結果的**計算機**(calculator)螢幕；電腦語言的術語稱之為**累積器**(accumulator)。

寫程式進行計算工作時，同樣的經常需要暫時存放某些數值或運算結果，所以我們需要在程式中使用**變數**(variable)。C 語言要求我們使用變數前要先**宣告**(declare)**變數**，宣告變數的意義是：**把變數的名稱與型態告訴系統，好讓系統準備足夠的記憶體存放變數**。所以我們將會常常遇到類似下列的兩個句子：

宣告變數 i 的**型態**是 int。　或　宣告變數 sum 的**型態**是 float。

宣告變數的語法如下：

語法

```
資料型態 變數列;
```

語意

變數列中的**所有變數**宣告為指定的**資料型態**。

說明

1. 可指定的**資料型態**有：short、int、long、long long、float、double、long double、char，至於其他的型態留待以後章節再介紹。
2. 變數列是指**用逗號分開**的若干個變數，如「sum5, i_6, prime」就是由三個變數組成的變數列。
3. 變數的名稱可用數個字元組成，但**第一個字**習慣上用**小寫**的英文字母。名稱中**不可**用「**空白、減號**」以及「\ * < > = + " /　%　:　;　.　,」等**字元**，因為這些符號在 C 語言中有特定用途或意義。
4. 變數名稱的第一個字不可使用字元「0 1 2…9」。因為以**數字開頭**的字串都會被 C 語言當成**數值**。如 0x2D 是十六進位的 2D。
5. 變數的命名應盡可能反映變數扮演的角色。

如果我們需要兩個整數(integer)變數，並且要將這兩個變數命名為 k1 和 k2，C 語言的變數宣告是這樣的：

```
int   k1, k2;
```

說明

1. 我們當然也可以用兩個句子來宣告 k1 和 k2 的型態：

```
int   k1;
int   k2;
```

或

```
int k1;   int k2;
```

2. 注意句末一定要有分號「；」。

注意

Turbo C 要求宣告變數的句子必須放在程式區塊的開頭，也就是要放在一般敘述之前，否則會產生編譯(Compiling)錯誤。但 Dev-C++/Visual C++採用目前 C 語言的最新標準(C99)，因此沒這個要求。

接下來，我們要開始下列的 pr2-1.c 程式，這個程式的問題是：把宣告變數的句子放在一般敘述(printf)的後面。這不符一般的程式習慣，雖然 Dev-C++/Visual C++可以接收這樣的寫法，但是在某些 IDE(如 Turbo C)就會產生編譯錯誤的問題。

◎ pr2-1.c 程式：

```
04:  main()
05:  {
06:       printf("Hi, variables:\n");
07:       int   k1, k2;
08:  }
```

請讀者將**宣告變數**的句子移到 printf 句子之前再執行本程式，最後請察看程式的執行結果。螢幕上是不是只有印出：

```
Hi, variables:
```

結論：程式 pr2-1.c 中雖然有宣告變數 k1 及 k2，但是一直未使用這兩個變數，更未印出這兩變數的數值。

2-4 指定敘述(assignment)

一旦宣告了變數，系統就會把**存放變數的記憶體準備好**。例如：**int k1, k2;** 這個句子會讓系統準備好儲存整數 k1, k2 的記憶體如下所示：

k1 [   ]   k2 [   ]

請讀者注意：方格代表**記憶體**，方格左邊是變數的**名稱**。要把數值存入變數(的記憶體)中，必須使用 C 語言指定變數值的句子，稱為**指定敘述**(assignment)，語法如下：

語法

變數名 = 運算式 | 變數 | 常數 ;

語意

將等號右側**的結果(數值)**存入**等號左側**的變數中。

注意

說明程式語言的語法和指定 DOS 指令格式一樣，許多系統通用的規則有：

1. 用垂直線「 | 」分開的選項只能**擇一選取**。
2. 用左、右中括弧包住的選項**可選、可不選**。

說明

1. 如果等號**右側**的結果和**左側**的變數有**不同的資料型態**，系統會將之轉換成**左側的變數型態**(但會產生誤差)。萬一無法進行合理的轉換，則會產生錯誤訊息，例如將浮點數指定給字元變數。
2. 本節先介紹七個基本算數運算：

運算符號	運算功能	運算例子	運算結果
+	加法	k1 = 11 + 4;	k1 變成 15
–	減法	k1 = 11 – 4;	k1 變成 7
*	乘法	k1 = 11 * 4;	k1 變成 44
/	除法	k1 = 20 / 4;	k1 變成 5
%	求餘數	k1 = 11% 4;	k1 變成 3
++	增一	k1 = 11 ; k1 ++ ;	k1 變成 12
––	減一	k1 = 11 ; k1 –– ;	k1 變成 10

3. C 語言在執行算數運算時，採用先乘、除後加、減的順序，正式的說法是：**乘、除及求餘的(運算)優先順序高於加、減運算**。

宣告了 k1 及 k2 這兩個變數，接下來我們要用**指定敘述**做兩件事。首先是將整數 20 存入 k1 的句子為：

```
k1 = 20;
```

再來要把 k1 的數值乘以 2、再加 10 的結果存入 k2 的句子是：

```
k2 =k1*2 + 10;
```

當電腦執行完這兩個句子後，變數的記憶體內容會變成如下所示：

k1	20	k2	50

下列 pr2-2.c 是個完整的程式，包含宣告變數的句子以及變數值的指定句子：

◎ pr2-2.c 程式：

```
04:  main()
05:  {   int   k1, k2;
06:
07:        printf("Hi, variables:\n");
08:        k1 = 20;
09:        k2 = k1* 2 + 10;
10:  }
```

◎ pr2-2.c 程式說明：

05: 宣告整數變數 k1, k2;

07: 輸出字串「Hi, variables:」後換列;

08: 將整數 20 存入 k1;

09: 算出 k1* 2 + 10，將結果存入 k2 ;

◎ pr2-2.c 程式輸出：

```
Hi, variables:
```

結論：雖然這個程式已經正確的宣告變數，並且使用指定敘述將**數值**或**運算結果**存入變數中，但是程式裡並**沒有任何列印變數值的句子**，所以執行這個程式並不會輸出任何變數值。

注意

指定敘述和**數學的等式**有完全不同的義意。假設變數 **k1** 目前的數值是 20，則

1. **數學上：「k1= k1+5;」**會推導到 **0=5** 的矛盾等式。
2. **C 語言**的意思卻是：**先計算 k1+5 得到 25 後，再把 25 存入變數 k1 中**。

到目前為止，我們都只用十進位的**常(數)整數**，如 10、99、100。**常整數**除了十進位外，C 語言還提供八進位與十六進位表示法。規則如下：

1. 八進位數：以 0(零)為開頭的數字，如：016 代表八進位的 16，一般書寫時多記為 16_8，等於十進位 14。
2. 十六進位數：以 0x 或 0X 為開頭的數字，如 0x1F 代表十六進位的 1F，一般書寫時多記為 $1F_{16}$ 或 1FH，等於十進位 31。
3. 長整數：整數的末端加上 l(小寫 L)或加上大寫 L，代表長整數。
4. 無號整數：整數的末端加上 u 或 U，代表無號整數。

2-5 列印變數

列印變數所需的敘述(句子)還是 printf，在上一章筆者並未介紹如何使用 printf 列印變數的數值。現在我們再看一次更詳細的 printf 語法：

語法

```
printf("控制字串", 變數列);
```

語意

將**變數列**裡的每個變數，按照**控制字串**的**指定型式**依序列印在電腦螢幕上。

說 明

1. **變數列**是指用**逗號分開**的若干個變數，如「sum, found, prime」就是由三個變數組成的變數列。
2. 在控制字串中，可以使用下列的**控制符號**依序指定變數列裡每個變數的**列印型式**：(所有型態之符號，請參考 2-9 節)

控制符號	資料列印方式
%d	以十進位列印 int 型態的資料
%f	以小數共六位的型式列印 float 型態的資料

3. 控制字串中**非控制符號的所有字元**會依序列印在電腦螢幕上。縱使是空白鍵，不論個數多少都會被完整地(一個不少地)顯示在電腦螢幕上。

顯然 C 語言的列印控制符號具有兩個主要用途：

1. 指定資料的**型態**與所佔**記憶體大小**。
2. 指定資料的**列印方式**與**格式**。

知道怎麼列印變數後，現在我們可以將三個列印變數的句子加在 pr2-2.c 的末端，變成程式 pr2-3.c：

◎ pr2-3.c 程式：

```
04:  main()
05:  {  int   k1, k2;
06:
07:     printf("Hi, variables:\n");
08:     k1 = 20;
09:     k2 = k1*2 + 10;
10:     printf("%d\n", k1);
11:     printf("%d\n", k2);
12:     printf("%d%d\n", k1, k2);
13:  }
```

◎ pr2-3.c 程式說明：

08: 將整數 20 存入 k1;
09: 算出 k1* 2 + 10，將結果存入 k2 ;
10: 以十進位(數的形式)印出變數 k1 的數值後換列;
11: 以十進位(數的形式)印出變數 k2 的數值後換列;
12: 以十進位印出變數 k1、k2 的數值後換列;

◎pr2-3.c 程式輸出：

```
Hi, variables:
20
50
2050
```

請注意：程式輸出的第四列是「2050」，而這一列的輸出是由程式的第 12 列「printf("%d%d\n", k1, k2);」所產生的。其中控制字串的第一個「%d」指定以十進位整數印出 k1，而第二個「%d」指定以十進位整數印出 k2。由於兩個「%d」緊鄰在一起，所以兩個數字 (k1 的 20 和 k2 的 50) 被印出時也緊鄰在一起。

如果列印 k1 及 k2 時要用 4 個空格將兩個數字分開，只要在兩個「%d」中間加入「4 個空白字元」即可，因為 printf 的控制字串中**非控制符號的所有字元會依序顯示在電腦螢幕上**。下列 pr2-4.c 將 4 個空白字元加在 pr2-3.c 的第 12 列的兩個「%d」中間：

◎ pr2-4.c 程式：

```
04:  main()
05:  {   int   k1, k2;
06:
07:      printf("Hi, variables:\n");
08:      k1 = 20;
09:      k2 = k1*2 + 10;
10:      printf("%d\n", k1);
11:      printf("%d\n", k2);
12:      printf("%d    %d\n", k1, k2);
13:  }
```

◎pr2-4.c 程式輸出：

```
Hi, variables:
20
50
20      50
```

請讀者想一想如何修改 pr2-4.c 成為 pr2-5.c，使得 pr2-5.c 的程式輸出如下所示：

◎ pr2-5.c 程式輸出：

```
Hi, variables:
k1=20
k2=50
k1=20    and    k2=50
```

pr2-5.c 的程式輸出很明顯的比 pr2-4.c 的輸出好讀許多。我們先看程式輸出的第二列「k1=20」，也就是說在印出 k1 的**數值**(20)之前還要先印出**字串**「k1=」，所以我們要把程式第 10 列的敘述 printf("%d\n", k1); 改成：**printf("k1=%d\n", k1);**

因為控制字串中的「k1=」**不是控制符號**所以會被依序印出，而緊隨在「k1=」之後的「%d」會指定以**十進位**(數的形式)印出變數 k1 的數值(20)，所以這個句子的輸出就會變成「k1=20」，程式 pr2-5.c 如下所示：

◎ pr2-5.c 程式：

```
04:  main()
05:  {   int k1,k2;
06:
07:      printf("Hi, variables:\n");
08:      k1=20;
09:      k2=k1*2+10;
10:      printf("k1=%d\n",k1);
11:      printf("k2=%d\n",k2);
12:      printf("k1=%d    and    k2=%d\n",k1,k2);
13:  }
```

1. 在宣告變數時也可以**直接存入數值**，方式如下：
   int k1=10, k2=500, k3;   /* k3 數值未定 */
2. 敘述間可以用「/*」和「*/」包住程式的說明，例如：
```
int sum, k=10;       /* Mary has 10 dollars */
sum=1050;            /* I have 1050 dollars */
sum=sum+k;           /* All money we have */
```

2-6 未宣告變數的錯誤

C 語言要求所有的變數都**必須先宣告**，使用未經宣告的變數會產生 Compiling 錯誤。pr2-6.c 是把 pr2-5.c 中第 5 列的變數 k2 拿掉，這使得 k2 成為**未被宣告的變數**。

◎ pr2-6.c 程式：

```
04:  main()
05:  {  int  k1 ;          沒宣告 k2
06:
07:     printf("Hi, variables:\n");
08:     k1=20;
09:     k2=k1*2+10;
10:     printf("k1=%d\n",k1);
11:     printf("k2=%d\n",k2);
12:     printf("k1=%d   and   k2=%d\n",k1,k2);
13:  }
```

執行 pr2-6.c 會產生 Compiling 錯誤如表 2-7 所示：

表 2-7 未宣告變數 k2 的錯誤訊息

IDE	錯誤訊息
Turbo C	C:\TurboC\PR2-6.C **9**: Undefined symbol 'k2' in function main
Dev-C++	**9** C:\Ex4DevCpp\pr2-6.c 'k2' undeclared (first use in this function)
Visual C++	c:\ex4visualc\pr2-6\pr2-5\pr2-6.cpp(**9**) : error C2065: 'k2' ： 未宣告的識別項

不管是使用哪個 IDE，請讀者注意：**發生錯誤的列號是 9**，也就是 k2 第一次出現的位置。而造成錯誤的原因是：編譯器遇到不認識的變數 k2，即**未宣告**的(undeclared)或**未定義**的(undefined) 的變數 k2。

此外，請注意「k2」在不同的 IDE 會有不的名稱，如 symbol(**符號**)或 identifier(**識別字、識別項**)。總而言之，不管叫什麼名稱，「k2」是用來**識別**(identify)**變數的符號**(symbol)。讀者是否同意任何東西的名字都是符號，也就是用來識別東西的識別字。

2-7 浮點變數的宣告與列印

宣告浮點變數的敘述如：**float m1, m2;**，如同整數變數的宣告一樣，這個句子會讓系統準備好記憶體如下所示：

m1 [ ]　　m2 [ ]

請讀者注意：方格代表記憶體，方格左邊是變數的名稱。要把數值存入變數(的記憶體)中，一樣必須使用 C 語言的**指定敘述**(assignment)。接下來，我們要用指定敘述做兩件事，首先將整數 99 存入 m1 的句子是：

```
m1 = 99;
```

因為 m1 型態是 float，所以整數 99 會被系統轉換成實數 99 後再存入變數 m1。

再來，「把 m1 的數值除以 2 再減 10 的結果存入 m2」的句子是：

```
m2 =m1/2 - 10;
```

當電腦執行完這兩個句子後，電腦中存放變數的記憶體內容就會變成如下所示：

m1 [99.0]　　m2 [39.5]

下列 pr2-7.c 程式包含浮點變數 m1 與 m2 的宣告、變數值的指定以及列印控制：

◎ pr2-7.c 程式：

```
04:  main()
05:  {    float m1,m2;
06:
07:       printf("Hello, float variables:\n");
08:       m1=99;
09:       m2=m1/2-10;
10:       printf("m1=%f\n",m1);
11:       printf("m2=%f\n",m2);
12:       printf("m1=%f    and    m2=%f\n",m1,m2);
13:  }
```

◎ pr2-7.c 程式說明：

05: 宣告浮點變數 m1, m2;
08: 將整數 99 存入 m1;
09: 算出 m1/ 2 - 10，將結果存入 m2 ;
10: 印出字串「m1=」，再印出 m1 的數值後換列;
11: 印出字串「m2=」，再印出 m2 的數值後換列;
12: 印出字串「m1=」，再印出 m1 的數值，再印出字串「 and 」，再印出字串「m2=」，再印出 m2 的數值後換列;

◎ pr2-7.c 程式輸出：

```
Hello, float variables:
m1=99.000000
m2=39.500000
m1=99.000000    and    m2=39.500000
```

在使用程式語言的浮點變數時，讀者要特別注意：除了數值的範圍有限之外，**有些實數值在轉換成電腦的儲存格式時會產生誤差**，精確的說法是：有些實數值在轉換成二進位儲存形式時，所需的位元數**超過**浮點變數的記憶體容量，於是必須捨去小數的尾部。請執行下列 pr2-8.c 程式，並察看程式輸出：

◎ pr2-8.c 程式：

```
04:  main()
05:  {   float m1;
06:
07:      printf("Hello, float variables:\n");
08:      m1=33.44;
09:      printf("m1=%f\n",m1);
10:  }
```

◎ pr2-8.c 程式輸出：

```
Hello, float variables:
m1=33.439999
```

注意

例如：十進位數 0.2(記為：0.2_{10})轉換成二進位數變成：0.001100110011⋯，**0011 循環**，因此存入電腦時會有刪除尾數的誤差，稱為**捨入誤差**(round-off error)。

2-8 要命的陷阱——資料轉換與溢位

兩個整數經過除法運算後，商數可能是**整數**、也可能是實數，但我們常會不自覺的以為「**系統會把兩個整數相除的商設定為實數(浮點數)**」。然而，這是個要命的錯誤，請猜一猜下列句子的輸出結果！

```
int   i , j;
i = 15 / 5;
j = 13 / 5;
printf("i=%d   j=%d\n", i, j);
```

答案是：**i = 3　j = 2**。針對 **j** 等於 **2** 的部份，我們知道 13 除以 5 的答案是 2.6，所以**合理的解釋是：為了將一實數(結果)存入整數變數 j 中**，系統把**小數去掉、留下整數**。然而，這還不是正確的解釋！為什麼呢？請讀者先預測下列程式的輸出！

```
float   u , v;
u = 15 / 5;
v = 13 / 5;
printf("u=%f   v=%f\n", u, v);
```

程式輸出是：**u= 3.000000 v = 2.000000**。請注意到：變數 u 和 v 都已被宣告為 float，為什麼程式輸出不是 **v = 2.600000** 而是 **v = 2.000000** 呢？正確的解釋是：系統在計算**整數除以整數時，會產生整數的結果**，所以小數部分在這個時候就被去掉了，只剩下整數部分(2)被存入浮點變數 v。

如果要讓 **v = 13 / 5;** 這個句子產生正確的實數結果(2.6)，我們必需要在運算式中**先將(整數)分子或(整數)分母轉換成實數**。只要分子、分母中有一個是實數，系統會將另一個整數也轉成實數，再算出實數的結果。

想**強制轉換**資料成為**所要型態**，在 C 語言可將「(**所要型態**)」放在該資料之前，例如：「(float) 13」會把整數 13 轉換成浮點數 13。現在請看下列程式的輸出結果！

```
float   w, x, y;
w = (float) 13 / 5;
x = 13 / (float) 5;
y = (float) ( 13 / 5);
printf("w=%f   x=%f   y=%f\n", w, x, y);
```

結果為：**w=2.600000 x=2.600000 y=2.000000**。請讀者注意：**y=2.000000**，原因是「**y = (float) (13/5);**」這個句子會先算出**(13/5)**的結果，答案是整數 2，再將之轉成浮點數。

C 語言在處理不同資料型態的變數指定或運算時，所遵循的規則如下：

1. 整數和整數運算時，其運算結果為整數。
2. 整數和浮點數運算時，系統會先將整數轉成浮點數，是故運算結果為浮點數。
3. 將「(**所要型態**)」放在某一資料之前，可將該資料**強制轉換**成**所要型態**。
4. 將一浮點數值指定給一整數變數時，該浮點數值的小數部分會被去除、只留下整數部分，再存入整數變數中。

5. 當兩個不同型態的數值進行運算時，要先轉換成佔記憶體較多的型態，以減少誤差。將結果指定給**目的變數**時，如有需要再轉換成目的變數的**型態**。各型態所佔記憶體由**小到大排列**大多為：char < short ≦ int ≦ long ≦ float < double。

現在請執行下列程式 pr2-9.c，並察看程式是否遵循上述的規則產生結果：

◎ pr2-9.c 程式：

```
04:  main()
05:  {    int i, j, k;
06:       float u, v, w, x, y;
07:
08:       printf("Tricky Data Conversion:\n");
09:       i=15/5;
10:       j=13/5;
11:       printf("i=%d j=%d\n", i, j);
12:
13:       k=2.6;
14:       printf("k=%d\n", k);
15:
16:       u=15/5;
17:       v=13/5;
18:       printf("u=%f v=%f\n", u, v);
19:
20:       w=(float) 13/5;
21:       x= 13/(float) 5;
22:       y=(float) (13/5);
23:       printf("w=%f x=%f y=%f\n", w, x, y);
24:  }
```

◎ pr2-9.c 程式輸出：

```
Tricky data conversion:
i=3   j=2
k=2
u=3.000000   v=2.000000
w=2.600000   x=2.600000   y=2.000000
```

如果我們需要處理的整數範圍超過－32768～＋32767 ，那麼使用 short 型態變數就會造成**溢位**(overflow)錯誤。什麼是溢位呢？簡單的說：要處理的整數放不進 short 變數所佔的 16 bits 記憶體。整數溢位時，讀者會看到：**正數的值超過範圍會變成負數，負數的值超過範圍會變成正數**。下列 pr2-10.c 程式的不合理程式輸出就是**溢位**的傑作：

◎ pr2-10.c 程式：

```
04:  main()
05:  {    short    k1,k2,k3,k4;
06:
07:       printf("Hello, short overflow:\n");
08:       k1=32767;
09:       k2=k1+1;
10:       printf("k1=%d\n",k1);
11:       printf("k2=%d\n",k2);
12:
13:       k3=-32768;
14:       k4=k3-1;
15:       printf("k3=%d\n",k3);
16:       printf("k4=%d\n",k4);
17:  }
```

◎ pr2-10.c 程式輸出：

```
Hello, short overflow:
k1=32767
k2=-32768
k3=-32768
k4=32767
```

在程式 pr2-10.c 中的 **k1 = 32767;** 會把 short 型態的最大正整數 32767 存入變數 k1，接下來的 **k2 = k1 + 1;** 會算出 k1+1 的數值 (32768)，再將之存入變數 k2。但 k2 的型態是 short，**無法存入 32768 因而產生溢位**。**更精確的說法是：k2 的 32768 會被系統解釋為－32768**。同理 k3 已是絕對值最大的負數，「**k4 = k3 - 1;**」造成 **k4(－32769)溢位**而被系統釋為＋**32767**。

有關於溢位的原理請參考坊間有關**數字系統**的書籍，或筆者拙著「輕鬆快速學會計算機概論」，特別是**二補數**的相關章節。除了整數型態有溢位的情形外，**浮點數**(float)型態也有溢位的情形，請執行下列程式 pr2-11.c 並察看其程式輸出：

◎pr2-11.c 程式：

```
04:  main()
05:  {    float m1,m2,m3,m4;
06:
07:       printf("Hello, float overflow:\n");
08:       m1=3.4E+38;
09:       m2=3.41E+38;
10:       printf("m1=%e\n",m1);
11:       printf("m2=%e\n",m2);
12:
13:       m3=-3.4E+38;
14:       m4=-3.41E+38;
15:       printf("m3=%e\n",m3);
16:       printf("m4=%e\n",m4);
17:  }
```

◎ pr2-11.c 程式輸出：

```
Hello, float overflow:
m1=3.40000e+38
m2=+INF
m3=-3.40000e+38
m4=-INF
```

pr2-11.c 程式輸出中的＋**INF** 意思是**正無窮大**(infinity)，也就是超過 float 資料型態的最大正數，而－**INF** 意思則是**負無窮大**。

注意

1. 對於一個程式初學者言，最好的學習內容是能**現學現用**的素材。不能現學現用的素材反而成為**學習的障礙**。

2. 讀者可依自身需要，先跳過有關字元的章節並不會影響學習的連貫。
3. 筆者建議**先跳過以下各節**，直接學習 **2-11 節**「列印**整數**與**浮點數**時，**如何控制列印格數即可**」，待將來有需要時再回來參考跳過的章節。

2-9 各型態的列印控制符號

在 2-5 節筆者介紹 int、float 的列印**控制符號**，筆者想再次提醒讀者，列印**控制符號**具有兩個主要用途：

1. 指定資料的**型態**與所佔**記憶體大小**。
2. 指定資料的**列印方式**與**格式**。

所以，要注意：如果 printf 敘述中的控制字串**沒有寫入**任何列印**控制符號**，則其後變數列中的任何變數都**不會被印出**來，當然，指令中有**幾個控制符號就會列印幾個變數**。因此，**變數**的**個數**與**型態**必須和**控制符號**的**個數**與**型態**相符才不會產生錯誤。

至於列印**同型態但不同長度**的資料，C 語言則以加入**修飾詞**(modifier)的方式處理。例如：%d 表示要以十進位列印整數(int)資料、%hd 則表示要以十進位列印短整數(short)的資料，而%ld 則表示要以十進位列印長整數(long)的資料。上述的 h, l(小寫 L)就是所謂的修飾詞，用來指定何種整數型態。

C 語言提供的控制符號修飾詞與功能說明如表 2-8 所示。

表 2-8 修飾詞與功能說明

修飾詞	功能說明
h	修飾**整數**格式，用於列印 short 型態的整數資料
l(小寫 L)	修飾**數值**格式，用於列印加**長型整數**或**實數**資料
L	修飾**數值**格式，用於列印加**長型整數**或**實數**資料

讀者應該記得：%f 表示要以小數共六位的型式，列印 float 型態的實數。而從表 2-8 的修飾詞可知：%lf 表示要以小數共六位的型式，列印 double 型態的實數資料。想要知

道如何列印其他資料型態嗎？我們得看更詳細的列印控制符號與功能說明，如表 2-9 所示。

◎表 2-9 列印控制符號與功能說明

控制符號	資料列印方式
%d	以十進位列印 int 型態的資料
%x、%X	以十六進位列印 int 型態的資料
%u	以無符號十進位列印 int 型態的資料
%o	以無符號八進位列印 int 型態的資料
%f	以小數共六位的型式列印 float 型態的資料
%e	以指數型式列印 float 型態的資料
%c	以字元型式列印 char 型態的資料
%s	以字串型式列印 char 陣列型態的資料
%p	以指標型式列印指標型態的資料

當整數資料超過 short 型態的範圍時，就會產生溢位，故須改用較大的整數型態(如 int 或 long)來儲存。同理，當實數資料的範圍超過 float 型態的極限時也會產生溢位，這時就必須改用 double 型態的變數來儲存資料。請執行程式 pr2-12.c 並察看其程式輸出：

◎ pr2-12.c 程式：

```
04:  main()
05:  {    short      i, j;
06:       long       k;
07:       float      x, y;
08:       double     z;
09:
10:       printf("Hi, other data types:\n");
11:       i = 32767;
12:       j = i +1;
13:       k = (long) i+1;
14:       printf("i=%d    j=%d    k=%ld\n", i, j, k);
```

```
15:
16:         x = 3.4E+38;
17:         y = 3.41E+38;
18:         z = 3.41E+38;
19:         printf("x=%e    y=%e    z=%le\n", x, y, z);
20:     }
```

◎ pr2-12.c 程式說明：

05: 宣告 short 整數變數 i, j;
06: 宣告 long 整數變數 k;
07: 宣告 float 浮點數變數 x, y;
08: 宣告 double 浮點數變數 z;
11: 將 short 型態的最大正數 32767 存入 i;
12: 算出 i + 1，將結果存入 j (產生 short 溢位);
13: 將 i 轉成 long 型態，算出 i + 1，將結果存入 k ;
14: 依控制字串要求輸出 i, j, k 的數值;
16: 將 float 型態的最大正數 3.4E+38 存入 x;
17: 將 3.41E+38 存入 y (產生 float 溢位);
18: 將 3.41E+38 存入型態為 double 的變數 z;
19: 依控制字串要求輸出 x, y, z 的數值;

◎ pr2-12.c 程式輸出：

```
Hi, other data types:
i=32767    j= -32768    k=32768
x=3.40000e+38    y=+INF    z=3.41000e+38
```

從程式的輸出可知 **j= -32768** 與 **y=+INF** 都是溢位的現象，但(型態為 long 的)變數 k 以及(型態為 double 的)變數 z 都因為有更大的數值範圍，故而沒有產生溢位的情形。

2-10 不足位(underflow)

當整數或實數的**絕對值太大**而超過資料範圍的最大極限時，就會產生溢位(overflow)的現象，但對於實數而言還有**數值太小**的問題**(不等於 0，但非常接近 0)**。請讀者想像：用電腦存放實數 0.000……001，當**小數點和 1 之間的 0，個數多**到無法存入 float 變數(或 double 變數)所佔的記憶體，這樣的現象稱為**不足位**(underflow)**或叫欠位**。請執行下列程式 pr2-13.c，察看其程式輸出，並找出 float 及 double 兩種資料型態所能表示的最小數值：

◎ pr2-13.c 程式：

```
04:  main()
05:  {   float   k1,k2;
06:      double m1,m2;
07:
08:      printf("Hello, underflow:\n");
09:      k1=1.18E-38;
10:      k2=1.18E-46;
11:      printf("k1=%e\n",k1);
12:      printf("k2=%e\n",k2);
13:
14:      m1=2.23E-308;
15:      m2=2.23E-324;
16:      printf("m1=%le\n",m1);
17:      printf("m2=%le\n",m2);
18:  }
```

◎ pr2-13.c 程式輸出：

```
Hello, underflow:
k1=1.18000e-38
k2=0.00000e+00
m1=2.23000e-308
m2=0.00000e+00
```

請注意到程式輸出中的 k2 以及 m2 這兩個變數，都因為**絕對值太小**而變成 0，也就是產生**不足位**(underflow)的現象。

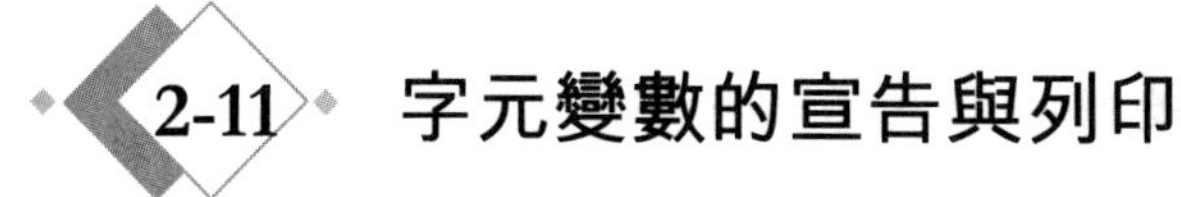

2-11 字元變數的宣告與列印

char c1, c2; 這個句子宣告了兩個字元變數 c1 及 c2，如同整數、浮點變數的宣告一樣，這個句子會讓系統準備好記憶體如下所示：

c1 [ ]　　c2 [ ]

方格代表(1 byte 的)記憶體，可以存放字元，方格左邊是變數的名稱。要把字元存入變數(的記憶體)中，我們一樣還得使用指定敘述(assignment)。例如要把 'A' 這個字元存入變數 c1 所要用的 C 語言句子是：

```
c1 = 'A';
```

當電腦執行完這個句子後，c1 的記憶體內容會變成如下所示：

c1 ['A']

注意

字元在 C 語言裡的表示法是用**單引號**包住字母或符號，而且單引號內**只能放一個字元**，超過一個字元就被視為**字串**(string)，而不再是字元。

要把 c1 這個字元變數**列印出來後再換列**所要用的 C 語言句子是：

```
printf("%c\n",c1);
```

在 2-2 節我們提到字元是以(數字)代碼的型式存在記憶體中，這一套代碼名為 **ASCII Code**(美國國家標準資訊交換碼)，如表 2-6 所示。從該表可知**字元 'A'** 存在電腦中，會佔掉 1 Byte 的記憶體，其(代碼)數值是 **65**。另外，**C 語言把 char 型態視為整數**，因此，允許我們用整數型式列印字元變數。以**十進位整數格式列印 c1 變數並換列**的句子是：

```
printf("%d\n",c1);
```

由於 C 語言把 char 型態視為整數，因此，字元變數也可以進行**算數的運算**。例如：

要算出 **c1 所存字元的後面第 3 個字元**、將之存入 **c2**，所要用的 C 語言句子是：

```
c2 = c1+3;
```

下列程式 pr2-14.c 包含 char 變數 c1 與 c2 的宣告、變數值的指定以及列印：

◎ pr2-14.c 程式：

```
04:  main()
05:  {   char c1,c2;
06:
07:       printf("Hello, char variables:\n");
08:       c1='A';
09:       c2=c1+3;
10:       printf("c1 is %c   and   c2 is %c\n",c1,c2);
11:       printf("c1 is %x   and   c2 is %x\n",c1,c2);
12:       printf("c1 is %d   and   c2 is %d\n",c1,c2);
13:  }
```

◎ pr2-14.c 程式說明：

09: 算出 c1 + 3，將結果存入 c2 ;

10: 輸出字串「c1 is 」，再以字元形式輸出 c1 的內容，再輸出字串「 and 」，再輸出字串「c2 is 」，再以字元形式輸出 c2 的內容後換列;

11: 輸出字串「c1 is 」，再以十六進位(數的形式)輸出 c1 的內容，再輸出字串「 and 」，再輸出字串「c2 is 」，再以十六進位(數的形式)輸出 c2 的內容後換列;

12: 輸出字串「c1 is 」，再以十進位(數的形式)輸出 c1 的內容，再輸出字串「 and 」，再輸出字串「c2 is 」，再以十進位(數的形式)輸出 c2 的內容後換列;

◎ pr2-14.c 程式輸出：

```
Hello, char variables:
c1 is A   and   c2 is D
c1 is 41   and   c2 is 44
c1 is 65   and   c2 is 68
```

請特別注意：**程式在列印字元時並不會用單引號包住字元**，但在 C 語言程式裡，字元卻必須用單引號包住。**因為不用單引號包住字元，就會產生語法不明的情形**。例如：

```
c1= k;
```

這個句子到底是：

1. 把**變數 k 的數值**存入變數 **c1**。

   還是

2. 把**字元 k** 存入變數 **c1**。

一旦規定**在程式中字元必須用單引號包住**，「**c1= k;**」這個句子的意思就是**把變數 k 的數值存入變數 c1**。

鍵盤上的數字 0～9 是字元還是整數呢？答案是：C 語言把 0、1…9 當成數字，加上單引號後的 '0'、'1'…'9' 會被當成字元。所以字元 '0' 存在電腦中，會佔掉 1 Byte 的記憶體，數值是 **48** (十六進位 30)。另外，字元 '1' 的數值是 **49**，'2'～'9' 則依序遞增。

舉個例子，假設有兩個 char 變數 c1 及 c2，在執行過「c1=0; c2='0';」敘述後，變數的記憶體內容變成如下所示：

c1	0	c2	48

我們用 pr2-15.c 程式說明**字元**型態與**整數**型態**相通**的觀念：

◎ pr2-15.c 程式：

```
04:  main()
05:  {    char c1,c2;
06:
07:       printf("Hello, char variables:\n");
08:       c1='6';
09:       c2=55;
10:       printf("c1 is %c    and    c2 is %c\n",c1,c2);
11:       printf("c1 is %x    and    c2 is %x\n",c1,c2);
12:       printf("c1 is %d    and    c2 is %d\n",c1,c2);
13:  }
```

◎ pr2-15.c 程式說明：

08: 將字元 '6' 存入 c1;
09: 將整數 55 (也就是字元'7') 存入 c2 ;
10: 以字元形式輸出 c1, c2;
11: 以十六進位 (數的形式) 輸出 c1, c2;
12: 以十進位 (數的形式) 輸出 c1, c2;

◎ pr2-15.c 程式輸出：

```
Hello, char variables:
c1 is 6    and    c2 is 7
c1 is 36    and    c2 is 37
c1 is 54    and    c2 is 55
```

請利用 pr2-15.c 程式找出「空白鍵」、'0'、'A'、'a'及任一符號的 ASCII Code。

既然字元和整數通用，C 語言當然也允許我們將字元存入整數變數中。請注意到下列程式 pr2-16.c 中的變數 **k1** 及 **k2** 的型態是 int **(整數)**，但被當成**字元**變數來用：

◎ pr2-16.c 程式：

```
04:  main()
05:  {    int k1,k2;
06:
07:       printf("Hello, int variables:\n");
08:       k1='a';
09:       k2=98;
10:       printf("k1 is %c    and    k2 is %c\n",k1,k2);
11:       printf("k1 is %x    and    k2 is %x\n",k1,k2);
12:       printf("k1 is %d    and    k2 is %d\n",k1,k2);
13:  }
```

◎pr2-16.c 程式輸出：

```
Hello, int variables:
k1 is a    and    k2 is b
k1 is 61    and    k2 is 62
k1 is 97    and    k2 is 98
```

2-12 常數宣告

C 語言允許在程式中宣告**常數**(constant)，常數的資料型態與變數完全相同，宣告常數的語法如下：

語法

const 資料型態 常數名=數值;

語意

指定常數名為設定的數值。

說明

1. C 語言的常數名慣用大寫字母，藉以和變數名區別。
2. **常數只能在宣告時一併指定數值**，不可在程式中指定。

pr2-17.c 程式示範常數的宣告與使用。

◎ pr2-17.c 程式：

```
04:  main()
05:  {   float k1;
06:      const int TEN=10;
07:      const float PI=3.1416;
08:
09:      printf("Hello, constants:\n");
```

```
10:     k1=TEN;         /* k1 的數值變成 10 */
11:     k1=k1+PI;       /* k1 的數值變成 13.1416 */
12:     printf("%f \n",k1);
13: }
```

2-13 列印格式的控制

系統在列印不同型態的資料時會用數量不等的格數來列印，內定的規則是：

1. **字元**變數(例：c1, c2) ── 一個變數佔一格。
2. **整數**變數(例：k1, k2) ── 變數值的位數就是列印格數。
3. **浮點**變數(例：m1, m2) ── 列印格數含：變數的整數位數，外加小數點一格，再加上小數(固定不變)的 6 格。

請執行下列 pr2-18.c 程式，並注意各種資料型態在列印時的(內定)輸出格式：

◎ pr2-18.c 程式：

```
04: main()
05: {   char   c1, c2;
06:     int    k1, k2;
07:     float  m1, m2;
08:
09:     printf("Output formats:\n");
10:     c1='A';
11:     c2='Z';
12:     printf("%c%c\n", c1, c2);
13:
14:     k1=12;
15:     k2=345;
16:     printf("%d%d\n", k1, k2);
17:
18:     m1=1.23;
19:     m2=45.678;
20:     printf("%f%f\n", m1, m2);
21: }
```

◎ pr2-18.c 程式輸出：

```
Output formats:
AZ
12345
1.23000045.678001
```

其實列印變數時，C 語言可以讓我們指定變數(所佔)的格數。以列印整數用的控制符號「**%d**」為例，我們可以在「%」和「d」的中間加上數字來指定所佔的格數。所以「**%6d**」就是用 **6 格**來列印**整數**資料，而「**%6c**」就是用 **6 格**來列印**字元**資料 (故會有 5 格空白)。

另外 C 語言列印浮點數時，必須指定**全部的位數**以及**小數部分**所佔的位數，例如「**%6.3f**」表示總**共用 6 格**列印浮點數，**小數部分用 3 位**，小數點佔一位，**因此整數部份只剩 2 位**。

說明

1. 當指定的**整數列印格數**不足時，例如：用 2 格印整數 4567，系統會**自動補足格數**，不會產生列印錯誤。
2. 當指定的**小數列印格數**不足時，例如：用 2 格印小數 .4567，則資料會被**四捨五入**成 .46 塞進指定的 2 格。

現在請執行下列 pr2-19.c 程式，並注意各種資料型態在列印時的輸出格式：

◎ pr2-19.c 程式：

```
04:  main()
05:  {  char   c1,c2;
06:     int    k1,k2;
07:     float m1,m2;
08:
09:     printf("Output formats:\n");
10:     c1='A';
11:     c2='Z';
12:     printf("%8c%8c\n",c1,c2);
13:
```

```
14:      k1=12;
15:      k2=345;
16:      printf("%8d%8d\n",k1,k2);
17:
18:      m1=1.23;
19:      m2=45.678;
20:      printf("%8.3f%8.2f\n",m1,m2);
21:  }
```

◎ pr2-19.c 程式輸出：

```
Output formats:
       A       Z
      12     345
   1.230   45.68
```

測試程式時，請讀者將第 20 列的列印敘述 **printf("%8.3f%8.2f\n",m1,m2);** 改成 **printf("%8.3f%1.2f\n",m1,m2);**，雖然第 **2 個浮點數的整數部份格數不足**，但請注意：系統仍會補足所需的整數格數。其他的列印方式，請參考下列說明：

說明

1. **正、負號強制印出來** — 列印變數時，C 語言也可以讓我們把變數的正、負號強制印出來。**指定的方式是在「%」之後加上「+」**，例如「**%+8d**」就是用 **8 格**來列印整數資料**及其正、負號**，而「**%+8.3f**」表示總共用 8 格列印浮點數及其正、負號，其中小數的部分佔 3 位。
2. **資料靠左印出** — 我們也可以在列印變數時指定資料要靠左印出，**指定的方式是在「%」之後加上「－」**。例如「**%－8d**」就是用 8 格來列印整數資料且**資料要靠左印出**，而「**%－8.3f**」表示總共用 8 格列印浮點數，其中小數的部分佔 3 位且資料要靠左印出。
3. **靠左並強制印出正、負號** — **如果在「%」之後加上「+－」或「－+」**，表示印出資料時要**靠左並強制印出正、負號**。

現在請執行下列 pr2-20.c 程式，並在察看程式輸出時注意各種資料型態在列印時的輸出格式及正負號：

◎ pr2-20.c 程式：

```
04:  main()
05:  {   int    k1,k2;
06:      float m1,m2;
07:
08:      printf("Output formats:\n");
09:      k1=12;
10:      k2=-123;
11:      printf("%8d%10d\n",k1,k2);
12:      printf("%+8d%+10d\n",k1,k2);
13:      printf("%-8d%-10d\n",k1,k2);
14:      printf("%+-8d%-+10d\n",k1,k2);
15:
16:      m1=1.23;
17:      m2=-45.678;
18:      printf("%8.3f%10.3f\n",m1,m2);
19:      printf("%+8.3f%+10.3f\n",m1,m2);
20:      printf("%-8.3f%-10.3f\n",m1,m2);
21:      printf("%+-8.3f%-+10.3f\n",m1,m2);
22:  }
```

◎ pr2-20.c 程式輸出：

```
Output formats:
      12      -123
     +12      -123
12      -123
+12     -123
   1.230   -45.678
  +1.230   -45.678
1.230   -45.678
+1.230  -45.678
```

2-14 跳脫字串

在列資料印時產生換列的「**\n**」，稱為**倒斜線字元常數**(backslash-character constant)又稱為**跳脫字串**(escape sequence)，其主要的用途是提供**特殊的列印功能**以及**特殊字元**的列印。常用的跳脫字串有：

跳脫字串	用　　途
\'	印出單引號「'」
\"	印出雙引號「"」
\\	印出倒斜線「\」
\?	印出問號「?」
\a	使電腦喇叭發出一聲“嗶”響
\b	使列印位置倒退一格
\f	產生跳頁或清除螢幕
\n	產生換列
\r	列印位置返回(return)該列的起始點
\t	產生 tab 鍵的效果，即產生 6 格空白
\v	產生垂直 tab 鍵的效果
\DDD	列印一字元其 ASCII Code 是八進位數 (DDD)
\xHH	列印一字元其 ASCII Code 是十六進位數 (HH)

現在請執行下列 pr2-21.c 程式，並在察看程式輸出時注意跳脫字串(escape sequence)所產生的列印效果：

◎ pr2-21.c 程式：

```
04:  main()
05:  {   int   k1,k2;
06:      char c1,c2;
07:
08:      printf("Backslash character constants:\n");
09:      k1=12;
10:      k2=345;
11:      c1='A';
12:      c2='Z';
13:
```

```
14:        printf("%d%d\n",k1,k2);
15:        printf("%d\t%d\n",k1,k2);
16:
17:        printf("%c %c\n",c1,c2);
18:        printf("%c \x42 %c\n",c1,c2);
19:        printf("\101 \102 \103\n");
20:    }
```

◎ pr2-21.c 程式說明：

14: 以十進位(數形式)印出變數 k1 及 k2 的數值後換列；

15: 以十進位(數形式)印出變數 k1 後，再列印 6 格空白(即 tab 鍵的效果)，再以十進位(數形式)印出變數 k2 後換列；

17: 以字元形式印出變數 c1 的內容後，再列印 1 格空白，再以字元形式印出變數 c2 的內容後換列；

18: 以字元形式印出變數 c1 的內容後，再列印 1 格空白，再列印 ASCII Code 是十六進位 42 的字元，再列印 1 格空白，再以字元形式印出變數 c2 的內容後換列；

19: 印 ASCII Code 是八進位 101 的字元，再列印 ASCII Code 是八進位 102 的字元，再列印 ASCII Code 是八進位 103 的字元；

◎ pr2-21.c 程式輸出：

```
Backslash character constants:
12345
12          345
A Z
A B Z
ABC
```

請注意 pr2-21.c 第 18 列中的「\x42」代表十六進位 42(等於十進位 66)，也就是字元 **'B'** 的 ASCII Code，因此這一個句子會在 **'A'** 之後印出 **'B'** 再印出 **'Z'**。第 19 列中的「\101」代表八進位 101(等於十進位 65)，也就是字元 **'A'** 的 ASCII Code，接下來的八進位 102 與 103 是字元 **'B'** 與 **'C'**，因此這一個句子會在 **A** 之後印出 **B** 再印出 **C**。

2-15 注意事項

讀者是否注意到，本章的每個程式，在宣告完所有的變數後，筆者都會先放一個 printf 敘述印出一列訊息，訊息的用途有如程式輸出的標題，其實它的功能不只如此。對於一個程式初學者而言，要面臨的困擾是多重的：

1. 先要適應**非常簡單、原始**的程式語言，且不能有任何語法錯誤。
2. 再要學會(對初學者而言)**功能過度強大**且**操作複雜**的 IDE。
3. 就算程式語法完全正確、編譯過關，但語意錯誤、邏輯錯誤都可能讓程式完全沒有輸出。

特別是第 3 項所述的現象，很可能造成輸出螢幕完全沒有任何訊息。這常會讓初學者搞不清楚：是系統出問題、操作出問題還是程式出問題。

如果在程式的第一個句子用 printf 敘述印出一列**(標題)訊息**，只要程式語法正確、編譯過關，程式如能正常執行就一定可以在螢幕看到(標題)訊息。因此，讀者可能遇到的狀況與原因如下：

1. 沒有任何螢幕輸出：系統有問題或 IDE 操作有誤。
2. 螢幕只有(標題)訊息：程式有語意錯誤、邏輯錯誤，造成沒有後續輸出。

2-16 習　題

1. 宣告 **i, j** 為整數，並將整數 2 存入 **i**、3 存入 **j**，寫程式在螢幕上印出 **i** 和 **j** 的數值以及其乘積，如下所示：

```
2x3=6
```

2. 宣告 **i, j** 為整數，寫程式依序設定適當的數值給 **i** 和 **j**，在螢幕上印出：

```
2x2=4 2x3=6 2x4=8 2x5=10
```

注意：解第 2 題時，**不要用**迴圈敘述。

3. 宣告 **r, a** 為浮點數，設定 **r** 的數值為 2，算出半徑為 **r** 的圓面積並在螢幕上印出：

```
r=2.0(r 的數值)    and    a=nnn.nnn(圓的面積以三格小數，三格整數列印)
```

注意：讀者若跳過有關字元的章節，請也跳過下列的習題。

4. 宣告變數 **c** 為字元，設定 **c** 的值為字元**'M'**，在螢幕上印出：

```
c is 'M' and its ASCII Code is ##
```

注意：##是 'M' 的 ASCII Code。

5. 宣告變數 **k** 為整數，指定 **k** 的值為十進位整數 97，在螢幕上印出：

```
Value of k is 97 and k is '#'
```

注意：#是 ASCII Code 為 97 的字母。

03

CHAPTER

條件敘述與 for 敘述

3-1 條件敘述–if

在現實生活中我們經常需要做決定，例如：「**如果…，要…**」。寫程式也是一樣，我們經常會碰到的狀況像：**如果變數 k 大於 100，要在螢幕上印出「k is too big!!」**。這時候，我們需要用 C 語言的**條件敘述** — **if**。**if** 敘述的第一種語法如下：

語法一

if (條件) 敘述 **A**;

語意

若「條件」**成立**(即條件**為真**)，則**執行敘述 A**，**結束 if 句子**。

說明

1. 若「條件」**不成立**，則**不執行敘述 A 就結束 if 句子**。
2. **if** 句子的「(條件)」之後**只能放一個敘述**，如果有**超過一個**以上的敘述要被執行，就必須用左右**大括弧包住**，使之變成**一個**(**複合**)**敘述**。
3. 「條件」必須用左右**小括號**包住。
4. 「條件」經常是由比較運算(即關係運算)所組成，C 語言的比較運算符號有：

比較符號	意　義	比較符號	意　義
>	大於	>=	大於等於
<	小於	<=	小於等於
==	等於	!=	不等於

注意

1. 判斷**是否相等**的比較符號是「 == 」，有**兩個等號**而不是一個等號，只有一個等號是**指定敘述**(assignment statement)。
2. 若干敘述用左、右**大括弧**包住後，在 C 語言的語法上被認定為**一個**(**複合**)**敘述**。

問題

寫程式執行：如果變數 k 大於 100，在螢幕上印出「k is too big!!」。

我們可以用 **if** 敘述的第一種語法解決這個問題，寫出來的句子就像這樣：

```
if (k >100) printf("k is too big!!\n");
```

請注意到這段程式**只有一個敘述**：從 **if** 這個字開始到句子尾端的分號為止。因為 C 語言允許自由排列程式，所以當敘述太長時，許多人會將「敘述 A」排在第二列：

```
if (k >100)
    printf("k is too big!!\n");
```

將「敘述 A」排在第二列時，請**縮排 3 格**，**千萬不要和 if 對齊**，如下所示：

```
if (k >100)
printf("k is too big!!\n");
```

因為這樣的排列法很容易讓人誤以為有**兩個敘述**，故而造成閱讀上的困難，尤其是當程式龐大又複雜時更是如此。現在我們再看一個問題：

問題

寫程式執行：如果變數 k 大於 100，在螢幕上印出「k is too big!!」，再將 k 的數值減去 100。

當 **if** 句子的「條件」成立時，如果有**超過一個**以上的敘述要被執行，就必須用左右**大括弧包住**，使之變成**一個(複合)敘述**。解決這個問題，用 **if** 敘述的第一種語法寫出來的程式段就像這樣：

```
if (k >100){
    printf("k is too big!!\n");
    k=k-100;
}
```

請讀者特別注意：這段程式總共**只有一個敘述，也就是一個 if 敘述**；不是三個敘述或兩個敘述。另外，用左右大括弧包住的兩個敘述，被視為**一個(複合)敘述**，語法上的角色就是 if 語法中的「**敘述 A**」。

最後，請讀者務必養成上列的程式排列習慣，因為**這樣的排列方式會產生閱讀上的結構性**。相反的，**不當的程式排列會造成程式閱讀的困難**，不當的程式排列如下所示：

➢ 不當的程式排列 1：

```
if (k >100){
printf("k is too big!!\n");
k=k-100;
}
```

➢ 不當的程式排列 2：

```
if (k >100)
{
printf("k is too big!!\n");
k=k-100;
}
```

現在我們將上述的例子整理成 pr3-1.c，來說明 **if** 敘述第一種語法的運作情形：

◎ pr3-1.c 程式：

```
04:  main()
05:  {   int    j, k;
06:
07:        printf("Conditional statement:\n");
08:        j=10;
09:        k=j*11;
10:        if (k >100){
11:              printf("k is too big!!\n");
12:              k=k-100;
13:        }
14:
```

```
15:         if (k > j)
16:             printf("k is greater than j!!\n");
17:         if (k < j)
18:             printf("k is less than j!!\n");
19:         if(k==j)
20:             printf("k is equal to j!!\n");
21:     }
```

◎ pr3-1.c 程式說明：

08: 將整數 10 存入 j;
09: 算出 j*11，將結果 110 存入 k，;
10: 如果(k > 100)則{
11: 　　輸出字串「k is too big!!」後換列;
12: 　　算出 k-100，並將結果存入變數 k;
13: }
15: 如果(k > j)則
16: 　　輸出字串「k is greater than j!!」後換列;
17: 如果(k < j)則
18: 　　輸出字串「k is less than j!!」後換列;
19: 如果(k==j)則
20: 　　輸出字串「k is equal to j!!」後換列;

◎ pr3-1.c 程式輸出：

```
Conditional statement:
k is too big!!
k is equal to j!!
```

寫程式段分別執行如下工作：

1. k= -10;　/* 先任意指定變數 **k** 的值為+10 或-10 */
   印出 k 的絕對值;
2. w= 'a' 。 /* 先任意指定**變數 w 的值為** 'a' 或 'A' */
   印出存在 w 內的大寫字母;　　/* 如為小寫字母要改為大寫 */

假設我們碰到的情況是：「**如果…，就要…，否則…**」，也就是要指定**條件不成立**時的處理事項。那麼我們就需要 if 敘述的**第二種**語法，如下所示：

語法二

```
if (條件)
      敘述 A;
else
      敘述 B;
```

語意

若「條件」**成立(**條件**為真)**，則執行敘述 **A**，否則執行敘述 **B**，結束 **if** 敘述。

說明

1. **if** 敘述在執行敘述 **A** 或敘述 **B** 後就結束。
2. **if** 敘述的「**(**條件**)**」之後以及 **else** 之後都只能放**一個敘述**，如果有**超過一個**以上的敘述要被執行，就需用左右**大括弧包住**，使之變成一個(複合)敘述。

問題

寫程式執行：如果變數 k 大於 100，在螢幕上印出「k is too big!!」，否則印出「k is acceptable!!」。

解決這個問題，用 if 敘述的第二種語法寫出來的程式段就像這樣：

```
if (k >100)
      printf("k is too big!!\n");
else
      printf("k is acceptable!!\n");
```

當然我們也可以只用 **if** 敘述的第一種語法來解決上述的問題，只是這個時候需要**兩個**敘述。一個用來指定「**k 大於 100**」時要執行的工作，另一個則用來指定「**k 不大於 100** (即 **k <=100**)」時要執行的工作，寫出來的程式就像這樣：

```
if (k > 100) printf("k is too big!!\n");
if (k <=100) printf("k is acceptable!!\n");
```

寫程式執行：如果變數 **k 大於 100**，在螢幕上印出「k is too big!!」，再將 k 的數值減去 100。否則印出「k is acceptable!!」。

解決這個問題，用 **if** 敘述的**第二種**語法寫出來的程式段就像這樣：

```
if (k >100){
    printf("k is too big!!\n");
    k=k-100;
}
else
    printf("k is acceptable!!\n");
```

現在我們用 **if** 敘述的第二種語法重寫 pr3-1.c，將之整理成 pr3-2.c，來說明 **if** 敘述第二種語法的運作情形：

◎ pr3-2.c 程式：

```
04:  main()
05:  {  int   j, k;
06:
07:     printf("Conditional statement:\n");
08:     j=10;    k=j*11;
09:     if (k >100){
10:         printf("k is too big!!\n");
11:         k=k-100;
12:     }
13:
14:     if (k >j)
15:         printf("k is greater than j!!\n");
16:     else
17:         if (k <j)
18:             printf("k is less than j!!\n");
19:         else
20:             printf("k is equal to j!!\n");
21:  }
```

◎ pr3-2.c 程式說明：

```
09: 如果(k >100)則{
10:       輸出字串「k is too big!!」後換列;
11:       算出 k-100，並將結果存入變數 k;
12: }
14: 如果(k > j)則
15:       輸出字串「k is greater than j!!」後換列;
16: 否則
17:     如果(k < j)則
18:           輸出字串「k is less than j!!」後換列；
19:     否則
20:           輸出字串「k is equal to j!!」後換列；
```

請問程式中第 14 到 20 列總共有幾個敘述呢？

答案是：**只有一個！**也就是第 14 列的 if 敘述到第 20 列才結束，為什麼呢？請比對 if 敘述的**語法二**，第 14 列 if 敘述的條件 **(k > j)** 成立時，要被執行的「**敘述 A**」是第 15 列的 **printf("k is greater than j!!\n");** 否則要被執行的「**敘述 B**」是第 17 列的 **if 句子 (從 17 列到 20 列)**。

寫程式分別執行如下工作：

1. k= -10; /* 先任意指定變數 **k** 的值為+10 或-10 */
   將 k 的絕對值存入變數 k;
   印出 k 的值;
2. w= 'a'。 /* 先任意指定**變數 w 的值為** 'a' 或 'A' */
   將 w 內的大寫字母存入變數 w;   /* 如為小寫字母要改為大寫 */
   印出存在 w 內的字母;

3-2 if 敘述的要命陷阱

if 敘述中的「**條件**」經常是由**比較運算**(即**關係運算**)所組成，比較運算所產生的結果為**布林**(Boolean)**值**：**真**(True)或**假**(False)。要特別注意的是：C 語言並**不支援**布林**(變數)**型態，而是**用整數值來代表布林值：0 代表假，非 0 的整數代表真**。下列程式 pr3-3.c 說明 C 語言如何使用整數代表布林值。

◎ pr3-3.c 程式：

```
04:  main()
05:  {   int    i, j;
06:
07:      printf("Conditional expressions:\n");
08:      i=33;     j=66;
09:      printf("Condition i > j is %d\n", i > j);
10:      printf("Condition i < j is %d\n", i < j);
11:      printf("Condition i==j is %d\n",i==j);
12:      printf("Condition i>=j is %d\n",i>=j);
13:      printf("Condition i<=j is %d\n",i<=j);
14:      printf("Condition i !=j is %d\n",i!=j);
15:
16:      if ( i )
17:          printf("Hi!\n");
18:      else
19:          printf("Hello!\n");
20:  }
```

◎ pr3-3.c 程式輸出：

```
Conditional expressions:
Condition i > j is 0
Condition i < j is 1
Condition i==j is 0
Condition i>=j is 0
Condition i<=j is 1
Condition i !=j is 1
Hi!
```

請注意第 16 列的 **if** 敘述，它是以「**i 的值**」當條件。因為 **i 的數值是 33**，會被解釋為**真**(True)，所以輸出的字串是「Hi!」不是「Hello!」。現在請仔細看下列 pr3-4.c 的程式，並猜一猜程式的輸出是什麼？

◎ pr3-4.c 程式：

```
04:  main()
05:  {   int    i, j;
06:
07:      printf("Fatal trap:\n");
08:      i=33;       j=99;
09:      if (i=j)
10:          printf("Hi!\n");
11:      else
12:          printf("Hello!\n");
13:      printf("Value of i is %d\n",i);
14:  }
```

if 敘述會產生要命的陷阱，主要的來源之一是：判斷**是否相等**的**比較符號**是「==」，有**兩個等號**而不是一個等號，只有一個等號的是**指定**(assignment)**敘述**。初學者很容易少鍵入一個等號，於是步入了要命的陷阱。pr3-4.c 的程式輸出如下所示：

◎ pr3-4.c 程式輸出：

```
Fatal trap:
Hi!
Value of i is 99
```

pr3-4.c 程式的第 9 列 **if (i=j)** 中的比較符號少了一個等號，所以變成了**指定敘述**，也就是把 **j** 的數值(99)存入 **i** 中。接著，**因為 i 的數值不是 0**，所以被判定為**真**(True)，導致輸出的字串是「Hi!」不是「Hello!」。另外，第 13 列的 **printf** 敘述會把 **i** 的數值印出來，請注意到 **i** 的數值已經變為 99 而不是原來的 33。

在下列的 pr3-5.c 程式中，我們的要求是：如果 **i** 和 **j** 的**數值相同**則印出字串「Hi!」，請讀者詳讀程式後，猜一猜程式是否會輸出「Hi!」？

◎ pr3-5.c 程式：

```
04:  main()
05:  {   int    i, j;
06:
07:      printf("Fatal trap:\n");
08:      i=33;    j=99;
09:      if (i==j);
10:          printf("Hi!\n");
11:  }
```

這一次，pr3-5.c 程式的第 9 列 **if (i==j)** 中的比較符號並沒有少掉一個等號，也就是 **if** 的條件**並不成立(為假)**。

另外，請注意：第 9 列 **if (i==j)** 之後多了一個分號，這是正常的 **if** 語法中所沒有的。但是程式仍可執行。也就是說 **if (i==j)** 之後**多了一個分號並沒有造成語法錯誤**，為什麼呢？我們先看第 9 列的程式：

```
if (i==j);
```

這是個語法正確的 **if** 敘述，只是少了**敘述 A**。此時，語法上會認為敘述 **A** 是個**空敘述**(null statement) ── 沒事可做的敘述，所以沒有語法錯誤的問題，但是 **if 敘述就此結束**。結束了 **if** 敘述後，下一個要被執行的敘述就是第 10 列的 printf 敘述了。猜對了嗎？程式會輸出「Hi!」，這例子又是另一個初學者容易犯的要命錯誤。所以這段**錯誤程式**的**正確排列**方式為：

```
09:      if(i==j);
10:      printf("Hi!\n");
```

也就是說多打一個分號把第 9、10 列變成兩個敘述，筆者要在此提醒讀者：務必養成正確的程式排列習慣，一方面可提高程式的**閱讀結構性**，另一方面，不當的程式排列習慣還會嚴重影響程式的學習效果。更正程式錯誤後的**正確排列**方式為：

```
09:      if (i==j)
10:          printf("Hi!\n");
```

或者將兩列合併成一列也可以：

```
09:        if (i==j) printf("Hi!\n");
```

如果**多打一個分號**的錯誤是發生在 if 的第二種語法，則會產生程式的編譯錯誤，請執行下列 pr3-6.c 程式：

◎ pr3-6.c 程式：

```
04:   main()
05:   {   int    i, j;
06:
07:         printf("Fatal trap:\n");
08:         i=33;    j=99;
09:         if (i==j);
10:             printf("Hi!\n");
11:         else
12:             printf("Hello!\n");
13:   }
```

程式第 9 列的 **if** 敘述語法正確，且 **if** 敘述就**在第 9 列結束**、第 10 列的 **printf** 敘述語法也正確。但第 11 列的 **else** 會產生**語法錯誤**，因為它沒有 **if** 的部分，編譯時系統會產生的錯誤訊息如表 3-1 所示：

表 3-1 沒有 if 的 else 所產生的錯誤

IDE	錯誤訊息
Turbo C	Error C:\TURBOC\PR3-6.C 11: Misplaced else in function main
Dev-C++	11 C:\Ex4DevCpp\pr3-6.c syntax error before "else"
Visual C++	c:\ex4visualc\pr3-6\pr3-6\pr3-6.cpp(11): error C2181: 不合法的 else (沒有相符的 if)

總而言之，語法錯誤的理由是 else 放錯位置，因為沒有 if 就不能有 else。

3-3 邏輯運算

當執行完比較運算(關係運算)後，得到的運算結果是**真**(True)或**假**(False)的布林值。對於布林值我們還可以進行**邏輯運算**(logical operation)，C 語言提供 AND、OR、NOT 三種邏輯運算，其符號、意義及運算方式如表 3-2 所示：

表 3-2 AND、OR、NOT 的符號與運算

邏輯符號	意　義
&&	AND
||	OR
!	NOT

p	q	p && q	p || q	!p
0	0	0	0	1
0	1	0	1	1
1	0	0	1	0
1	1	1	1	0

再一次提醒讀者，上列表中的 **1** 代表**真**(True)而 **0** 代表**假**(False)，下列 pr3-7.c 程式示範邏輯運算的使用：

◎ pr3-7.c 程式：

```
04:  main()
05:  {   int   i, j;
06:
07:      printf("Logical operations:\n");
08:      i=33;   j=99;
09:      if (i < j && i==33) printf("Hi!\n");
10:      if (i > j || i==99) printf("Hello!\n");
11:      if (! i==j) printf("Great!\n");
12:  }
```

◎ pr3-7.c 程式說明：

09: 如果(i 小於 j 且 i 等於 33)，則輸出字串「Hi!」後換列；

10: 如果(i 大於 j 或者 i 等於 99)，則輸出字串「Hello!」後換列；

11: 如果(**非** i 等於 j)，則輸出字串「Great!」後換列；

◎ pr3-7.c 程式輸出：

```
Logical operations:
Hi!
```

由於 **i** 的數值是 **33** 而 **j** 的數值是 **99**，所以：

第 9 列：**if** 敘述的條件 **(i < j && i==33)** 為**真**，因此字串「Hi!」會被印出後換列。

第 10 列：**if** 的條件 **(i > j || i==99)** 為**假**，故結束 **if** 敘述，沒有印出字串「Hello!」。

程式第 11 列為什麼沒有印出「Great!」呢？

因為**第 11 列 if 敘述的條件 (! i==j) 得到的運算結果是假**，所以沒有輸出字串。就像算數運算「先乘、除後加、減」的規則來自於：**乘、除的運算優先順序高於加、減運算**。同樣的，比較運算以及邏輯運算也有優先順序的問題，比較運算以及邏輯運算的優先順序如表 3-3 所示：

表 3-3 邏輯運算優先順序表

優先順序	運　算
最高	!
↓	>、>=、<、<=
↓	==、!=
↓	&&
最低	||

再看一次**第 11 列** if 敘述的條件 **(! i==j)**，**因為「!」的優先順序高於**「 == 」，所以要**先算 ! i**，因為 **! i** 就等於 **! 33**，**! 33** 就等於 **!真**，**!真** 就等於**假** (即 **0**)。接下來，再算 **(0==j)**，因為 **j** 的數值是 **99** 所以得到的**運算結果是假**。

回顧**第 9 列** if 敘述的條件 **(i<j && i==10)**，因為比較運算「 < 」以及「 == 」的優先順序都高於「&&」，所以是先執行比較運算 **(i<j)** 以及 **(i==33)**，兩個結果都是 **1** (即**真**)。接下來再算 **(1 && 1)**，其運算結果是 **1**，所以**字串「Hi!」會被印出後換列**。

就像算數運算「**7*5+5**」，因為「 * 」的優先順序高於「 + 」，所以會先執行 **7*5**。如果要先算 **5+5**，我們得用小括弧將 **5+5** 包住，運算式就變成「**7*(5+5)**」。同理，第 11 列 if 敘述的條件 **(! i==j)**，若要先算 **i==j**，得用小括弧將 **i==j** 包住，所以**正確的條件**應該寫成 **(! (i==j))**。

其實讀者如果不確定哪一個運算符號優先順序較高時，**可以用小括弧將要先運算的式子括起來**，這麼做一方面可以保證運算正確，再方面可以增加程式的可讀性。下列 pr3-8.c 程式改正了 pr3-7.c 的錯誤：

◎ pr3-8.c 程式：

```
04:  main()
05:  {   int   i, j;
06:
07:      printf("Logical operations:\n");
08:      i=33;   j=99;
09:      if (i < j && i==33) printf("Hi!\n");
10:      if (i > j || i==99) printf("Hello!\n");
11:      if (!( i==j)) printf("Great!\n");
12:  }
```

◎ pr3-8.c 程式輸出：

```
Logical operations:
Hi!
Great!
```

3-4 位元運算

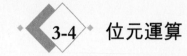

C 語言不但可以把**整數值**當成**布林值**來進行邏輯運算，也可以針對整數的**每一位元**進行邏輯運算，針對每一位元的運算稱為**位元運算**(bitwise operation)。C 語言的**位元運算**包括**邏輯**部分的 AND、OR、NOT 與 XOR(互斥或)四種運算，另外，還有**移位**部分的左移、右移運算。各運算的符號及意義如下所示：

邏輯符號	意　義
&	AND
|	OR
~	NOT
^	XOR
<<	左移
>>	右移

請讀者務必注意**位元邏輯**運算符號與前節之**變數邏輯**運算符號的不同。假設下表中的 p、q 是位元值，四個**位元邏輯運算**的定義如下所示：

p	q	p & q	p | q	p ^ q	~p
0	0	0	0	0	1
0	1	0	1	1	1
1	0	0	1	1	0
1	1	1	1	0	0

位元移位運算包括**左移**與**右移**兩種，移位運算在進階的系統程式設計扮演很重要的角色，有關移位運算式的語法與語意說明如下：

語法

整數 >> n

語意

將**整數**的內容以**二進位形式右移** n **位，最高位元依序補入** 0。

說明

因為最高位元依序補入 0，所以整數的**最左** n 位元為 0。

整數 <<n

語意

將**整數**的內容以**二進位形式左移** n **位，最低位元依序補入** 0。

說明 因為最低位元依序補入 0，所以整數的**最右** n 位元為 0。

注意

由於上列有關移位的語法與語意僅用來定義移位運算的執行內容，並不是完整的敘述，所以沒有用分號作結束。

接下來，請隨筆者講解兩個使用位元運算的程式問題，相信讀者可以更加明瞭位元運算的執行細節與使用技巧。

問題

執行下列程式段之後，問變數 j, k 的數值為何？

```
short  j=0x89AB, k ;
k = j << 3;
```

j = 0x89AB = ~~1 0 0~~ 0　1 0 0 1　1 0 1 0　1 0 1 1_2

0　1 0 0 1　1 0 1 0　1 0 1 1　<u>0 0 0_2</u>

變數 j 要左移三個位元，所以要移出最高的三位元 100，**最低位元依序補入三個** 0，故移位後的結果為 0100 1101 0101 1000_2(=0x4D58)。再將結果存入 k，故 k 值為 0x4D58。請讀者務必注意：j 的值仍然是 0x89AB，並沒有改變。

執行下列程式段之後，問變數 j, k 的數值為何？

```
short  j=0x89AB, k =65 ;
k = j & k;
```

$$
\begin{array}{rrl}
 & j = 0x89AB = & \underline{1000\ \ 1001\ \ 1010\ \ 1011_2} \\
\& & k = \quad 65 = & \underline{0000\ \ 0000\ \ 0100\ \ 0001_2} \\
 & & 0000\ \ 0000\ \ 0000\ \ 0001_2
\end{array}
$$

變數 k 的數值為**十進位**的 65，其二進位表示法為 0000 0000 0100 0001_2。針對 j, k 的每位元進行 AND 運算，運算的結果為 0000 0000 0000 0001_2。再將結果存入 k，故 k 的值為 1。請注意：j 的值仍然是 0x89AB，並沒有改變。

接下來，請讀者執行 pr3-9.c 程式，並比對程式輸出與筆者的解析，由於程式中有位元運算，所以有些整數數值必須以二進位表示，才能進行運算說明。

◎ pr3-9.c 程式：

```
04:  main()
05:  {   short   j=65, k=130;
06:      char    c='B';
07:      float   m1=1.1, m2=1.2;
08:
09:      printf("Bitwise operations:\n");
10:      if (m1 < m2) c='A';
11:      if (c==j) printf("Check point 1\n");
12:      j=j << 1;
13:      if (j==k) printf("Check point 2\n");
14:      k = j >> 4;      printf("%d\n", k);
15:      k = j & c;       printf("%d\n", k);
16:      k= j && c;       printf("%d\n",k);
17:  }
```

pr3-9.c 各列程式說明如下：

第 5 列：宣告 j, k 為 short 整數，並分別指定數值為 65, 130。因此，

j 等於 65 (= 0000 0000 0100 0001_2)，k 等於 130 (=0000 0000 1000 0010_2)。

第 6 列：宣告 c 為 char，並指定字元 '**B**' 給變數 c。

第 7 列：宣告 m1, m2 為 float 實數，並分別指定數值為 1.1 , 1.2。

第 10 列：因為 m1(=1.1)小於 m2(=1.2)，所以變數 c 存入 '**A**' (= 0100 0001_2)。

第 11 列：因為 c(=0100 0001_2)等於 j(參考第 5 列說明)，故會印出「Check point 1」。

第 12 列：j 左移 1 位的結果存入 j，故 j 等於 0000 0000 1000 0010_2。

第 13 列：因 j(=0000 0000 1000 0010_2)等於 k(第 5 列說明)，故會印出「Check point 2」。

第 14 列：將 j(=0000 0000 1000 0010_2)右移 4 位的結果存入 k，故 k 等於 0000 0000 0000 1000_2。接著以十進位印出變數 **k**，所以印出 8。但 j 值仍然不變。

第 15 列：執行 j, c 的位元 AND 運算，結果存入 k。變數 c 會先展成 16 位元。

```
    j = 0000 0000 1000 0010₂
&   c = 0000 0000 0100 0001₂
        0000 0000 0000 0000₂
```

將運算結果存入 k，k 等於 0000 0000 0000 0000_2(=0)，所以會印出 0。

第 16 列：因為 j, c 都不是 0，兩者都被視為**真**，所以執行**變數邏輯運算**(j && c)的結果為**真**。結果要存入變數 k，系統會存入一個**非零整數**給 k，一般系統都用 1，因此會印出 1。

程式的第 15, 16 列兩個敘述是筆者設計來凸顯**位元邏輯**運算與**變數邏輯**運算的差異。簡而言之，**變數邏輯運算把整個變數當成一個布林值**，而**位元邏輯**運算把變數的**每個位元當成運算的對象**，請讀者不要弄混。pr3-9.c 的程式輸出如下所示：

◎ pr3-9.c 程式輸出：

```
Bitwise operations:
Check point 1
Check point 2
8
0
1
```

筆者把這個程式的輸出訊息設為「Check point n」，n 是有順序的整數或符號。這樣的輸出可以當做程式的**檢測點**，進行**程式除錯**時非常有用。

位元運算在進階程式設計扮演很重要的角色，接下來，筆者綜整各個運算的主要用途，初學的讀者可以略讀即可。

移位運算：整數以二進位形式左移 1 位，整數值會變為 2 倍；如果右移 1 位，整數值則變為 1/2 倍。因此，當要進行 2^n 倍的放大或縮小時，使用 n 位元的**移位運算**會遠比**乘 2^n** 或**除以 2^n 快**很多。

AND 運算：設 x 為未知的位元值，因此可能的數值是 0 或 1。請注意 AND 運算可以表示如下：

$$x \& 0 = 0, \quad x \& 1 = x$$

當我們把 0 代表**關閉**、1 代表**開啟**，則 AND 的位元運算就可做為**遮罩**(mask)之用。

假設有 8 個燈、分成兩排、每排 4 個。燈的開關用(char 型態的)變數 light 來控制。前 4 位元控制第一排的 4 個燈、後 4 位元控制第二排的 4 個燈。例如：light = $0011\ 1110_2$ 表示第一排亮後 2 個燈、第二排亮前 3 個燈。

如果我們想把第一排的 4 個燈**關掉**、而第二排的 4 個燈**狀態不變**。AND 運算就可派上用場，我們可執行「light=light & 0x0F;」：

$$\begin{array}{rr} & \text{light} = 0011\ 1110_2 \\ \& & \text{mask} = \underline{0000\ 1111_2} \\ & 0000\ 1110_2 \end{array}$$

運算結果的前 4 位元變成 0000 表示關閉第一排的 4 個燈、後 4 個位元狀態不變。**總之** mask(=$0000\ 1111_2$)的功能就是**遮罩**，0 的位置會被遮掉，1 的位置保留原來狀態。

OR 運算：設 x 為未知的位元值，請注意 OR 運算可以如下表示：

$$x \mid 0 = x, \quad x \mid 1 = 1$$

OR 運算可以用來**設定開啟的式樣**(即，啟動位置)。同上例，假設變數 light = $0011\ 1110_2$ 用來控制 8 個燈。如果我們想把第一排的 4 個燈全部**開啟**(turn on)、而第二排的 4 個燈狀態不變。OR 運算就可派上用場，我們可執行「light=light | 0xF0;」：

$$\begin{array}{rr} & \text{light} = 0011\ 1110_2 \\ | & \underline{1111\ 0000_2} \\ & 1111\ 1110_2 \end{array}$$

請注意：運算結果的前 4 位元變成 1111 表示**開啟**第一排的 4 個燈、後 4 個位元狀態不變。**總之** $1111\ 0000_2$ 的功能就是**開啟式樣**，0 的位置會保留原來狀態，1 的位置設定為**開啟**。基本上，這樣的功能是一種**反遮罩**(unmask)的運算。

XOR 運算：XOR 運算的特質是：**輸入相同**輸出 0、**輸入不同**輸出 1，如下所示：

$$0\wedge 0=0, \quad 0\wedge 1=1, \quad 1\wedge 0=1, \quad 1\wedge 1=0$$

XOR 運算可以用來檢查兩組數值是否相同。例如：想知道是否所有的燈都被開啟，可以檢測變數 light 是否為 0xFF，我們可執行「light=light ^ 0xFF;」：

$$\begin{array}{rl} & light = 1111\ 1110_2 \\ \wedge & 0xFF = \underline{1111\ 1111_2} \\ & \mathbf{0000\ 0001_2} \end{array}$$

因為 light 和 0xFF 不同，所以 XOR 運算結果不為 0，如果兩者相同，XOR 的運算結果就會為 0。結論：由於運算結果不是 0，故可知不是所有的燈都被開啟。

3-5 整數的奇、偶判斷

寫程式時偶而會需要判斷一個**整數**的**奇、偶**，這個問題在應用上雖然不是非常重要，但是拿來磨練初學者的程式技巧卻是不錯的素材。想要知道整數 **j** 的奇、偶，只要「**把 j 除以** 2 **之後，再判斷餘數是否為** 0」即可。

如果變數 **j** 是偶數，在螢幕上印出「**Hi!**」，否則印出「**Hello!**」。

解決這個問題，用 **if** 敘述寫出來的程式如下：

```
if ( (j%2)==0 )
    printf("Hi!");
else
    printf("Hello!");
```

當 j 是 2 的倍數時，if 敘述會**先算出「(j%2)」的結果為 0**，接下來的「**(0==0)**」得到**真**，故會印出「**Hi!**」。較有經驗的程式設計者可能會採用另一種方式：若 j 是 2 的倍數則「**(j%2)**」**等於 0**，故「**!(j%2)**」就是 **! 0 (為真)**。因此，上述的 C 語言句子可寫成：

```
if ( !(j%2) )
    printf("Hi!");
else
    printf("Hello!");
```

這樣的思維方式比較抽象一點，但是請讀者試著去熟悉它。另外，這個敘述也可用來「判斷整數 **j** 是否為另一整數 **k** 的倍數」，例如：

```
if ( !(j%k) )
    printf("OK!");
else
    printf("Great!");
```

這段程式的作用是：**當 j 為 k 的倍數**時會印出「OK!」，否則會印出「Great!」。因為當 **j** 為 **k** 的倍數時，「**(j%k)**」的結果為 0，所以「**! (j%k)**」的結果為 1，於是就會在螢幕印出「OK!」。下列的 pr3-10.c 程式中，我們整合上述的例子：

◎ pr3-10.c 程式：

```
04:  main()
05:  {   int    j, k;
06:
07:       printf("Odd/Even or multiple:\n");
08:       j=20;      k=5;
09:       if ( (k%2)==0 )
10:            printf("Hi!\n");
11:       else
12:            printf("Hello!\n ");
13:       if ( !(j%k) )
14:            printf("OK!\n ");
15:       else
16:            printf("Great!\n ");
17:  }
```

測試程式時，請把變數 k 的數值分別改為 3、4，並檢查程式的輸出是否如讀者所預料。

◎ pr3-10.c 程式輸出：

```
Odd/Even or multiple:
Hello!
OK!
```

3-6 switch 敘述

當需要大量的條件判斷時，太多的 if-else 指令會造成程式閱讀的困難，因而容易產生意外的錯誤。想要避免這個缺點，可以使用 switch 敘述來處理這種狀況，switch 敘述的語法如下：

語法

```
switch (變數或運算式){
    case 指定值 1:   程式段 1;
                     break;
    case 指定值 2:   程式段 2;
                     break;
              .
    default:         以上皆非的處理程式;
}
```

語意

依據 switch 小括號內的**結果**，執行**對應於 case 指定值**的程式段，直到 break 敘述即跳離 switch。

說明

1. 當小括弧內的「變數或運算式」等於「指定值 **n**」時，就執行「程式段 **n**」，直到「**break;**」指令才會跳離 switch 敘述。如果少了「**break;**」指令，則**接續的每個程式段都會被執行**。
2. **default** 的部分可有可無，用途就是：當**前面所列的條件都不滿足**時，接在 default 後面的程式段就**內定**會被執行。
3. switch 敘述使用 break 指令來跳離，故可將 switch 視為迴圈的一種，即是只執行一次的迴圈。(讀者可先跳過本說明，學到 6-6 節後即可了解)

問題

假設擲一個骰子後將其點數存入變數 dice 內，寫程式印出骰子點數的奇(odd)、偶(even)狀況。

顯然 dice 是整數變數，可能的數值為 1、2…6。我們可以先任意指定合理的數值給 dice，再用 switch 指令印出 dice 的奇、偶狀況，完整的程式如 pr3-11.c 所示。

◎ pr3-11.c 程式：

```
04:  main()
05:  {   int dice;
06:
07:      printf("Odd or even number:\n");
08:      dice=3;    /* 任意指定數值 */
09:      switch(dice){
10:          case 1: printf("Odd\n"); break;
11:          case 2: printf("Even\n"); break;
12:          case 3: printf("Odd\n"); break;
13:          case 4: printf("Even\n"); break;
14:          case 5: printf("Odd\n"); break;
15:          case 6: printf("Even\n"); break;
16:          default: printf("No way!\n");
17:      }
18:  }
```

測試程式時請讀者改變第 08 列 dice 的設定值，檢查程式輸出是否完全正確，尤其是將 dice 設定為 1~6 以外的數值時，程式會執行 16 列由 default 指定的程式段。

switch 指令適用於**單值條件**的判斷，也就是「運算式==指定值」的狀況，並無法指定「運算式>=指定值」或「運算式<=指定值」的條件判斷。但如果 case 的指定值為有限個(如本節的問題)，仍可使用 switch 指令進行**多數值的判斷**，當然會比較麻煩一點。筆者借用上述的問題，示範多值判斷的技巧，完整的程式如 pr3-12.c 所示。

◎ pr3-12.c 程式：

```
04:  main()
05:  {   int dice;
06:
07:      printf("Odd or even number:\n");
08:      dice=3;    /* 任意指定數值 */
```

```
09:     switch(dice){
10:         case 1:
11:         case 3:
12:         case 5: printf("Odd\n"); break;
13:         case 2:
14:         case 4:
15:         case 6: printf("Even\n"); break;
16:         default: printf("No way!\n");
17:     }
18: }
```

測試程式時請讀者拿掉第 12 列的 break 指令，檢視程式是否繼續執行後續的程式段。最後請注意：如果 case 的指定值為**字元**，要用左、右單引號包住所指定的字元。

3-7 程式設計的基本策略

程式入門的最**基本策略**是：碰到不會解的問題時，就**不要嘗試一次全部解決**。先找出「**解決部分問題**」的方法，接著再用「**相同的方法、相似的程式段**」，依序把剩下的問題解決掉。這時候寫出來的程式，雖不是最佳化的程式，甚至於極可能是個**暴力程式**，但卻可**正確地解決問題**。這個程式還有個最大的功用，就是讓程式設計者知道**電腦必須做完那些工作(那些敘述)才能將問題解決掉**。有了正確的(暴力)程式，程式設計者剩下的工作就是修改(暴力)程式使之**最佳化**。

印出整數 1, 2, 3, 4, 5，一個數一列。

到目前為止我們還不會用最精簡的 C 語言敘述來解決這個問題，所以我們**先解決一部分的問題**，也就是先列印一個整數。

```
i = 1;
printf("%d\n",i);
```

接著就用**相同的方法、相似的程式段**依序把剩下的部分(問題)正確地解決掉：

```
i = 2;
printf("%d\n",i);
i = 3;
printf("%d\n",i);
i = 4;
printf("%d\n",i);
i = 5;
printf("%d\n",i);
```

下列 pr3-13.c 是個完整的暴力程式：

◎ pr3-13.c 程式：

```
04:  main()
05:  {   int i;
06:
07:      printf("Brutal force:\n");
08:      i=1;
09:      printf("%d\n",i);
10:      i=2;
11:      printf("%d\n",i);
12:      i=3;
13:      printf("%d\n",i);
14:      i=4;
15:      printf("%d\n",i);
16:      i=5;
17:      printf("%d\n",i);
18:  }
```

◎ pr3-13.c 程式輸出：

```
Brutal force:
1
2
3
4
5
```

從暴力程式 pr3-13.c，我們知道要把問題解決掉，電腦必須重複執行兩件工作：

1. **指定**變數 i 的數值；
2. **列印**變數 i 的數值；

請注意：這兩件工作要被重複執行 5 次，如果讀者無法體會這個程式所使用的暴力，現在請試這用相同的方法寫程式解決下列的問題：

印出整數 1, 2, 3, ⋯ 30000，一個數一列。

這麼單純的工作居然要用掉 60000 行的程式，夠暴力了吧！很顯然我們需要一種 C 語言的敘述：讓我們能**重複執行某些工作**，且能**指定重複執行的次數**。這樣的敘述就叫**迴圈**(loop)**敘述**，有了迴圈敘述就可以**修改暴力程式使之最佳化**。

3-8 迴圈敘述 – for

寫出了正確的暴力程式，程式設計者剩下的工作就是**修改暴力程式使之最佳化**。由於**迴圈敘述**能讓電腦**重複執行**某些工作(即某些**敘述**)，還能指定重複執行的**次數**，所以可以把暴力程式的 60000 個敘述簡化為一個敘述。現在我們來看最重要的迴圈敘述 ── **for**，**for** 的語法如下：

語法

for (設定迴圈變數**起始值**; **繼續迴圈**的條件; **更改**迴圈變數值)
    敘述 A;

語意

1. 執行「設定迴圈變數**起始值**」。
2. 若「**繼續迴圈**的條件」成立，則繼續往下執行，否則**結束 for 敘述**。
3. **執行**「敘述 A」一次。
4. 執行「**更改**迴圈變數值」，跳到步驟 2。

說明

1. for 敘述會一直重複執行步驟 2, 3, 4，直到步驟 2 中的「**繼續迴圈**的條件」不成立，才**結束 for 敘述**。
2. 「敘述 A」就是要被**重複執行**的敘述。
3. for 迴圈只能重複執行**一個敘述**(即敘述 A)，如果要被重複執行的敘述**超過一個**，就需用左右**大括弧包住**，使之變成**一個(複合)敘述**。

現在我們用幾個例子說明 for 敘述的運作情形：

```
for (i=1; i<=3; i=i+1)       /*i 從 1 開始每次增 1 */
    printf("Hello\n");       /*重複執行 printf       */
```

筆者把 for 敘述小括弧內的變數 i 稱為**迴圈變數**，for 迴圈的詳細執行步驟如下：

步驟 1：將 **1 存入變數 i**。(請注意：**步驟 1 只會被執行一次**。

步驟 2：判斷**繼續迴圈**的條件 **i<=3** 是否成立？**成立** (因為 i 的值是 1)！

步驟 3：印出字串「Hello」。

步驟 4：執行 **i=i+1;** (i 的數值變成 2)，跳到步驟 2。

步驟 2：判斷**繼續迴圈**的條件 **i<=3** 是否成立？**成立** (因為 i 的值是 2)！

步驟 3：印出字串「Hello」。

步驟 4：執行 **i=i+1;** (i 的數值變成 3)，跳到步驟 2。

步驟 2：判斷**繼續迴圈**的條件 **i<=3** 是否成立？**成立** (因為 i 的值是 3)！

步驟 3：印出字串「Hello」。

步驟 4：執行 **i=i+1;** (i 的數值變成 4)，跳到步驟 2。

步驟 2：判斷**繼續迴圈**的條件 **i<=3** 是否成立？**不成立！因 i 的值是 4 故結束 for 敘述**。

注意

對於初學程式的讀者，筆者建議把步驟 2, 3, 4 的編號標示在迴圈敘述內，可以幫助了解其執行步驟：

```
for (i = 1;(2) i < = 3;(4) i = i + 1)
    (3)printf("Hello\n");
```

for 敘述是在步驟 2 的「**繼續迴圈**的條件」**不成立時才結束**的，所以 **for** 敘述結束時，**i 的數值是 4**，不是 3。現在我們來看下一個例子：

```
for (i= –2; i<3; i=i+1)        /* i 從–2 開始每次增 1 */
    printf("%d\n", i);         /* 重複執行 printf      */
```

迴圈運作說明如下：

步驟 1： 執行 **i= -2;**。

步驟 2： 若 **i<3** 成立，則往下**繼續執行**，否則結束 for 敘述。

步驟 3： 執行 **printf("%d\n", i);** 一次。

步驟 4： 執行 **i=i+1;**，跳到步驟 2。

程式段輸出為：

```
–2
–1
0
1
2
```

請注意到在上例中 for 敘述的「**繼續迴圈**的條件 **(i<3)**」 不成立時，**i** 的數值是 **3**，所以 3 並沒有被 **printf("%d\n", i);** 印出來。現在我們再來看一個迴圈變數**遞減**的例子：

```
for (i=10; i>1; i=i-2)             /* i 從 10 開始每次減 2 */
    printf("%d\n", i);             /* 重複執行 printf      */
```

迴圈運作說明如下：

步驟 1： 執行 **i=10;**。

步驟 2： 若 **i>1** 成立，則往下**繼續執行**，否則結束 for 敘述。

步驟 3： 執行 **printf("%d\n", i);** 一次。

步驟 4： 執行 **i=i-2;**，跳到步驟 2。

程式輸出為：

```
10
8
6
4
2
```

請注意在例 3 中 for 敘述的「**繼續迴圈**的條件 **(i>1)**」不成立時，**i 的數值是 0**，所以 0 並沒有被 **printf("%d\n", i);** 印出來。pr3-14.c 程式放入上列 3 個例子：

◎ pr3-14.c 程式：

```
04:  main()
05:  {   int i;
06:
07:      printf("For statement:\n");
08:      for(i=1;i<=3;i=i+1)
09:          printf("Hello\n");
10:
11:      for(i=-2;i<3;i=i+1)
12:          printf("%d\n",i);
13:
14:      for(i=10;i>1;i=i-2)
15:          printf("%d\n",i);
16:  }
```

3-9 for 敘述的排列方式

for 敘述是程式初學者最最要學好的句子，除了要學好它的語法並能準確的掌握迴圈次數外，更要注意其正確的**排列方式**。筆者發現「**不正確的程式排列**常常是起因於程式學習者無法正確地辨別敘述的**起點**與**終點**」。請讀者試想：如果連程式裡每個敘述的起點與終點都無法正確地辨別，如何能精準的掌握程式的運作與功能？當程式的運作與功能都無法精準的掌握，想要學好程式設計就難如登天了！

問題

下列程式段有幾個敘述呢？

```
for (i=1; i<=3; i=i+1)
    printf("Hello\n");
```

筆者在此先提供兩個可能的答案：

1. 一個敘述 (只有 for)。
2. 兩個敘述 (for 和 printf)。

回答這個問題之前，請讀者先再回頭看 3-7 節 for 的語法，然後再請試著回答下列三個例子中各有幾個中文句子？

例 A：我肚子很餓。

例 B：請你說 5 次「月亮」。

例 C：請你說 5 次「我肚子很餓」。

答案是：這三個例子各都**只有一個**中文**句子**！我們現在用 C 語言夾帶中文的方式寫出例 C：**請你說 5 次「我肚子很餓」**，如下所示：

```
for (i=1; i<=5; i=i+1)
    printf("我肚子很餓");
```

問題中的程式段中有幾個敘述呢？答案是**只有一個敘述**。這個敘述就是 **for 敘述**：從「for」這個字開始到**第三個分號**結束(第二列的句末)。由於 C 語言採用自由排列，所以問題中的程式段中也可寫成：

```
for (i=1; i<=3; i=i+1) printf("Hello\n");
```

其實這樣的寫法反而讓人更容易看得出來程式段中**只有一個敘述**，這是正確而且很棒的寫法。但如果「**要被重複執行的敘述**」很長，習慣上我們會把它寫到下一列，並且和**左小括弧對齊**。現在我們寫出兩個正確和一個不當的排列方式，如下所示：

➢ **正確**的程式排列：

```
for (i=1; i<=3; i=i+1)
    printf("Hello\n");
```

➢ **正確**的程式排列：

```
for (i=1; i<=3; i=i+1) printf("Hello\n");
```

➢ **不當**的程式排列：

```
for (i=1; i<=3; i=i+1)
printf("Hello\n");
```

上列「**不當**的程式排列」其實並沒有任何語法錯誤，因為 C 語言允許自由排列程式，只是這樣的排列法容易讓人誤以為這是**兩個敘述**，造成閱讀上的困難，尤其當程式龐大又複雜時更是如此。精確的說，這樣的排列方式會失去 **for** 敘述的**可讀性**。

除了正確的程式排列外，開始著手寫程式時，可以混合使用**中文**及 **C 語言**，但要嚴格遵守 C 語言的語法。因為只要再把**中文的部分**翻成 **C 語言**，就得到**排列完全正確的程式**。例如程式要求 — **做 4 次「某工作」**，就可先將程式寫成：

```
for (j=1; j<=4; j=j+1)
    某工作;
```

假設**某工作**是：印出字串「**Hello**」3 次，一次一列。則「**某工作**」翻成 **C 語言**的程式段可寫成：

```
printf("Hello\n");
printf("Hello\n");
printf("Hello\n");
```

由於完成**某工作**的程式共有 3 個敘述，我們要用**大括弧**將這 3 個敘述包住，使之成為**一個(複合)敘述**，才能放入 for 敘述內重複執行，完成後的程式可**正確排列**成：

```
for (j=1; j<=4; j=j+1){
        printf("Hello\n");
        printf("Hello\n");
        printf("Hello\n");
}
```

這段程式有幾個敘述呢？答案是**只有一個敘述**。從「for」這個字開始到右大括弧結束！而要被 for 重複執行的「敘述 A」是：由左右大括弧包住的 3 個 printf 敘述所組成。

不當的程式排列會造成很多問題，如程式閱讀困難、維護困難、容易寫錯程式。

➢ **不當**的程式排列：

```
for (j=1; j<=4; j=j+1){
printf("Hello\n");
printf("Hello\n");
printf("Hello\n");
}
```

和先前的例子一樣，**不當**的程式排列其實並沒有任何語法錯誤，因為 C 語言允許自由排列程式，只是這樣的排列法容易讓人誤以為有 4 個敘述，而非只有一個 for 敘述。

接下來，我們再解一次相同的問題，程式的要求是 ── **做 4 次「某工作」**，我們可先將程式寫成：

```
for (j=1; j<=4; j=j+1)
    某工作;
```

假設**某工作**是：印出字串「**Hello**」3 次，一次一列。使用 for 迴圈將「**某工作**」翻成 C 語言的程式段如下所示：

```
for (i=1; i<=3; i=i+1)
    printf("Hello\n");
```

現在的「**某工作**」只有**一個敘述**，故可以直接放入 **for (j=1;……)** 敘述內重複執行，完成後的程式可**正確排列**成：

```
for (j=1; j<=4; j=j+1)
    for (i=1; i<=3; i=i+1)
        printf("Hello\n");
```

相同的程式請讀者再看另一**正確**與**不當**的程式排列：

➤ **正確**的程式排列：

```
for (j=1; j<=4; j=j+1)
    for (i=1; i<=3; i=i+1) printf("Hello\n");
```

➤ **不當**的程式排列：

```
for (j=1; j<=2; j=j+1)
for (i=1; i<=3; i=i+1)
printf("Hello\n");
```

我們將這個例子整理成下列 pr3-15.c 程式：

◎ pr3-15.c 程式：

```
04:  main()
05:  {   int    i, j;
06:
07:      printf("For statement:\n");
08:      for(j=1;j<=4;j=j+1)
09:          for(i=1;i<=3;i=i+1)
10:              printf("Hello\n");
11:      printf("%d    %d\n",i,j);
12:  }
```

請問程式 pr3-15 共有幾個敘述？

請讀者注意到這個程式的 **8, 9, 10 三列組成一個 for 敘述**，所以上列程式共有 4 個敘述，這 4 個敘述的開始位置分別在第 5, 7, 8, 11 列。正確的排列法必須將**這 4 個敘述的開始位置對齊**，如上列程式所示。

另外，第 8 的 for 敘述結束時，**j 的數值為 5**，而第 9 列的 for 敘述結束時，**i 的數值為 4**，所以第 11 列印出迴圈變數 **i** 及 **j** 的數值，分別是 **4** 和 **5**。

◎ pr3-15.c 程式輸出：

```
For statement:
Hello
    •    (總共印出 12 次 Hello)
    •
Hello
4   5
```

不當的程式排列會嚴重地損害程式的可讀性，請試著讀讀看用不當的排列方式寫出來的 pr3-15.c 程式，感覺如何？

◎ pr3-15.c 不當的程式排列：

```c
main()
{
int   i,j;
clrscr();
printf("For statement:\n");
for(j=1;j<=4;j=j+1)
for(i=1;i<=3;i=i+1)
printf("Hello\n");
printf("%d   %d\n",i,j);
}
```

3-10 for 敘述的注意事項

for 迴圈是學好程式的最最重要關鍵，因為電腦贏過人腦的只是它能快速的重複執行程式所設定的固定工作。而 for 迴圈就是要電腦做這類任務所需的指令。下列是一個很有意思的程式段，讀完程式後請讀者先預測程式的輸出：

```c
for (i=1; i<=10; i=i+1);
    printf("%d\n", i);
```

答案是不是：**程式會印出** 1, 2, 3, **…**10**，一個數一列**！for 敘述有個要命的錯誤，是初學者不自覺常犯的錯誤。請注意：程式中「**for (…;…;…)**」**之後多了一個分號**，這是正常的 for 語法所沒有的。但是程式仍可執行，並沒有任何語法錯誤。為什麼呢？

```
for (i=1; i<=10; i=i+1) ;
```

上列是個語法正確的 for 敘述，只是少了要被**重複執行**的**敘述 A**。這種情形，語法上的解釋是「要被**重複執行**的**敘述 A** 是個**空敘述**(null statement) — **沒事可做**的敘述」，所以沒有語法錯誤的問題。這個 for 敘述的詳細的說明如下：

說明

步驟 1： 執行 **i=1;**。

步驟 2： 若 **i<=10** 則**繼續往下執行**，否則結束 for 敘述。

步驟 3： **沒事可做**。

步驟 4： 執行 **i=i+1;**，跳到步驟 2。

for 敘述結束時，**i 的數值是 11**，注意到 for 敘述並沒有印出任何數字，因為要被重複執行的敘述 A 是個**空敘述**。在 for 敘述結束後，下一個敘述 **printf("%d\n", i);** 才會印出變數 **i** 的數值，所以正確的答案是：**程式只會印出 11**。我們將這個例子整理成下列 pr3-16.c 程式：

◎ pr3-16.c 程式：

```
04:   main()
05:   {   int   i;
06:
07:       printf("Big mistake:\n");
08:       for (i=1;i<=10;i=i+1);
09:               printf("%d\n",i);
10:   }
```

◎ pr3-16.c 程式輸出：

```
Big mistake:
11
```

注意

許多人喜歡用「**i++；**」代替「**i=i+1；**」、用「**i--；**」取代「**i=i-1；**」從現在起請讀者也開始習慣這種寫法。

現在我們再看一個簡單的程式 pr3-17.c：

◎ pr3-17.c 程式：

```
04:  main()
05:  {   int    i, sum;
06:
07:      printf("Find sum:\n");
08:      sum=0;
09:      for (i=1;i<=10;i++)
10:          sum=sum+i;
11:      printf("The sum is %d\n",sum);
12:      printf("i= %d\n",i);
13:  }
```

◎ pr3-17.c 程式說明：

08: 將整數 0 存入 sum;
09: for (i 從 1 到 10) 執行下列工作
10:     算出 sum+i，將結果存入 sum ;
11: 輸出字串「The sum is 」，再輸出 sum 的數值後換列;
12: 輸出字串「i=」，再輸出 i 數值後換列;

◎ pr3-17.c 程式輸出：

```
Find sum:
The sum is 55
i=11
```

這個程式先將整數變數 sum 設定為 0，再由 for 敘述將 1, 2,⋯10 逐一累加到 sum 內，所以 for 敘述結束後，sum 的數值為 55，另外 i 的數值則是 11。

3-11 暴力程式的最佳化

用迴圈敘述可將暴力程式修改為最佳化的形式，現在請再看一次我們寫過的暴力程式：

```
i = 1;
printf("%d\n",i);
i = 2;
printf("%d\n",i);
i = 3;
printf("%d\n",i);
i = 4;
printf("%d\n",i);
i = 5;
printf("%d\n",i);
```

使用迴圈敘述取代暴力程式的步驟是：

1. 先找出程式中**被重複執行**的敘述 ── **printf("%d\n",i);**
2. 找出**迴圈繼續執行**的條件 ── **i 從 1 到 5，即 i<=5;**
3. 決定迴圈變數**遞增**或**遞減**的方式 ── **i++;**

有了這三樣資訊，我們就可以輕易的寫出取代暴力程式的迴圈敘述：

```
for (i=1;i<=5;i++)
    printf("%d\n",i);
```

印出字元 'A' 到 'E'，一個字元一列。

用相同的 for 敘述解決這個問題的程式段如下：

```
for (m='A';m<='E';m++)
    printf("%c\n",m);
```

或者用下列的程式段：

```
m='A';
for (i=0;i<5;i++)
    printf("%c\n",m+i);
```

我們將這三段程式整理成下列 pr3-18.c 程式：

◎ pr3-18.c 程式：

```
04:  main()
05:  {   int   i;
06:      char m;
07:
08:      printf("No more brutal force:\n");
09:      for(m='A';m<='E';m++)
10:           printf("%c\n",m);
11:
12:      for(i=1;i<=5;i++)
13:           printf("%d\n",i);
14:
15:      m='A';
16:      for (i=0;i<5;i++)
17:            printf("%c\n",m+i);
18:  }
```

3-12 細瑣事項

這一節的內容**僅供參考**，不想被細瑣事項干擾的讀者可以放心地跳過。首先，由於電腦擅長執行累算的工作，所以程式經常會出現「sum=sum+k;」或「fac=fac*k;」之類的敘述。請注意我們必須鍵入兩次 sum 或 fac，這對熟練的程式設計者而言是件煩人的事。為能免除這些困擾，C 語言提供另一種指定(assignment)方式，稱為**複合指定**(compound assignment)，其表示法為「**運算=**」，常用的複合運算如：

複合指定	複合功能	運算例子	等效運算
+=	加後指定	k1 += 4;	k1=k1+4;
–=	減後指定	k1 –= 4;	k1=k1–4;
*=	乘後指定	k1 *= 4;	k1=k1*4;
/=	除後指定	k1 /= 4;	k1=k1/4;
%=	求餘後指定	k1%= 4;	k1=k1%4;

另外 C 語言提供一個簡易的符號代替 if-else 敘述，這個符號是「**? :**」，其語法為：

語法

條件 **?** 敘述 A **:** 敘述 B;

語意

若「條件」**成立(為真)**，則執行敘述 A，否則敘述 B。

現在我們用一個例子說明「**? :**」的運作情形：

```
01:   i=20;
02:   k=i >10 ? 30 : 40;
03:   k > 30 ? printf("Hello\n") : printf("Hi\n");
```

◎ 說明：

01: 存 20 入變數 i;
02: 若 i 大於 10 則傳回 30，否則傳回 40。故 k 被存入 30。
03: 若 k 大於 30 則印出「Hello」，否則「Hi」。

k 不大於 30，所以上列的程式段會在螢幕上印出「**Hi**」，請讀者自行把這段程式加入變數宣告與主程式標記，使之成為完整程式後測試其程式輸出。

接下來，我們要討論「一個敘述」在 C 語言是如何定義的：

1. 以分號作結束的一個句子。
2. 以大括弧包住的若干個敘述。
3. **若干個用逗號分開的句子**，最後以分號作結束。

第 3 項的例子如：「**printf("How\n"), printf("are\n"), printf("you?\n");**」會被 C 語

言視為「**一個敘述**」，現在我們用一個例子說明：

```
01:  i=20;
02:  if (i>10)
02:      printf("Hello\n"), printf("Hello\n");
03:  else
04:      printf("Hi\n");
```

因為 i 大於 10，所以螢幕上會印出兩次「**Hello**」，但如果 **i** 不大於 **10**，螢幕上會印出一次「**Hi**」。這種「若干個用逗號分開的句子」也可使用於 for 迴圈以及「**?:**」敘述，例如：

```
01:  for(i=1; i<=3; i++, printf("And you?\n") )
02:      printf("I am Jerry!\n");
03:  i==4 ? printf("Yes\n"), printf("Yes\n") : printf("No\n");
```

for 迴圈會輸出**三次**：「**I am Jerry!**」、換行、「**And you?**」、換行。結束迴圈時，**i 的值為 4**，接下來的「**i==4?**」結果為**真**，所以會執行**問號**後的兩個 printf，在螢幕上印出兩次「**Yes**」。

pr3-19.c 程式放入了上述的所有例子：

◎ pr3-19.c 程式：

```
04:  main()
05:  {   int   i, k;
06:
07:      printf("Some notes:\n");
08:      i=20;
09:      k= i >10 ? 30 : 40;
10:      k > 30 ? printf("Hello\n") : printf("Hi\n");
11:
12:      if (i>10)
13:          printf("Hello\n"), printf("Hello\n");
14:      else
15:          printf("Hi\n");
```

```
16:
17:        for(i=1;i<=3; i++,printf("And you?\n") )
18:            printf("I am Jerry!\n");
19:        i==4? printf("Yes\n"), printf("Yes\n")：printf("No\n");
20:    }
```

3-13 習　題

注意

1. 題目經常要求存任意值給某些變數，程式在使用**第一組數值**測試通過後，請記得**更改數值組合**。例如，有時 i 的數值大於 j，有時反過來 i 小於 j，有時 i 等於 j，這樣才能確保程式的正確性與可靠性。
2. 更改變數的各種數值組合來測試程式時，不管任何組合都必須能產生正確的結果。基本原則就是：測試程式時**變數值可以更改**，但**處理程式不能更改**。程式必須能應付各種數值組合。

1. 宣告 **i, j** 為整數，並分別存入任意整數值，寫程式在螢幕上印出 **i** 和 **j** 中較大的數。
2. 使用 for 迴圈敘述寫程式，控制迴圈變數 **i** 的數值變化方式為 1, 3, 5, 7, 9，將之秀在螢幕上一個數一列。
3. 使用 for 迴圈敘述寫程式，控制迴圈變數 **i** 的數值變化方式為 −1, −3, −5, −7, −9，將之秀在螢幕上一個數一列。
4. 使用 for 迴圈敘述寫程式，控制迴圈變數 **i** 的數值變化方式為 −5, −3, −1, 1, 3, 5，將之秀在螢幕上一個數一列。
5. 修正第 4 題的程式，使程式輸出如下所示：

```
-5 and |-5| = 5
-3 and |-3| = 3
-1 and |-1| = 1
 1 and | 1| = 1
 3 and | 3| = 3
 5 and | 5| = 5
```

6. 求出1 + 3 + 5 + 7 + …… + 19的和，並印在螢幕上。
7. 印出 1 到 20 之間的所有奇數。
8. 印出 1 到 20 之間的所有偶數。

9. 印出 1 到 20 之間所有 **4 的倍數**，指定程式的架構如下所示：

```
for (i=1;i<=20;i++)
    若(i 是 4 的倍數) 則印出 i;
```

10. 求出 1 到 20 之間所有 **4 的倍數**的和，並印在螢幕上。

11. 印出 1 到 20 之間所有**不是 4** 的倍數。

12. 求出 1 到 20 之間所有**不是 4** 的倍數的和，並印在螢幕上。

13. 印出 1 到 100 之間所有 **3 的倍數**但**不是 4** 的倍數。

14. 印出 1 到 100 之間所有 **3 的倍數**但**不是 6** 的倍數。

15. 宣告 **i** 為整數並存入字元 **'a'**，用十進位、十六進位與字元形式印出所需的敘述為：

```
i='a';
printf("%d   %x   %c\n",i ,i ,i);
```

寫出迴圈程式印出 'a'～'r' 之間各字母的三種資料形式，一個字母一列。

16. 宣告 **grade** 為整數並任意存入分數 0~100，使用 switch 指令寫程式印出 grade 所對應的成績等第。A: 90(含)以上、B: 80~89、C: 70~79、D: 60~69、F: 59(含)以下。

提示：分數的**十位數**決定分數的等第。

04 CHAPTER

Bottom-Up 程式策略

4-1 程式設計策略

對於一個初學電腦語言的人，要開始寫程式解決問題時，常常不知從何著手，傳統的方法是**設計程式前**先思考「問題的**解題流程**」，再製作程式的**流程圖**，有了流程圖就可以輕易地將之轉換為程式。這樣的方法似乎解決了不知如何寫程式的問題，但是程式設計者所面臨的**問題**變成 — 不知從何著手寫「問題的**解題流程**」。

設計解題流程需要用到的技能有：**題型辨識**、**解題規劃**、**腦中模擬**、**錯誤修正**…等，這些技能的運用經常需要直觀、經驗與創意的配合。由於沒有固定的程序，同一個問題的解題流程自然人人各有不同，因此多年來許多學者把程式設計視為**藝術**(art) — 也就是用電腦解決問題的藝術。此外有研究程式教學的學者估計從初學者到成為程式專家大約需要十年的時間，讀者應該不反對，學習一項「藝術」需要十年的光陰並不是太離譜的估計。

一旦把程式設計當成藝術，模仿各種題型的解題流程成為教學的必要手段，於是坊間有關程式設計的教科書，教學內容必定包含**三部曲**：提出問題、秀出解題流程、將流程轉成解題程式。據筆者觀察，使用這種學習方式的學習者，一看到程式作業的第一的反應經常是拚命找尋類似問題的解題流程與解題程式，找到後再試著修改解題流程與解題程式。如果找不到，就走進**不知從何著手寫「解題流程」**的窘境。

把程式設計當成一門「藝術」，學生就需要有「藝術」的天份，這也是為什麼大多數學生視學習程式設計為畏途。筆者認為**程式設計不是「藝術」**，尤其**入門**的程式設計有極大的成份是屬於**程序性的工作**。基於這個理念，筆者運用**直線方程式**於系統分析的 **Bottom-Up** 與 **Top-Down** 方法，將之轉化成**入門的程式設計策略**，讓程式設計能按部就班的進行而不再憑空想像。多年的實際教學效果證明這些程式設計策略可以快速提升程式初學者的學習效果，並大幅縮短學好程式設計的期程。

4-2 Bottom-Up 程式策略

Bottom-Up 的意思是**由下而上**，這個策略的**最基本原則**是 — 碰到不會解的問題時，就**不要嘗試一次全部解決**。先找出「**解決部分問題**」的方法，接著再用「**相同的方法、相似的程式段**」，依序把剩下的問題解決掉。這時候寫出來的(暴力)程式，雖不是最佳化的程式，但卻可正確地解決問題。

這個(暴力)程式的最大功用是讓程式設計者知道電腦必須做完那些工作(那些敘述、那些句子)才能將問題解決掉。有了正確的(暴力)程式，程式設計者剩下的工作就是 ── 使用**迴圈敘述取代暴力程式**使之最佳化。總結 Bottom-Up 的程式策略，可以歸納成三個主要步驟：

步驟一：按部就班地解決問題，寫出**暴力程式**。

步驟二：用**變數**取代重複敘述中**不同的部分**，將之變成相同。

步驟三：使用**迴圈敘述**取代**完全相同**的重複敘述。

Bottom-Up 程式策略的最大優點就是：在步驟一、二的任何點，即便還沒有完全解出問題，只要對程式的運作有任何疑慮，**隨時都可以執行程式**，藉以測試程式的正確性。初學程式的讀者尤其需要善用這樣的特性，每新加入幾個敘述就執行一次程式，確保程式的正確性。例如在研讀 pr4-1.c 的問題時，可以把**步驟一**的程式存入 pr4-1a.c，接下來的程式依序存入 pr4-1b.c、pr4-1c.c…等，這樣可精確的找出自己的障礙點在哪裡。

4-3 重複印出字串

Bottom-Up 策略是進入程式設計殿堂的第一道門，所以是最基礎、最重要的程式策略。這一節我們將從最簡單的問題開始，來示範 Bottom-Up 策略的精神：

印出 Hello! 三次，每次一列。

經過上一章敘述 for 的洗禮後，有些讀者可能已經可以直接寫出解題程式。但是還是請讀者耐心地看完本節，徹底了解 Bottom-Up 程式策略的精神，因為以後碰到不知如何下手的問題時，Bottom-Up 就是你所需要的策略。

首先進行 Bottom-Up 的**步驟一** ── 按部就班地解決問題，寫出**暴力程式**：

```
1.   printf("Hello!\n");
2.   printf("Hello!\n");
3.   printf("Hello!\n");
```

接下來要進行**步驟二** — 用**變數**取代重複敘述中**不同的部分**，將之變成相同。很幸運的這三個要被重複執行的敘述**完全相同**，所以我們無須引入任何變數來取代其中不同的部分。

請讀者特別注意，程式還是需要引入變數來控制「**重複次數**」，所以我們要在每一個敘述之前加入**迴圈變數**的數值指定。加入這些敘述並**不會影響程式輸出**，因此程式就變成：

```
     i=1;
1.   printf("Hello!\n");
     i=2;
2.   printf("Hello!\n");
     i=3;
3.   printf("Hello!\n");
```

想像健身教練要我們做 20 下仰臥起坐的情形，為了確認我們做足 20 下仰臥起坐，教練會喊口令從 1, 2, 3, … 喊到 20，每喊一個口令我們要做一次仰臥起坐。上列程式中「變數 i」的功能就如同健身教練喊的口令。

再來就是**步驟三** — 使用**迴圈敘述**取代**完全相同**的重複敘述。假設我們要用的是 for 迴圈，根據 3-11 節之說明，使用 for 迴圈取代完全相同的重複敘述所需的過程有：

3a. 找出**被重複執行**的敘述 — **printf("Hello!\n");**

3b. 找出**迴圈繼續執行**的條件 — **i** 從 **1** 到 **3**，即 **(i<=3)**。

3c. 決定迴圈變數**遞增**或**遞減**的方式 — **i++;**

有了這三樣資訊，我們就可以輕易的寫出簡化暴力程式的 for 迴圈敘述：

```
for(i=1;i<=3;i++)
    printf("Hello!\n");
```

再想像健身教練要我們做 20 下仰臥起坐的情形，教練的口令一定得從 1, 2, 3, … 喊到 20 嗎？可不可以從 20, 19, 18, … 喊到 3, 2, 1？或是從 2, 4, 6, 8, …喊到 40？

迴圈變數是不是一定要從 1 變到 3 呢？當然不是！只要重覆的次數不要弄錯就可以了，所以我們也可以把迴圈變數 **i** 的**變化方式**改為 **6, 4, 2**，暴力程式就變成：

```
   i=6;
1. printf("Hello!\n");
   i=4;
2. printf("Hello!\n");
   i=2;
3. printf("Hello!\n");
```

接下來再做一次**步驟三** ── 使用**迴圈敘述**取代**完全相同**的重複敘述，使用 for 迴圈取代完全相同的重複敘述所需的過程有：

3a. 找出**被重複執行**的敘述 ── **printf("Hello!\n");**

3b. 找出**迴圈繼續執行**的條件 ── **i** 從 **6** 到 **2**，即 **(i>=2)**。

3c. 決定迴圈變數**遞增**或**遞減**的方式 ── **i=i-2;**

決定了這三樣資訊，我們就可以輕易的寫出 for 迴圈敘述：

```
for(i=6;i>=2;i=i-2)
    printf("Hello!\n");
```

對於一個程式**初學者**來說，**學會 Bottom-Up 程式發展策略**就等於搭上成為程式設計師的列車。依據筆者多年的觀察：**學習程式數年**但一直無法得心應手的讀者，常因為**執著於**過往的學習方式與程式發展步驟，反而不能完全投入學習 Bottom-Up 程式策略。因此，筆者常遇到修課前沒有程式經驗的學習者，在專注、努力學習一學期的 Bottom-Up 程式策略後，培養出比修課前具有許多程式經驗的同學更成熟的程式技巧，且在班上名列前茅。

下列程式 pr4-1.c 為上述兩程式段加入變數宣告及主函數(main)標記的完整程式：

◎ pr4-1.c 程式：

```
04:  main()
05:  {   int   i;
06:
07:      printf("Say Hello:\n");
08:      for(i=1;i<=3;i++)
09:          printf("Hello!\n");
10:
11:      for(i=6;i>=2;i=i-2)
12:          printf("Hello!\n");
13:  }
```

◎ pr4-1.c 程式說明：

08: for (i 從 1 到 3) 執行下列敘述
09: 　　輸出字串「Hello!」後換列；
11: for (i 從 6 到 2) 執行下列敘述
12: 　　輸出字串「Hello!」後換列；

◎ pr4-1.c 程式輸出：

```
Say Hello:
Hello!
Hello!
Hello!
Hello!
Hello!
Hello!
```

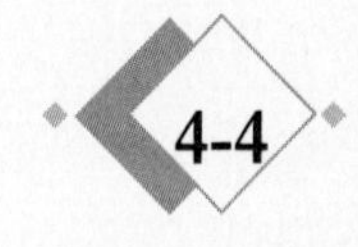

4-4 累加問題

「**累加**」是我們日常生活中最常執行的計算工作，簡單但卻很容易出錯。這一節筆者再用簡單的「累加」問題，來說明最基礎、最重要的 Bottom-Up 程式策略：

問題

印出3+6+9+12+15的和。

請讀者再想一想：**程式的目的**是什麼？為什麼我們要寫程式？當我們遇到能做但又不想做的事，特別是有關**計算**以及**記憶**的工作，這時候電腦就是最好的幫手。要找電腦幫忙，我們需要使用電腦看得懂的語言，把做事的步驟寫下來，這些寫下來的**「做事步驟」**就是**程式**。因此，先寫下來我們如何計算出問題的答案，會對程式設計有很大的幫助，假想我們手中拿著計算器，我們會：

1. 按「3」(後顯示幕上會出現 3)。
2. 按「+6」(後顯示幕上會出現 9)。
3. 按「+9」(後顯示幕上會出現 18)。
4. 按「+12」(後顯示幕上會出現 30)。
5. 按「+15」(後顯示幕上會出現 45)。

顯示幕上的數字就是**累加**過程中所產生的**結果**，設計程式時我們必須將計算的結果**暫存在變數**中，所以我們可以先把這個變數取名為 sum，再把上述的五項工作用 C 語言寫下來。這就是 Bottom-Up 策略的**步驟一**── 按部就班地解決問題，寫出**暴力程式**：

```
1.  sum=3;
2.  sum=sum+6;
3.  sum=sum+9;
4.  sum=sum+12;
5.  sum=sum+15;
```

請別忘了 Bottom-Up 程式策略的最大優點就是在步驟一、二中的任何點，隨時都可以執行程式，藉以測試程式的正確性。讀者可在程式段的最後加上**列印** sum 的敘述，再補上必要的變數宣告與主函數(main)標記，使之成為一個完整的程式，再執行程式、檢視程式的輸出。

請注意上列被重複執行的敘述中，不同的部分已有**灰底**、**加粗**的記號。接下來要進行步驟二 ── 用**變數**取代重複敘述中**不同的部分**，將之變成相同：

```
1.  sum=3;
     i=6;
2.  sum=sum+i;
     i=9;
3.  sum=sum+i;
     i=12;
4.  sum=sum+i;
     i=15;
5.  sum=sum+i;
```

沒有在步驟一測試程式的讀者，請在步驟二程式段的最後加上**列印** sum 的敘述，再補上必要的變數宣告與主函數(main)標記，使之成為一個完整的程式，再執行程式、檢視程式的輸出。

最後是步驟三 ── 使用 for **迴圈**取代**完全相同**的重複敘述，其過程有：

3a. 找出**被重複執行**的敘述 ── **sum=sum+i;**

3b. 找出**迴圈繼續執行**的條件 ── **i 從 6 到 15，即 (i<=15)**。

3c. 決定迴圈變數**遞增**或**遞減**的方式 ── **i = i +3;**

有了這三樣資訊，我們就可以寫出簡化第 2 到 5 項工作的迴圈敘述：

```
for(i=6; i<=15; i=i+3)
    sum=sum+i;
```

請讀者注意上列的 for 敘述並沒有包含第 1 個句子，所以第 1 個句子「**sum=3;**」要寫在 for 敘述之前。此外，在程式的最後我們要用 printf 敘述把 sum 的數值列印出來，加入變數宣告及主函數(main)標記，即可使之成為一個完整的 pr4-2.c 程式：

◎ pr4-2.c 程式：

```
04:   main()
05:   {    int    i, sum;
06:
07:        printf("Find sum:\n");
08:        sum=3;
09:        for(i=6;i<=15;i=i+3)
10:            sum=sum+i
11:        printf("sum = %d\n",sum);
12:   }
```

◎ pr4-2.c 程式說明：

08: 將 3 存入 sum;
09: for (i 從 6, 9, 12 到 15) 執行下列敘述
10: 　　sum=sum+i;
11: 輸出字串「sum is」後，以整數型態輸出 sum 的數值；

◎ pr4-2.c 程式輸出：

```
Find sum:
sum = 45
```

當我們使用計算器開始計算時，會先清除其內存的結果。同樣地，一般程式設計者習慣在開始**累加運算之前**，先將存放結果的變數 sum 設為 0，我們把這個工作寫成第 0 句「**sum=0;**」。有了第 0 句之後就可以把第 1 句「**sum=3;**」改成「**sum=sum+3;**」，這樣的改變仍可讓程式保有相同的運算結果。完成**步驟一**的**暴力程式**如下：

```
0.  sum=0;
1.  sum=sum+3;
2.  sum=sum+6;
3.  sum=sum+9;
4.  sum=sum+12;
5.  sum=sum+15;
```

接下來進行 Bottom-Up 策略的**步驟二** — 用**變數**取代重複敘述中**不同的部分**，將之變成相同，程式就變成：

```
0.  sum=0;
    i=3;
1.  sum=sum+i;
    i=6;
2.  sum=sum+i;
    i=9;
3.  sum=sum+i;
    i=12;
4.  sum=sum+i;
    i=15;
5.  sum=sum+i;
```

注意

對於程式結果沒把握的讀者，請在步驟二程式段的最後加上列印 sum 的敘述，再補上必要的變數宣告與主函數(main)標記，即可執行程式、測試其輸出。

最後，我們繼續進行 Bottom-Up 策略的**步驟三** ── 使用 **for 迴圈**取代第 1 ~ 5 步的**重複句子**如下：

3a. 找出**被重複執行**的敘述 ── **sum=sum+i;**

3b. 找出**迴圈繼續執行**的條件 ── **i 從 3 到 15，即 (i<=15)**。

3c. 決定迴圈變數**遞增**或**遞減**的方式 ── **i = i +3;**

有了這三樣資訊，我們就可以寫出簡化第 1 到 5 項工作的迴圈敘述：

```
for(i=3; i<=15; i=i+3)
    sum=sum+i;
```

同樣的情況，上列的 for 敘述並沒有包含第 0 個句子，所以第 0 句「**sum=0;**」要寫在 for 敘述之前。最後，再用 printf 敘述把運算結果 sum 列印出來，加入必要的變數宣告及主函數(main)標記，即為一個完整的程式 pr4-3.c：

◎ **pr4-3.c 程式：**

```
04:  main()
05:  {    int    i,sum;
06:
07:       printf("Find sum:\n");
08:       sum=0;
09:       for(i=3;i<=15;i=i+3)
10:           sum=sum+i;
11:       printf("sum = %d\n",sum);
12:  }
```

pr4-3.c 的程式輸出當然和上一個程式 pr4-2.c 完全相同，雖然這個程式比較麻煩一點，但是比較符合一般人的程式設計習慣 — 也就是在開始**累加運算之前**，先將存放結果的「**變數** sum」**指定**為 **0**。

注意

使用 Bottom-Up 程式設計策略，雖然不同的人會寫出不同的程式，但是程式風格卻會很接近，什麼風格呢？就是**程式的解題步驟完全等同於使用紙、筆的解題步驟**，因此寫出來的程式非常好讀、易懂，而且沒有多餘的變數會出現在程式中。

現在筆者重做累加的例子，首先是 Bottom-Up 策略的**步驟一** — 按部就班地解決問題，寫出**暴力程式**：

```
0.  sum=0;
1.  sum=sum+3;
2.  sum=sum+6;
3.  sum=sum+9;
4.  sum=sum+12;
5.  sum=sum+15;
```

接下來，進行 Bottom-Up 策略的**步驟二** — 用**變數**取代重複敘述中**不同的部分**，將之變成相同。不同的讀者會有不同的思維與處理方式，因此，讀者的程式可能就變成：

```
0.  sum=0;   no=0;
1.  no=no+3;            /*  no 的數值變為 3   */
    sum=sum+no;         /*  sum=sum+3;        */
2.  no=no+3;            /*  no 的數值變為 6   */
    sum=sum+no;         /*  sum=sum+6;        */
3.  no=no+3;
    sum=sum+no;
4.  no=no+3;
    sum=sum+no;
5.  no=no+3;
    sum=sum+no;
```

注意

請讀者在步驟二程式段的最後加上列印 sum 的敘述，再補上必要的變數宣告與主函數(main)標記，使之成為一個完整的程式，即可執行程式、檢視程式的輸出。

採用**累加的方式**讓變數 no 產生數列 3, 6, 9, 12, 15，再逐一將之加入 sum 中，也是很棒的想法與處理方式。總而言之，**人怎麼做**，就**讓電腦也那麼做**就對了。

如同 4-1 節的例子，我們需要引入變數來控制「重複次數」，所以要在每一組敘述之前加入**迴圈變數**的數值**指定敘述**。當然，加入這些敘述並不會影響程式的執行與輸出，因此程式就變成：

```
0.  sum=0;   no=0;
    i=1;
1.  no=no+3;
    sum=sum+no;
    i=2;
2.  no=no+3;
    sum=sum+no;
    i=3;
3.  no=no+3;
    sum=sum+no;
```

```
     i=4;
4.   no=no+3;
     sum=sum+no;
     i=5;
5.   no=no+3;
     sum=sum+no;
```

最後是步驟三 — 使用 **for 迴圈**取代完全相同的**重複敘述**，其過程有：

3a. 找出**被重複執行**的敘述 — **no=no+3;**

sum=sum+no;

3b. 找出**迴圈繼續執行**的條件 — **i 從 1 到 5，即 (i<=5)**。

3c. 決定迴圈變數**遞增**或**遞減**的方式 — **i = i +1;**

有了這三樣資訊，我們就可以寫出，取代第 1 到 5 組工作的迴圈敘述：

```
for(i=1; i<=5; i=i+1){
    no=no+3;
    sum=sum+no;
}
```

注意

上列 for 迴圈有個很重要的特性：被 for 重複執行的「**no=no+3; sum=sum+no;**」兩個敘述，其中的任何變數 sum、no 都與迴圈變數 i 沒有任何直接的關係。換句話說，**迴圈變數** i 就純粹只是用來**控制重複次數**之用。

同樣的上列的 for 敘述並沒有包含第 0 個句子，所以第 0 個句子的「**sum=0; no=0;**」要寫在 for 敘述之前。最後把運算結果用 printf 敘述列印出來，加入變數宣告及主函數(main)標記，即可使之成為一個完整的 pr4-4.c 程式：

◎ pr4-4.c 程式：

```
04:  main()
05:  {   int   i, sum, no;
06:
07:      printf("Find sum:\n");
08:      sum=0;    no=0;
09:      for(i=1;i<=5;i=i+1){
10:          no=no+3;
11:          sum=sum+i;
12:      }
13:      printf("sum = %d\n",sum);
14:  }
```

程式 pr4-4.c 把 no 的起始值設定為 0 是運氣不錯的選擇，因為剛剛好要重覆做 5 次：「**no=no+3; sum=sum+no;**」。寫程式設定變數的起始值，可經常沒有這麼好運，但即使如此也完全不會影響 Bottom-Up 策略的進行。

現在我們重做「累加」的例子，直接進入 Bottom-Up 策略的**步驟二** — 用**變數**取代重複敘述中**不同的部分**，將之變成相同。其實，**很多人會把** no **的起始值設定為** 3，這也是很直觀、很合理的初始設定值，因此程式就變成：

```
0.  sum=0;   no=3;
1.  sum=sum+no;            /*  sum=sum+3;        */
    no=no+3;               /*  no 的數值變為 6    */
2.  sum=sum+no;
    no=no+3;               /*  no 的數值變為 9    */
3.  sum=sum+no;
    no=no+3;               /*  no 的數值變為 12 */
4.  sum=sum+no;
    no=no+3;               /*  no 的數值變為 15 */
5.  sum=sum+no;            /*  sum=sum+15;       */
```

請特別注意，第 1 到 4 組是**完全相同**的兩個敘述：「**sum=sum+no; no=no+3;**」，然而第 5 組卻只有**一個句子「sum=sum+no;」**。直覺上我們只能用 for 迴圈簡化第 1 到 4 組的敘述，再接著執行第 5 組的工作，完成 Bottom-Up 策略的**步驟三**後，程式如下所示：

```
sum=0;    no=3;
for(i=1; i<=4; i=i+1){
    sum=sum+no;
    no=no+3;
}
sum=sum+no;
```

請讀者再仔細想想，「累加」的問題**只需要印出累加的結果**(即做完第 5 組工作後 sum 的數值)。程式不再使用也不需印出 no 的最終值(15)，因此程式做完第 5 組的工作後，no 如果變成 18 或任何其他的數值都不會影響程式的正確性。

換言之，我們可以放心的在**第 5 組的工作之後補上「no=no+3;」**，這樣就可以讓第 1 到 5 組變成完全相同的兩個敘述：「**sum=sum+no; no=no+3;**」，完成 Bottom-Up 策略的**步驟三**後，程式如下所示：

```
sum=0;    no=3;
for(i=1; i<=5; i=i+1){
    sum=sum+no;
    no=no+3;
}
```

我們把這兩種處理方式的運算結果用 printf 敘述列印出來，加入變數宣告及主函數(main)標記，就是完整的 pr4-5.c 程式：

◎ pr4-5.c 程式：

```
04:  main()
05:  {  int   i, sum, no;
06:
07:       printf("Find sum:\n");
08:       sum=0;   no=3;
```

```
09:        for(i=1;i<=4;i=i+1){
10:            sum=sum+no;
11:            no=no+3;
12:        }
13:        sum=sum+no
14:        printf("sum is %d\n",sum);
15:
16:        sum=0;    no=3;
17:        for(i=1;i<=5;i=i+1){
18:            sum=sum+no;
19:            no=no+3;
20:        }
21:        printf("sum is %d\n",sum);
22:    }
```

寫程式印出 1+3+5+ … + 99 之和。

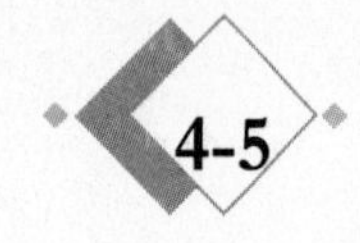

累加、累印問題

這一節我們將擴充 4-4 節的「累加」問題成為「**累加、累印**」的問題，基本上這是把既有的問題再進一步複雜化，用來讓初學程式的讀者熟練 Bottom-Up 程式策略。

印出3+6+9+12+15=45，程式在一邊求和時一邊印出連加的算式，最後再印出「=」以及「累加的結果」。

讀者在 3-6 節學過「列印整數」、在 4-4 節解過「累加」的問題後，應該不難看出這次要處理的問題是前述兩個問題的整合。因此，讀者應該不難想出：由於需要進行累加的計算，故可宣告變數 sum 來存放累加的結果，並將 sum 的起始值設定為 0。

首先處理 Bottom-Up 策略的**步驟一** — 按部就班地解決問題，寫出**暴力程式**：

```
0.  sum=0;
1.  sum=sum+3;
2.  printf("3");
3.  sum=sum+6;
4.  printf("+6");
5.  sum=sum+9;
6.  printf("+9");
7.  sum=sum+12;
8.  printf("+12");
9.  sum=sum+15;
10. printf("+15");
11. printf("=%d\n",sum);
```

注意

請讀者將步驟一程式段補上必要的變數宣告與主函數(main)標記，組成一個完整的程式後，再執行程式、檢視程式的輸出。

接下來，進行 Bottom-Up 策略的**步驟二** —— 用**變數**取代重複敘述中**不同的部分**，將之變成相同。讀者是否已看出上列程式的(3, 4)、(5, 6)、(7, 8)、(9, 10)共有 4 組**幾乎相同**的重複敘述。用變數取代重複敘述中不同的部分後，這 8 列程式就變成：

```
    i=6;
3.  sum=sum+i;
4.  printf("+%d", i);
    i=9;
5.  sum=sum+i;
6.  printf("+%d", i);
    i=12;
7.  sum=sum+i;
8.  printf("+%d", i);
    i=15;
9.  sum=sum+i;
10. printf("+%d", i);
```

最後，進行 Bottom-Up 策略的**步驟三** —— 使用 for 迴圈取代第 3 ~ 10 列間的重複句子如下：

3a. 找出**被重複執行**的敘述 — **sum=sum+i;**

printf("+%d", i);

3b. 找出**迴圈繼續執行**的條件 — **i** 從 **6** 到 **15**，即 **(i<=15)**。

3c. 決定迴圈變數**遞增**或**遞減**的方式 — **i = i +3;**

有了這三樣資訊，我們就可以寫出簡化第 3 ~ 10 列敘述的迴圈如下：

```
for(i=6;i<=15;i=i+3){
    sum=sum+i;
    printf("+%d", i);
}
```

最後，加入未被 for 迴圈涵蓋的敘述 0, 1, 2 與 11，還有必要的變數宣告及主函數(main)標記，即成為一個完整的程式 pr4-6.c：

◎ pr4-6.c 程式：

```
04:  main()
05:  {  int   i, sum;
06:
07:     printf("Find and print sum:\n");
08:     sum=0;
09:     sum=sum+3;
10:     printf("3");
11:     for(i=6;i<=15;i=i+3){
12:         sum=sum+i;
13:         printf("+%d", i);
14:     }
15:     printf("=%d\n",sum);
16:  }
```

讀者是否覺得 pr4-6.c 程式的第 8, 9 兩列可以合併成一個敘述？

重做 pr4-6.c 的問題，但依序印出 3+、6+、9+、12+，再印「15=」與「累加結果」。

4-6 求階乘

這一節我們再用一個簡單的「**求階乘**(factorial)」問題，來說明 Bottom-Up 程式策略的精神，對於 Bottom-Up 程式策略已經很有把握的讀者，可以把下列的問題當作練習來試一試身手。

計算 6！並印出其結果。

一樣地我們先寫下來如何算出問題的答案，這對程式設計有很大的幫助。假想我們手中拿著計算器，我們會：

1. 按「1」　(後顯示幕上會出現 1)。
2. 按「×2」(後顯示幕上會出現 2)。
3. 按「×3」(後顯示幕上會出現 6)。
4. 按「×4」(後顯示幕上會出現 24)。
5. 按「×5」(後顯示幕上會出現 120)。
6. 按「×6」(後顯示幕上會出現 720)。

顯示幕上的數字就是**累乘**過程中所產生的**結果**，在程式裡計算的結果必須**暫存在變數**中，所以我們先把這個變數取名為 **fac**，然後再把上述的六項工作用 C 語言寫下來，這就是 Bottom-Up 策略的**步驟一** — 按部就班地解決問題，寫出**暴力程式**：

```
1.  fac=1;
2.  fac=fac*2;
3.  fac=fac*3;
4.  fac=fac*4;
5.  fac=fac*5;
6.  fac=fac*6;
```

讀者可在步驟一程式段的最後加上**列印** fac 的敘述，再補上必要的變數宣告與主函數(main)標記，即可執行程式、檢視程式的輸出。

再來要進行**步驟二** — 用**變數**取代重複敘述中**不同的部分**，將之變成相同：

```
1.   fac=1;
     i=2;
2.   fac=fac*i;
     i=3;
3.   fac=fac*i;
     i=4;
4.   fac=fac*i;
     i=5;
5.   fac=fac*i;
     i=6;
6.   fac=fac*i;
```

不熟的讀者可再次執行步驟二的程式、檢視程式的輸出。

最後是 Bottom-Up 的**步驟三** — 使用 **for 迴圈**取代完全相同的**重複敘述**，其過程有：

1. 找出**被重複執行**的敘述 — **fac=fac * i;**
2. 找出**迴圈繼續執行**的條件 — **i 從 2 到 6，即 (i<=6)**。
3. 決定迴圈變數**遞增**或**遞減**的方式 — **i ++;**

有了這三樣資訊，我們就可以輕易的寫出迴圈敘述，取代第 2 到 6 步的重複敘述如下：

```
for(i=2;i<=6;i++)
    fac=fac*i;
```

同樣的情況，上列的 for 敘述並沒有包含第 1 個句子，所以第 1 個句子「**fac=1;**」要寫在 for 敘述之前，最後我們用 printf 敘述把運算結果列印出來，加入變數宣告及主函數(main)標記，即得完整的程式 pr4-7.c：

◎ pr4-7.c 程式：

```
04:  main()
05:  {   int   i,   fac;
06:
07:        printf("Find factorial:\n");
08:        fac=1;
09:        for(i=2;i<=6;i++)
10:              fac=fac*i;
11:        printf("fac is %d\n",fac);
12:  }
```

◎ pr4-7.c 程式說明：

08: 將 1 存入 fac;
09: for (i 從 2 到 6) 執行下列敘述
10:     fac=fac*i;
11: 輸出字串「fac is」後，以整數型態輸出 fac 的數值；

◎ pr4-7.c 程式輸出：

```
Find factorial:
fac is 720
```

宣告整數變數 k，將任意整數存入 k，算出 k！並印出其結果。

請讀者仔細檢視 pr4-7.c 程式，試著修改程式印出 4!、5!、…等。讀者是否已經找到需要更動的程式位置？如果找不到，請重覆 Bottom-Up 程式策略的三個步驟試著寫出印 5! 的程式，再比對 pr4-7.c 程式就可以找到了。

這個需要**變動的地方**就是要放**變數 k 的地方**，因為 k 的值如果是 5，程式就會印出 5!，所以只要事先把變數 k 指定好所要的數值，程式就會印出所要計算的階乘。引入變數 k 並修改 pr4-7.c 程式成為 pr4-8.c 如下所示：

◎ pr4-8.c 程式：

```
04:  main()
05:  {  int   i, k, fac;
06:
07:       printf("Find factorial:\n");
08:       k=5;
09:       fac=1;
10:       for(i=2;i<=k;i++)
11:            fac=fac*i;
12:       printf("fac is %d\n",fac);
13:  }
```

注意

如果一開始要解決的問題是「算出 k！並印出其結果」，對初學者來說會困難許多，我們可以先假想 k 為**數值不大**的常數，寫出程式後再設法用變數 k 取代之。

測試程式時請更改「**變數 k 的值**」，再檢查程式的輸出是否為 **k!**，但請讀者注意：變數 **k** 的值太大時，程式的輸出可能因為**溢位**而變成**負數**。

一般人的程式設計習慣會在開始累加運算之前，先將「存放結果的變數」指定為 0，但在**累乘運算之前，絕不可以將「存放結果的變數」指定為 0**。因為一旦 fac 的起始值指定為 0，往後乘積運算的結果都是 0，所以程式要在**累乘運算之前**，先將「存放結果的變數」**指定為 1** 或**一個非 0 數值**。

注意

程式進行運算工作前，務必指定一個合理的**起始值**(initial value)給每個「**變數**」，否則這個變數的值是**未定的任意值**，極可能因此產生錯誤的結果。一般來說起始值的設定原則為：

1. **累加**運算之前，「存放結果的變數」可考慮**起始設定為 0**。
2. **累乘**運算之前，「存放結果的變數」可考慮**起始設定為 1 或非 0 的值**。

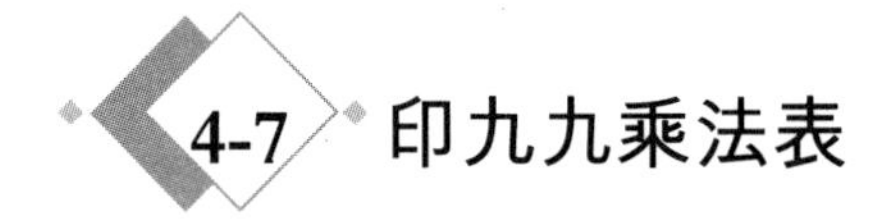

4-7 印九九乘法表

九九乘法表是個很典型的入門程式問題，傳統的方法是先**分析**其資料輸出的**變化規則**，再用迴圈敘述依照規則去產生所要的資料。可是一個程式初學者最缺乏的就是問題的分析能力，所以筆者才開發這個不需要分析問題的 Bottom-Up 程式策略。

問題

印出九九乘法表：

2×2= 4	2×3= 6	2×4= 8	2×5=10	2×6=12	2×7=14	2×8=16	2×9=18
3×2= 6	3×3= 9	3×4=12	3×5=15	3×6=18	3×7=21	3×8=24	3×9=27
4×2= 8	4×3=12	4×4=16	4×5=20	4×6=24	4×7=28	4×8=32	4×9=36
5×2=10	5×3=15	5×4=20	5×5=25	5×6=30	5×7=35	5×8=40	5×9=45
6×2=12	6×3=18	6×4=24	6×5=30	6×6=36	6×7=42	6×8=48	6×9=54
7×2=14	7×3=21	7×4=28	7×5=35	7×6=42	7×7=49	7×8=56	7×9=63
8×2=16	8×3=24	8×4=32	8×5=40	8×6=48	8×7=56	8×8=64	8×9=72
9×2=18	9×3=27	9×4=36	9×5=45	9×6=54	9×7=63	9×8=72	9×9=81

請不要忘了 Bottom-Up 的最基本原則，就是**碰到不會解的問題時，就不要嘗試一次全部解決，先解決一部分的問題**。當我們不會「印九九乘法表」的程式時，就先試著寫出「印出九九乘法表**第一列**」的程式，也就是先解決**一部分的問題**：

印出九九乘法表**第一列**：

```
2×2=4  2×3=6  2×4=8  2×5=10  2×6=12  2×7=14  2×8=16  2×9=18
```

當然對於一個程式的初學者來說，可能連寫程式印出九九乘法表的**第一列**都有問題。請不要氣餒！再使用相同的程式策略 — 先解決這個「**小問題**」的**一部分**，所以我們要先寫程式「印出九九乘法表的**第一列**的**第一項**」：

```
2×2= 4
```

找到了能夠解決的小小問題，接下來得用學過的**程式技巧**，來解決這個小小問題，當然最簡單的方法是：

```
printf("2×2= 4 ");
```

這個程式段完全沒有用任何**變數**來**控制列印**的內容，這樣會造成將來**無法**使用迴圈敘述進行程式的**最佳化**。因此必須使用 4-5 節的方法**引入變數**取代所要列印的部分內容。例如，假設變數 i 的數值為 2，則「printf("%d×2= 4 ", i);」也會印出相同的輸出。

本節筆者改採直接**指定變數值**，並將之指定為列印的對象。假設第一個數(2)存在變數 i 中，而第二個數(2)則存在變數 j，如下所示：

```
i  j
↓ ↓
2×2=4
```

程式要做的事有：先將 2 存入變數 i 中、再將 2 存入 j，而 i 和 j 的乘積在 C 語言則是用 **i*j** 表示。列印時為了能夠對齊，我們用 1 格來列印整數 i 和 j。另外，因為九九乘法表最大的乘積是 81，所以需要 2 格來列印整數 i * j。最後為了不和下一次的列印資料緊連在一起，我們需要在 i 和 j 的乘積之後**多印一格的空白**。因此解決這個小小問題的程式段變成：

```
i=2;
j=2;
printf("%1dx%1d=%2d ", i, j, i*j);
```

當然對於程式完全沒把握的人，可以將這個程式段加入變數宣告及主函數(main)標記，使之成為一個完整的程式後執行之。確定這段程式沒問題後，我們得用「**相同的方法、相似的程式段**」來解決剩下問題 — 也就是要列印**下一項**資料：

```
i  j
↓ ↓
2×3=6
```

讀者應該不會意外，這段程式和上一段程式幾乎相同：

```
i=2;
j=3;
printf("%1dx%1d=%2d ", i, j, i*j);
```

繼續這樣的步驟一直到**第一列**的**最一項**資料：

i　j
↓ ↓
$2 \times 9 = 18$

這時候讀者是不是感到相當厭煩，這段程式和前幾段程式幾乎相同：

```
i=2;
j=9;
printf("%1dx%1d=%2d ", i, j, i*j);
```

最後，請把印出每項資料的所有程式段寫在一起，這就是本書所謂的**暴力程式**：

```
i=2;
j=2;
printf("%1dx%1d=%2d ", i, j, i*j);
i=2;
j=3;
printf("%1dx%1d=%2d ", i, j, i*j);
i=2;
j=4;
printf("%1dx%1d=%2d ", i, j, i*j);
i=2;
j=5;
printf("%1dx%1d=%2d ", i, j, i*j);
i=2;
j=6;
printf("%1dx%1d=%2d ", i, j, i*j);
i=2;
j=7;
printf("%1dx%1d=%2d ", i, j, i*j);
i=2;
j=8;
printf("%1dx%1d=%2d ", i, j, i*j);
i=2;
j=9;
printf("%1dx%1d=%2d ", i, j, i*j);
```

由於 i 的數值一直都是 2，所以我們只需在程式開始時執行一次「**i=2;**」即可，下列即是「印出九九乘法表**第一列**」的程式，這就是 Bottom-Up 策略之步驟一的解題程式，由於被重複執行的敘述完全相同，故而也是完成步驟二的程式。

```
i=2;
j=2;
printf("%1dx%1d=%2d ", i, j, i*j);
j=3;
printf("%1dx%1d=%2d ", i, j, i*j);
j=4;
printf("%1dx%1d=%2d ", i, j, i*j);
j=5;
printf("%1dx%1d=%2d ", i, j, i*j);
j=6;
printf("%1dx%1d=%2d ", i, j, i*j);
j=7;
printf("%1dx%1d=%2d ", i, j, i*j);
j=8;
printf("%1dx%1d=%2d ", i, j, i*j);
j=9;
printf("%1dx%1d=%2d ", i, j, i*j);
```

接下來就是 Bottom-Up 的步驟三 — 使用 **for 迴圈**取代完全相同的**重複敘述**：

3a. 找出**被重複執行**的敘述 — **printf("%1dx%1d=%2d ", i, j, i*j);**

3b. 找出**迴圈繼續執行**的條件 — **j** 從 **2** 到 **9**，即 **(j<=9)**。

3c. 決定迴圈變數**遞增**或**遞減**的方式 — **j++;**

有了這三樣資訊，我們就可以輕易的寫出，取代暴力程式的迴圈敘述：

```
i=2;
for(j=2;j<=9;j++)
    printf("%1dx%1d=%2d ", i, j, i*j);
```

為了確認程式的正確性，讀者可以將這個程式段加入變數宣告及主函數(main)標記，使之成為一個完整的程式後執行之。

現在我們已經完成了「印出九九乘法表**第一列**」的程式，接下來我們要用**相同的程式策略**，寫程式「印出九九乘法表的**第二列**」：

```
3×2= 6 3×3= 9 3×4=12 3×5=15 3×6=18 3×7=21 3×8=24 3×9=27
```

經由上述的(暴力程式)經驗，有些讀者應該可以直接寫出「印九九乘法表**第二列**」的程式。如果讀者寫不出來，無須氣餒，再使用相同的程式策略 — 先解決這個**「小問題」**的**一部分**，所以我們要先寫程式「印出九九乘法表的**第二列**的**第一項**」：

i j
↓ ↓
3 × 2 = 6

Bottom-Up 策略有個重要的原則 — 做**相同的工作**要用**相同**或**相似的程式段**，所以要拷貝前述的程式段略做修改：

```
i=3;
j=2;
printf("%1dx%1d=%2d ", i, j, i*j);
```

繼續這樣的步驟直到**第二列**的**最一項**資料：

i j
↓ ↓
3 × 9 = 27

這段程式和前幾段程式幾乎相同：

```
i=3;
j=9;
printf("%1dx%1d=%2d ", i, j, i*j);
```

現在把印出每項資料的所有程式寫在一起，同樣的「**i=3;**」只需執行一次，即完成 Bottom-Up 策略「印出九九乘法表**第二列**」的**步驟一**程式，同理這也是**步驟二**的程式。

```
i=3;
j=2;
printf("%1dx%1d=%2d ", i, j, i*j);
```

```
j=3;
printf("%1dx%1d=%2d ", i, j, i*j);
j=4;
printf("%1dx%1d=%2d ", i, j, i*j);
j=5;
printf("%1dx%1d=%2d ", i, j, i*j);
j=6;
printf("%1dx%1d=%2d ", i, j, i*j);
j=7;
printf("%1dx%1d=%2d ", i, j, i*j);
j=8;
printf("%1dx%1d=%2d ", i, j, i*j);
j=9;
printf("%1dx%1d=%2d ", i, j, i*j);
```

最後，就是 Bottom-Up 的步驟三 — 使用 for 迴圈敘述取代暴力程式，其過程有：

3a. 找出**被重複執行**的敘述 — **printf("%1dx%1d=%2d ", i, j, i*j);**

3b. 找出**迴圈繼續執行**的條件 — **j** 從 **2** 到 **9**，即 **(j<=9)**。

3c. 決定迴圈變數**遞增**或**遞減**的方式 — **j++;**

有了這三樣資訊，我們就可以輕易的寫出，取代暴力程式的迴圈敘述：

```
i=3;
for(j=2;j<=9;j++)
    printf("%1dx%1d=%2d ", i, j, i*j);
```

請讀者注意：印九九乘法表「**第一列**」與「**第二列**」的程式，差別僅在於第一個敘述中「**i 的數值**」。由於「**i 的數值**」指定乘法表**每一項**的**第一個數**，所以印乘法表**第一列**時，**i 的數值是 2**，而印乘法表**第二列**時，**i 的數值是 3**。讀者應該不難看出繼續往下列印，**i 的數值**要依序指定為 4, 5, 6, 7, 8, 9。

當我們會一列一列的印出九九乘法表時，接下來要做的事就是依九九乘法表的格式要求，寫下每個「**印一列後換列**」的程式段，即可得「**印出九九乘法表**」的暴力程式，這就是 Bottom-Up 策略之步驟一的程式，請注意這也是完成步驟二的程式：

```
i=2;
for(j=2;j<=9;j++)
     printf("%1dx%1d=%2d ", i, j, i*j);
printf("\n");

i=3;
for(j=2;j<=9;j++)
     printf("%1dx%1d=%2d ", i, j, i*j);
printf("\n");

i=4;
for(j=2;j<=9;j++)
     printf("%1dx%1d=%2d ", i, j, i*j);
printf("\n");

i=5;
for(j=2;j<=9;j++)
     printf("%1dx%1d=%2d ", i, j, i*j);
printf("\n");

i=6;
for(j=2;j<=9;j++)
     printf("%1dx%1d=%2d ", i, j, i*j);
printf("\n");

i=7;
for(j=2;j<=9;j++)
     printf("%1dx%1d=%2d ", i, j, i*j);
printf("\n");

i=8;
for(j=2;j<=9;j++)
     printf("%1dx%1d=%2d ", i, j, i*j);
printf("\n");

i=9;
for(j=2;j<=9;j++)
     printf("%1dx%1d=%2d ",i ,j , i*j);
printf("\n");
```

註解

當程式印出最後一項 **9×9=81** 後，其實並**不需要再換列**，所以上列暴力程式的最後一個敘述「**printf("\n");**」實際上並不需要。我們加上這個句子的唯一目的是：讓 i 從 2 到 9 的每個步驟都由**相同的(兩個)敘述**所組成。

最後，就是 Bottom-Up 的**步驟三**── 使用 for 迴圈取代暴力程式，其過程有：

3a. 找出**被重複執行**的敘述 ──
```
for(j=2;j<=9;j++)
    printf("%1dx%1d=%2d ", i, j, i*j);
printf("\n");
```

3b. 找出**迴圈繼續執行**的條件 ── **i** 從 **2** 到 **9**，即 **(i<=9)**。

3c. 決定迴圈變數**遞增**或**遞減**的方式 ── **i++;**

有了這三樣資訊，我們就可以輕易的寫出，取代暴力程式的迴圈敘述：

```
for(i=2;i<=9;i++){
    for(j=2;j<=9;j++)
        printf("%1dx%1d=%2d ", i, j, i*j);
    printf("\n");
}
```

下列 pr4-9.c 是將上列程式段加入變數宣告及主函數(main)標記後變成的完整程式。

◎ pr4-9.c 程式：

```
04:  main()
05:  {   int i,j;
06:
07:      for(i=2;i<=9;i++){
08:          for(j=2;j<=9;j++)
09:              printf("%1dx%1d=%2d ", i, j, i*j);
10:          printf("\n");
11:      }
12:  }
```

這樣的程式開發步驟就是 **Bottom-Up** 程式策略，筆者要再次強調，**Bottom-Up** 程式策略非常適合不知如何下手的程式。這個方法**不需要分析問題**，只要按部就班地**寫出暴力程式**，再使用**迴圈敘述**取代暴力程式即可。

4-8 程式設計入門的障礙

筆者要藉這個「列印九九乘法表」的 pr4-9.c 程式為例，指出一般程式初學者常犯的毛病。下列程式段是 pr4-9.c 的第 7 列到第 11 列，是個典型的雙迴圈。大部分的程式初學者在寫程式時，**會自外迴圈**的 for 敘述**依次寫到內迴圈**的 for 敘述，然後**再寫到 printf** 敘述。當然大部分的程式設計書籍也會在**分析**「九九乘法表」的列印規則後，而採用這種方式說明程式的運作與製作。

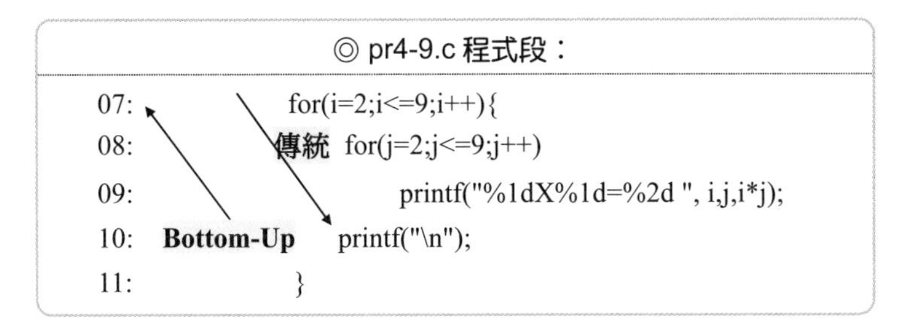

◎ pr4-9.c 程式段：
07: for(i=2;i<=9;i++){
08: 傳統 for(j=2;j<=9;j++)
09: printf("%1dX%1d=%2d ", i,j,i*j);
10: Bottom-Up printf("\n");
11: }

筆者的看法是：程式**初學者**除了對語言的語法尚未熟悉之外，**最缺乏的是對問題的分析能力**。而在無法正確地分析問題時，就理所當然地自**外迴圈**(第 7 列的)for 敘述**依次寫到內迴圈**(第 8 列的)for 敘述，然後再寫到被內迴圈**重複執行的**(第 9 列)**敘述**。這樣的程式寫法會碰到很大的障礙，那就是寫程式時：

1. 在未完全確知**內迴圈的功能**時，就要開始著手寫下**外迴圈敘述**。
2. 在未完全確知有些什麼工作要**被內迴圈重複執行**時，就要開始著手寫出**內迴圈敘述**，

筆者覺得這就是造成程式初學者經常**寫不出程式的主要原因**，說穿了就是：**寫程式的步驟完全弄反了**。

反觀 Bottom-Up 程式策略，最基本原則是 ── 碰到不會解的問題時，就**先解決「一部分的問題」**。所以**最先寫出來**的是「被內迴圈所**重複執行**的敘述」，再來才寫出**內迴圈敘述**，最後才寫到**外迴圈敘述**。總而言之，筆者在此強烈建議讀者，遇到寫不出來的程式時一定要用 Bottom-Up 程式策略解決問題。

4-9 質數判斷

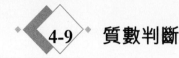

質數問題在數學與密碼學上扮演很重要的角色，筆者想藉「判斷一整數是否為質數」的問題，除了示範 Bottom-Up 程式策略外，還有**旗標**(flag)變數的使用；所謂旗標就是**顯示狀態**(status)的變數。

任意指定 127 給整數變數 no，判斷 no 的內容是否為質數並印出結果。

質數是一個整數，只能被 1 與**整數自身**整除。所以要判斷 no 是否為質數，我們可以進行的檢定程序如下：

0. 假設 no **是質數**。

1. 判斷(no-1)是否能整除 no，如果可以，no 就**不是質數**。

2. 判斷(no-2)是否能整除 no，如果可以，no 就不是質數。

.

n. 判斷 2 是否能整除 no，如果可以，no 就不是質數。

程式在進入檢定程序之前，需要一個**旗標**(flag)**變數**顯示整數 no 是否為質數(prime)，所以我們可以宣告整數變數 prime，並以 prime 的值：1 代表質數、0 代表非質數。是故，上列的步驟 0：「假設 no 是質數」翻譯成 C 語言就是「**prime=1;**」。現在進行 Bottom-Up 策略的步驟一 — 按部就班地解決問題，寫出**暴力程式**：

```
no=127;
prime=1;
if (no%(no-1)==0) prime=0;
if (no%(no-2)==0) prime=0;
      .
if (no% 2 ==0) prime=0;
```

再來，進行步驟二 — 用**變數**取代重複敘述中**不同的部分**，將之變成相同。被重複執行的敘述中不**同的部分**已有**灰底**、**加粗**的記號，完成步驟二後的程式如下所示：

```
no=127;
prime=1;
k=no-1;
if (no% k ==0) prime=0;
k=no-2;
if (no% k ==0) prime=0;
    •
k=2;
if (no%k ==0) prime=0;
```

最後，就是 Bottom-Up 的步驟三 — 使用 for 迴圈取代暴力程式，其過程有：

3a. 找出**被重複執行**的敘述 — **if (no% k ==0) prime=0;**

3b. 找出**迴圈繼續執行**的條件 — **k** 從 **no-1** 到 **2**，即 **(k>=2)**。

3c. 決定迴圈變數**遞增**或**遞減**的方式 — **k--;**

有了這三樣資訊，我們就可以輕易的寫出取代暴力程式的迴圈敘述：

```
no=127;
prime=1;
for(k=no-1;k>=2;k--)
    if (no% k ==0) prime=0;
```

將上列程式段加入變數宣告、主函數標記與列印結果之敘述後即成 pr4-10.c 程式。

◎ pr4-10.c 程式：

```
04:  main()
05:  {   int k, no, prime;
06:
07:      printf("Is no a prime?\n");
08:      no=127;        prime=1;       /* 假設 no 是質數  */
09:      for(k=no-1;k>=2;k--)
10:          if (no% k ==0) prime=0; /* no 被整除則不是質數  */
11:      if (prime)
12:          printf("%d is a prime!\n", no);
13:      else
14:          printf("%d is NOT a prime!\n", no);
15:  }
```

◎ pr4-10.c 程式輸出：

```
Is no a prime?
no is a prime!
```

請讀者試著更改 no 的數值，看看程式能否正確的顯示 no 是否為質數。另外請讀者檢視 pr4-10.c 程式後，判斷「no=2;」時，程式是否能正確顯示結果。

這個程式有兩個缺點：

1. no-1 是**過大**的數值，實際上我們不會檢定 126(no-1)是否可以整除 127(no)。
2. 當某次的「檢定步驟」判定 no 不是質數，迴圈就可中止，無須再繼續下去。
   (參考 6-6 節、第六章習題 4)

任意指定 127 給整數變數 no，判斷 no 是否為質數並印出結果。但檢定的起始值不是從 no-1，請找出**較小**的合理起始值，並依新的起始值改寫 pr4-10.c。

4-10 求面積(一)

這一節我們再用 Bottom-Up 的程式策略，解決一個看起來有點難但卻是很簡單的問題。當我們要寫程式求曲線包圍的面積時，我們可以利用積分(integral)計算面積的觀念，先將求面積的區域分割成若干小塊，把每一小塊當成**矩形**，求出每一小矩形面積後再**累加**起來就是我們要的近似答案。當然，把求面積的區域分割得越細，所得到的答案就越準確。

求 $\mathbf{y = x^2}$ 和 $\mathbf{y = 0}$ 以及 $\mathbf{x=1}$ 所夾的面積。

為了方便程式說明起見，我們先將求面積的區域分成 4 小塊如下所示：

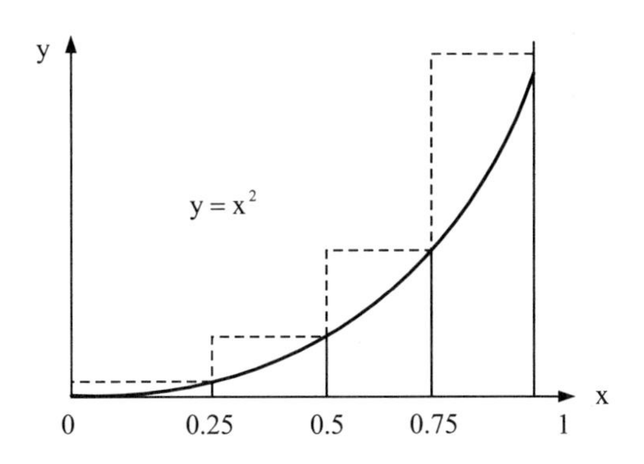

一樣地我們先寫下來如何算出問題的答案，這對程式設計有很大的幫助。假想我們手中拿著紙、筆和計算器，我們會：

0. 算出**小矩形的寬** dx = 1/4;

設定累加之**面積** area = 0。

1. 決定小矩形的**橫座標 x = 0.25**。

2. 算出小矩形的縱座標 y = x*x。

3. 算出小矩形的面積 a = y*dx。

4. 累加小矩形的面積 area = area + a。

1. 決定小矩形的**橫座標 x = 0.5**。

2. 算出小矩形的縱座標 y = x*x。

3. 算出小矩形的面積 a = y*dx。

4. 累加小矩形的面積 area = area + a。

1. 決定小矩形的**橫座標 x = 0.75**。

2. 算出小矩形的縱座標 y = x*x

3. 算出小矩形的面積 a = y*dx。

4. 累加小矩形的面積 area = area + a。

1. 決定小矩形的**橫座標 x = 1.0**。
2. 算出小矩形的縱座標 y = x*x。
3. 算出小矩形的面積 a = y*dx。
4. 累加小矩形的面積 area = area + a。

接下來把上述的所有步驟用 C 語言寫出來，這就是 Bottom-Up 程式策略的**步驟一** — 按部就班地解決問題，寫出**暴力程式**：

```
0.  dx=(float) 1/4;
    area=0;

1.  x=0.25;
2.  y=x*x;
3.  a=y*dx;
4.  area=area+a;

1.  x=0.5;
2.  y=x*x;
3.  a=y*dx;
4.  area=area+a;

1.  x=0.75;
2.  y=x*x;
3.  a=y*dx;
4.  area=area+a;

1.  x=1.0;
2.  y=x*x;
3.  a=y*dx;
4.  area=area+a;
```

被重複的敘述都相同，所以可以省去**步驟二**，接下來就是**步驟三** — 使用**迴圈敘述**取代**完全相同**的重複敘述，其過程有：

3a. 找出**被重複執行**的敘述 —— **y=x*x;**

a=y*dx;

area=area+a;

3b. 找出**迴圈繼續執行**的條件 —— **x** 從 **0.25** 到 **1**，即 **(x<=1)**。

3c. 決定迴圈變數**遞增**或**遞減**的方式 —— **x= x + 0.25;**

有了這三樣資訊，我們就可以寫出取代**算出小矩形面積**以及**累加面積**的迴圈敘述：

```
for(x=.25;x<=1.0;x=x+0.25){
    y=x*x;
    a=y*dx;
    area=area+a;
}
```

上列的 for 敘述並沒有包含第 0 號的兩個敘述，所以要把 **dx=(float)1/4;** 以及 **area=0;** 寫在 for 敘述之前，最後用 printf 敘述把**累加的面積**列印出來即得程式 pr4-11.c：

◎ pr4-11.c 程式：

```
04:  main()
05:  {   float   x, y, a, dx, area;
06:
07:      printf("Calculate area:\n");
08:      dx=(float)1/4;
09:      area=0;
10:      for(x=0.25;x<=1.0;x=x+0.25){
11:          y=x*x;
12:          a=y*dx;
13:          area=area+a;
14:      }
15:      printf("area is %f\n",area);
16:  }
```

◎ pr4-11.c 程式輸出：

```
Calculate area:
Area is 0.468750
```

請注意 pr4-11.c 程式**第 10 列**的 for 敘述，我們使用**浮點變數** x 作為迴圈變數可能會遇到兩個問題。首先是有些電腦語言不允許使用浮點變數作為迴圈變數，其次是 **x<=1.0** 這個比較運算容易產生錯誤的結果。原因是電腦必須用有限的記憶體存放浮點數，而某些數值轉換成二進位時，所需的位(元)數可能超過浮點變數的位(元)數，所以超過的位數被截掉後會產生些許的**誤差**。

程式中的比較運算 **x<=1.0** 要在 **x** 等於 **1.0** 時，再做一次**重複執行的敘述**(計算小矩形面積與累加面積)。當 **x** 和 **1.0** 都可能有誤差的情形下，要判斷兩者**是否相等**就更有可能產生錯誤。請執行下列程式，猜猜看累加 100 次 33.44 的結果是否為 3344。

```
float x=33.44, sum=0;
int i;

for(i=1;i<=100;i++) sum=sum+x;
if (sum==3344)
    printf("Yes, equal! \n");
else
    printf("Why not? \n");
```

4-11 求面積(二)

假設不要用浮點變數 x 作為迴圈變數，我們就要加入整數迴圈變數(宣告它為 **i**)，並設定迴圈變數的遞增(或遞減)數值，下列是新版的 Bottom-Up 策略步驟一程式：

```
0.  dx=(float) 1/4;
    area=0;

    i=1;
1.  x=0.25;
2.  y=x*x;
3.  a=y*dx;
4.  area=area+a;
```

```
     i=2;
1.   x=0.5;
2.   y=x*x;
3.   a=y*dx;
4.   area=area+a;

     i=3;
1.   x=0.75;
2.   y=x*x;

3.   a=y*dx;
4.   area=area+a;

     i=4;
1.   x=1.0;
2.   y=x*x;
3.   a=y*dx;
4.   area=area+a;
```

當我們想用迴圈敘述來取代一堆用暴力寫出來的敘述時，這些敘述必須相同。現在被重複的 4 個句子中，第 2, 3, 4 句完全一樣，但是第 1 句設定 x 值的敘述卻不相同。所以接下來要做的是 Bottom-Up 策略的步驟二 — 用**變數**取代重複敘述中**不同的部分**，將之變成相同。也就是說我們可以用**變數**(假設是 **q)取代敘述中不同的部分**，因此更新版的**暴力程式**就變成：

```
0.   dx=(float) 1/4;
     area=0;

     i=1;
1.   x=q;          /* q 等於 0.25  */
2.   y=x*x;
3.   a=y*dx;
4.   area=area+a;
```

```
    i=2;
1.  x=q;          /* q 等於 0.50 */
2.  y=x*x;
3.  a=y*dx;
4.  area=area+a;

    i=3;
1.  x=q;          /* q 等於 0.75 */
2.  y=x*x;
3.  a=y*dx;
4.  area=area+a;

    i=4;
1.  x=q;          /* q 等於 1.00 */
2.  y=x*x;
3.  a=y*dx;
4.  area=area+a;
```

接下來就是 Bottom-Up 程式策略的步驟三 — 使用**迴圈敘述**取代**完全相同**的重複敘述，其過程有：

3a. 找出**被重複執行**的敘述 — **x=q;**

y=x*x;

a=y*dx;

area=area+a;

3b. 找出**迴圈繼續執行**的條件 — **i** 從 **1** 到 **4**，即 **(i<=4)**。

3c. 決定迴圈變數**遞增**或**遞減**的方式 — **i++;**

有了這三樣資訊，我們就可以寫出取代**計算小矩形面積**以及**累加面積**的迴圈敘述：

```
for(i=1;i<=4;i++){
    x=q;
    y=x*x;
    a=y*dx;
    area=area+a;
}
```

q 是我們外加的變數也是一個**待決定的函數**，從暴力程式可知 q 和 i 的關係，如下所示：

i	1	2	3	4
q	0.25	0.50	0.75	1.00

由於 q 每次累增 0.25，所以 q 和 i 是**線性關係**。於是我們可以利用**直線方程式**找出 q 和 i 的關係式，設 **q = a*i + b**，我們任取兩組 i 和 q 的數對：(1, 0.25)、(2, 0.50)寫出聯立方程式如下：

$$0.25 = a * 1 + b$$

$$0.50 = a * 2 + b$$

解出聯立方程式可得 a = 0.25 、 b = 0 ，所以 q = 0.25*i。接下來用 **0.25*i 取代 for 敘述中的 q**，解題的程式段就變成：

```
for(i=1;i<=4;i++){
    x=0.25*i;
    y=x*x;
    a=y*dx;
    area=area+a;
}
```

請讀者注意，上列的 for 敘述並沒有包含第 0 號的兩個敘述，所以第 0 號的 **dx=(float)1/4;** 以及 **area=0;** 要寫在 for 敘述之前，最後用 printf 敘述把累加的面積(area)列印出來、加入變數宣告及主函數(main)標記，即得完整的程式 pr4-12.c：

◎ pr4-12.c 程式：

```
04:  main()
05:  {   float   x, y, a, dx, area;
06:      int i;
07:
08:      printf("Calculate area:\n");
09:      dx=(float)1/4;
10:      area=0;
```

```
11:        for(i=1;i<=4;i++){
12:            x=0.25*i;
13:            y=x*x;
14:            a=y*dx;
15:            area=area+a;
16:        }
17:        printf("area is %f\n",area);
18:    }
```

4-12 求面積(三)

為了讓「**指定 x 數值**」的 4 個不同敘述變成一樣，在 4-11 節我們使用了直線方程式，這樣的方式維持了 Bottom-Up 策略不需要分析問題的傳統。但這一節我們**要對暴力程式稍作分析**，藉以訓練讀者程式分析的能力，進而提升程式技巧。在 pr4-11.c 的程式中，**浮點變數 x** 的數值會從 0.25, 0.5, 0.75 到 1.0，每次遞增 0.25，如下所示：

```
x=0.25;
    •
x=0.5;
    •
x=0.75;
    •
x=1.0;
```

利用**累加的策略**我們可以把這四個敘述變成完全一樣，而又保有相同的程式效果。首先，我們可以**先將 0 存入變數 x**，所以 **x=0.25;** 就可以用 **x=x+0.25;** 來取代。由於累加後的 x 值變成 0.25，所以接下來的 **x=0.5;** 也一樣可以用 **x=x+0.25;** 來取代。當然再接下來的 **x=0.75;** 以及 **x=1.0;** 都可以用 **x=x+0.25;** 來取代，整個過程如下所示：

```
x=0;
x=x+0.25;     /* x 等於 0.25; */
    •
x=x+0.25;     /* x 等於 0.50; */
    •
```

```
x=x+0.25;    /* x 等於 0.75; */
    •
x=x+0.25;    /* x 等於 1.00; */
```

我們再回到求面積的問題，這次一樣**不用浮點變數 x 作為迴圈變數**，所以我們要和 4-11 節一樣外加整數迴圈變數 i，並設定 i 的遞增(或遞減)數值，下列是 4-11 節的**暴力程式**：

```
0.  dx=(float) 1/4;
    area=0;

    i=1;
1.  x=0.25;
2.  y=x*x;
3.  a=y*dx;
4.  area=area+a;

    i=2;
1.  x=0.5;
2.  y=x*x;
3.  a=y*dx;
4.  area=area+a;

    i=3;
1.  x=0.75;
2.  y=x*x;
3.  a=y*dx;
4.  area=area+a;

    i=4;
1.  x=1.0;
2.  y=x*x;
3.  a=y*dx;
4.  area=area+a;
```

想用迴圈敘述來取代暴力程式時，程式中的重複敘述必須完全相同。為了使**設定 x 值**的(1 號)敘述完全相同，我們應用前述的累加策略，即可把 Bottom-Up 策略的步驟一暴力程式更改為：

```
0.   dx=(float) 1/4;
     area=0;
     x=0;

     i=1;
1.   x=x+0.25;           /* x 等於 0.25; */
2.   y=x*x;
3.   a=y*dx;
4.   area=area+a;

     i=2;
1.   x=x+0.25;           /* x 等於 0.50; */
2.   y=x*x;
3.   a=y*dx;
4.   area=area+a;

     i=3;
1.   x=x+0.25;           /* x 等於 0.75; */
2.   y=x*x;
3.   a=y*dx;
4.   area=area+a;

     i=4;
1.   x=x+0.25;           /* x 等於 1.00; */
2.   y=x*x;
3.   a=y*dx;
4.   area=area+a;
```

被重複的敘述都相同故可省去步驟二，最後，步驟三 — 使用**迴圈敘述**取代**完全相同**的重複敘述，其過程有：

3a. 找出**被重複執行**的敘述 ── **x=x+0.25;**

y=x*x;

a=y*dx;

area=area+a;

3b. 找出**迴圈繼續執行**的條件 ── **i 從 1 到 4**，即 **(i<=4)**。

3c. 決定迴圈變數**遞增**或**遞減**的方式 ── **i++;**

有了這三樣資訊，我們就可以寫出取代**計算小矩形面積**以及**累加面積**的迴圈敘述：

```
for(i=1;i<=4;i++){
    x=x+0.25;
    y=x*x;
    a=y*dx;
    area=area+a;
}
```

上列的 for 敘述並沒有包含第 0 號的兩個敘述，所以要把 **dx=(float)1/4;** 以及 **area=0;** 寫在 for 敘述之前。最後，用 printf 敘述把**累加的面積**列印出來即得程式 pr4-13.c 程式：

◎ pr4-13.c 程式：

```
04:  main()
05:  {   float   x, y, a, dx, area;
06:      int i;
07:
08:      printf("Calculate area:\n");
09:      dx=(float)1/4;
10:      area=0;
11:      x=0;
12:      for(i=1;i<=4;i++){
13:          x=x+0.25;
14:          y=x*x;
15:          a=y*dx;
16:          area=area+a;
17:      }
18:      printf("area is %f\n",area);
19:  }
```

當然 pr4-13.c 和 pr4-12.c 有完全一樣的程式輸出，只是請讀者注意：pr4-13.c 使用加法敘述「**x=x+0.25;**」來設定 x 的數值，而 pr4-12.c 卻是使用乘法敘述「**x=0.25*i;**」來設定。因此 pr4-13.c 具有較快的執行速度，這是分析暴力程式所獲得的報償。最後請問讀者，程式第 13 列的「x=x+0.25;」敘述可否改為「x=x+dx;」？

牛刀小試

重做 pr4-13.c 的問題，但將所求面積的區域分成 100 小塊。

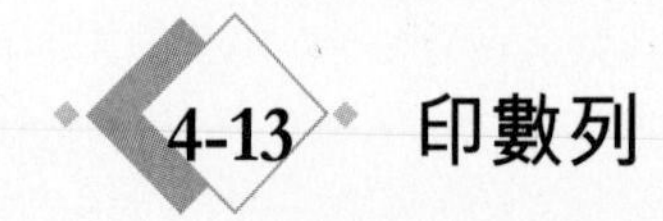

4-13 印數列

以目前所學到的程式策略而言，「印出數列」只是個簡單的問題，但如果印出數列時還附帶排列的要求，就會需要多一些處理技巧。

問題

印出整數 1, 2,……9，三個數一列：

```
1   2   3
4   5   6
7   8   9
```

不少的程式初學者會被這個問題打敗，因為不曉得如何在印出三個數後換列。但是使用 Bottom-Up 程式策略，我們只需要使用相同的步驟就可解決問題。首先進行 Bottom-Up 的步驟一 ── 按部就班地解決問題，寫出**暴力程式**：

```
1.  for(i=1;i<=3;i++) printf("%d    ", i);
    printf("\n");
2.  for(i=4;i<=6;i++) printf("%d    ", i);
    printf("\n");
3.  for(i=7;i<=9;i++) printf("%d    ", i);
    printf("\n");
```

被重複執行的工作共有兩個敘述，其中不同的部分已有灰底、加粗的記號。接下來進行步驟二 ── 用**變數**取代重複敘述中**不同的部分**，將之變成相同。因此，程式變成：

```
       j=1;
1.     for(i=j;i<=j+2;i++) printf("%d    ", i);
       printf("\n");
       j=4;
2.     for(i=j;i<=j+2;i++) printf("%d    ", i);
       printf("\n");
       j=7;
3.     for(i=j;i<=j+2;i++) printf("%d    ", i);
       printf("\n");
```

請讀者注意原本有灰底、加粗記號的不同部分已變成完全相同。最後，進行步驟三 — 使用**迴圈敘述**取代**完全相同**的重複敘述，其過程有：

3a. 找出**被重複執行**的敘述 —

```
for (i=j; i<=j+2;i++) printf("%d    ", i);
printf("\n");
```

3b. 找出**迴圈繼續執行**的條件 — **j** 從 **1** 到 **7**，即 **(j<=7)**。

3c. 決定迴圈變數**遞增**或**遞減**的方式 — **j=j+3;**

有了這三樣資訊，我們就可以輕易的寫出「以**三個數一列，印出數列**」的迴圈敘述：

```
for(j=1;j<=7;j=j+3){
       for(i=j;i<=j+2;i++) printf("%d ", i);
       printf("\n");
}
```

最後加入變數宣告及主函數(main)標記，即可使之成為一個完整的 pr4-14.c 程式：

◎ pr4-14.c 程式：

```
04:   main()
05:   {    int    i,j;
06:
07:        printf("Print numbers:\n");
```

```
08:        for(j=1;j<=7;j=j+3){
09:            for(i=j;i<=j+2;i++) printf("%d ",i);
10:            printf("\n");
11:        }
12:    }
```

4-14 經驗分享

在多年的程式教學生涯中，筆者觀察到一個有趣的現象，不少學生在上機考試時會帶來很多的程式參考書，做程式作業時也是如此。這個現象很明顯告訴我們，學生習慣於更改既有的程式，而不習慣於設計自己的程式。

上機考試時尤其明顯，學生花少許時間拷貝書中與考題近似的解題程式後，剩下的時間就只能痛苦的修改或亂改程式，幾乎毫無進展。最後經常只有少數較用功或較幸運的同學能在考試結束前改出程式，並且露出**喜出望外**的燦爛笑容。

自從筆者開始教授 Bottom-Up 程式策略後，上機考試時學生不再帶參考書。尤其精熟 Bottom-Up 程式策略的學生，考試開始時會花少許時間**測試「解決部分問題」**的程式，接著很快就把解題程式寫出來。如果把上機考試時間等分成三段，精熟 Bottom-Up 程式策略的學生多在考試的**前段**完成程式，少數同學會在**中段**完成程式；剩下的都是努力在修改、亂改程式的學生了。

另外，很有趣的是這些使用 Bottom-Up 策略寫出程式的學生少有喜出望外的笑容，筆者的解釋是：因為他們覺得寫出程式是意料中的事，寫不出程式來才是意外。

4-15 習　題

做習題時，**千萬不要只是修改例題程式**弄出答案來。這樣做習題，少了程式**發展過程**的磨練。筆者強烈建議讀者 — **不要看課本例題程式**(甚至於**不看課本**)，只看 Bottom-Up 策略的三個步驟，按部就班地依照每一步驟寫出程式，這樣才能確實磨練程式策略，快速提升實力。

1. 求出19+17+15+13+……3+1的和，並印在螢幕上。
2. 求出 1 到 100 之間**可被 3 整除**且**不可被 6 整除**的所有整數之和。
3. 印出直式九九乘法表：

```
2×2= 4   3×2= 6   4×2= 8   5×2=10   6×2=12   7×2=14   8×2=16   9×2=18
2×3= 6   3×3= 9   4×3=12   5×3=15   6×3=18   7×3=21   8×3=24   9×3=27
2×4= 8   3×4=12   4×4=16   5×4=20   6×4=24   7×4=28   8×4=32   9×4=36
2×5=10   3×5=15   4×5=20   5×5=25   6×5=30   7×5=35   8×5=40   9×5=45
2×6=12   3×6=18   4×6=24   5×6=30   6×6=36   7×6=42   8×6=48   9×6=54
2×7=14   3×7=21   4×7=28   5×7=35   6×7=42   7×7=49   8×7=56   9×7=63
2×8=16   3×8=24   4×8=32   5×8=40   6×8=48   7×8=56   8×8=64   9×8=72
2×9=18   3×9=27   4×9=36   5×9=45   6×9=54   7×9=63   8×9=72   9×9=81
```

4. 印出次方表：

```
5^2=  25   5^3= 125   5^4= 625   5^5=3125
4^2=  16   4^3=  64   4^4= 256   4^5=1024
3^2=   9   3^3=  27   3^4=  81   3^5= 243
2^2=   4   2^3=   8   2^4=  16   2^5=  32
```

5. 求 $y = x^2$ 和 $y = 0$ 以及 $x = 1$ 所夾的面積，將所求區域分割成 10000 小塊。
6. 求 $y = x^3$ 和 $y = 0$ 以及 $x = 1$ 、 $x = -0.5$ 所夾的面積，將所求區域分割成 10000 小塊。

   注意：y 為負值時須先取絕對值。

7. 印出整數 7, 14, 21 … 84，四個數一列：

```
 7  14  21  28
35  42  49  56
63  70  77  84
```

8. 印出整數，三個數一列：

```
99  96  93
90  87  84
81  78  75
72  69  66
```

9. 印出整數 2, 3,…8, 9 的二、三、四次方值，列印方式如下：

n	n^2	n^3	n^4
2	4	8	16
3	9	27	81 ·
	·		
8	64	512	4096
9	81	729	6561

（本列灰底資料不須印出）

10. 印出下列輸出：

```
1+2=3
1+2+3=6
1+2+3+4=10
  ·
1+2+3+4+5+6+7+8+9+10=55
```

提示：先寫程式印 1+2+3+4=10 後，再寫程式印下一列、下下一列…。

11. 印出下列圖形：

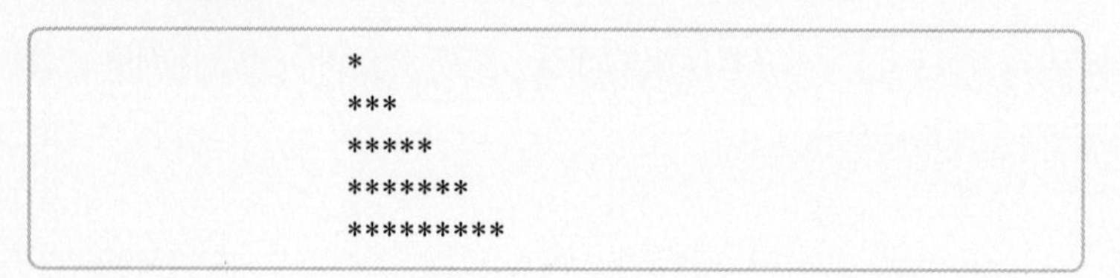

12. 印出下列圖形：

```
        *
       ****
      *******
     **********
    *************
```

13. 印出 50 以下的所有質數。

05
CHAPTER

Top-Down 程式策略

5-1 變數的角色

有了足夠的 Bottom-Up 程式策略經驗後，現在應該回頭檢視**程式變數**所能扮演的**角色**，也就是程式變數的**功能**或**用途**。唯有精準的了解每個變數的角色與功能，才能精準的預測程式輸出，也才能在必要的時候快速地找出程式的錯誤。筆者想在本節介紹 3 個很重要的的變數角色：

1. **計數器**(counter)：用來標示次數、序號，如工作的次數、資料的序號。
2. **累積器**(accumulator)：用來存放計算結果、累算結果。
3. **旗標**(flag、indicator)：用來標示狀態，如工作狀態、資料的性質。

接下來，筆者想用 C 語言程式段來描述幾個生活中的例子，雖然不能在電腦上執行，但卻可讓讀者再次體驗人類語言與電腦語言的不同。

寫 C 程式段描述健身教練要我們做 100 下仰臥起坐的情形。為了確認我們做足 100 下仰臥起坐，教練常會喊口令從 1, 2, 3, … 喊到 100，每喊一個口令我們要做一次仰臥起坐。

用 C 語言程式描述健身教練要我們做 100 下仰臥起坐的情形，程式段如下：

```
for (口令=1; 口令<=100; 口令=口令+1)
    做一次仰臥起坐;
```

為了讓程式段精簡、好讀，筆者儘量省略非必要的文字，例如，程式中的「口令」即代表**教練將要喊的口令**。請讀者注意：

1.「口令」就是計數器，用來**計**算做仰臥起坐的次**數**。
2.「口令」恰巧也是累積器，代表做過的仰臥起坐之**總數**。

教練的口令非得從 1, 2, 3, … 喊到 100，沒有別的選擇嗎？

生活上我們在計數時，都習慣從 0 或 1 開始，而且每次增一；但**倒數**時則由一個正整數開始，每次減一，最後以 0 或 1 結束。請讀者看下列的程式段：

```
for (口令=2; 口令<=200; 口令=口令+2)
    做一次仰臥起坐;
```

這次教練喊的口令是從 2, 4, 6, … 喊到 200，讀者是否同意，執行上述的程式段也可以做足 100 下仰臥起坐。請讀者看下列注意事項：

1.「口令」就是計數器，代表**序號**，每變化一次要做一次仰臥起坐。

2.「口令」不再是累積器，**無法代表**做過的仰臥起坐之**總數**。

如果教練的口令喊 2, 4, 6, … 到 200，如何**累計**做過的仰臥起坐之**總數**？

當然我們可以用計數器的**最終值**來計算「做過的仰臥起坐之**總數**」，但是電腦程式有一項很重要特質：**用累算的方式，獲得最終的答案**。請讀者看下列的程式段：

```
次數 = 0;
for (口令=2; 口令<=200; 口令=口令+2){
    做一次仰臥起坐;
    次數 = 次數 + 1;
}
```

讀者是否同意：

1.「口令」就是計數器，代表**序號**，每變化一次要做一次仰臥起坐。

2.「次數」就是**累積器**，代表做過的仰臥起坐之**總數**。

筆者不意外，仍會有不少讀者無法分辨**計數器**與**累積器**的不同，因為兩者都在做累加的運算，下一個問題能讓讀者更清楚計數器與累積器的差異。

教練的口令從 1, 2, 3, … 喊到 100，且每做完第 n 次的仰臥起坐可獲得 n 元獎金，也就是教練每次的口令代表每次獎金的金額，問總共可獲得多少元獎金？

解決問題的程式段如下：

```
獎金 = 0;
for (口令=1; 口令<=100; 口令=口令+1){
    做一次仰臥起坐;
    獎金 = 獎金 + 口令;
}
```

請讀者注意：

1.「口令」就是計數器，每變化一次要做一次仰臥起坐。

2.「口令」恰巧也是累積器，代表做過的仰臥起坐之**總數**。

3.「口令」也代表每次做過仰臥起坐後可獲得的獎金金額。

4.「**獎金**」就是**累積器**，代表可獲得的獎金**總數**。

5. **累積器**(即「獎金」)已無法直接的從**計數器**(即「口令」)的最終值推算出來。

注意

如果有聰明的讀者訴求：「無須使用累積器，只用計數器的**最終值**就可以算出獎金的總數」。那請試試不同的獎金計算方式，例如，做完第 n 次仰臥起坐可得 $\sqrt{n}$ 元獎金。

結論：

1. **計數器**是進行**累加**或**累減**的變數，為能清楚表現**次序**，經常執行**加一**或**減一**的運算，偶而才執行**加**、**減其他常數**(0 除外)的運算。

2. **累積器**則是用來暫存各種累算的結果，經常**無法**從計數器的數值**推算出來**。

在生活中我們最熟悉的旗標(flag)非「紅綠燈」莫屬，旗標變數用來標示狀態，進而讓我們依據不同的狀態來執行不同的工作，因此旗標變數總會搭配 if 敘述來使用。

教練的口令從 1, 2, 3, … 喊到 100，且教練手上控制一個燈泡，亮**紅燈**要我們做仰臥起坐、亮**綠燈**要我們做伏地挺身，燈號從紅燈開始，紅、綠交錯出現。

解決問題的程式段如下：

```
燈號 = '紅';
for (口令=1; 口令<=100; 口令=口令+1){
    if (燈號 == '紅') {
        做一次仰臥起坐;
        燈號 = '綠';     /* 下次的燈號是綠燈 */
    }
    else {   /* 這時的燈號是綠燈 */
        做一次伏地挺身;
        燈號 = '紅';   /* 下次的燈號是紅燈 */
    }
}
```

程式中的「燈號」就是所謂的**旗標**，根據這個旗標的值，程式會執行對應的工作(程式段)。請讀者特別注意程式如何進行燈號的切換。

對初學者而言，設定旗號的初始值不是件容易的事。筆者舉「判斷質數」的例子來說明初始值的設定原則。

任意指定 127 給整數變數 no，判斷 no 是否為質數並印出結果。

質數是一個整數，只能被 1 與整數本身整除。所以要判斷 no 是否為質數，我們可以進行的檢定程序如下：

1. 判斷(no-1)是否能整除 no，如果可以，no 就**不是質數**。
2. 判斷(no-2)是否能整除 no，如果可以，no 就不是質數。

·

n. 判斷 2 是否能整除 no，如果可以，no 就不是質數。

我們的檢定程序包含若干次相同的「檢定步驟」，請注意：**單一的**「檢定步驟」可以**證明 no 不是質數**，但**不能**證明 no 是質數。經仔細思考可得旗標初始值的設定原則 —— 旗標應設定初始值來**讓單一的「檢定步驟」推翻**，筆者稱之為「**旗標初始值否定原則**」。

根據「旗標初始值否定原則」，我們在程式中**要先(初始)假設 no 是質數**，再由檢定程序中的**每一「檢定步驟」來推翻**。如果 no 通過所有的檢定步驟，則表示初始的假設是正確的，所以 no 是質數。解決問題的程式段如下：

```
no=127;
prime=1;                    /* prime: 1 表質數、0 表非質數 */
for ( k=no-1; k>=2; k--)
    if (no%k==0) prime=0; /* 如果 no 被整除則推翻初始設定 */
if (prime)
    printf("no 是質數");
else
    printf("no 不是質數");
```

上述的程式段，條列說明如下：

1. 程式中的「prime」就是所謂的旗標，代表 no 的狀態(即質數與否)。
2. prime 的起始值為 1，代表檢定前 no 被認定為質數。
3. for 迴圈敘述執行檢定程序，會重複進行若干次「檢定步驟」。
4. 只要 no **無法通過**任何一次的「檢定步驟」，no 的狀態就會被改變，這就是所謂的「旗標初始值否定原則」。

5-2 Top-Down 程式策略

對於不知從何著手的問題，我們要用 Bottom-Up 程式策略來解決它。但是隨著程式經驗的增多，**分析問題**的能力隨之增長，程式設計者常常會在碰到問題時，雖然還無法正確地寫出解題程式，但是已經可以正確地寫出**解題程式**的**外迴圈敘述**，這就是使用 **Top-Down** 程式策略的時機了。總結 **Top-Down** 程式策略，可歸納成**兩個主要步驟**：

步驟一：寫出解決問題的**外迴圈**敘述，必要時可先用**中文**及(工作)**變數**描述要被重複執行的工作。

步驟二：逐步將迴圈內的**中文句子轉換成 C 語言**，必要時使用**直線方程式**決定(工作)**變數**與**迴圈變數**間的**關係**(方程式)。

這樣的步驟類似系統分析的 Top-Down 技巧，先寫出解決問題的幾個大步驟，再將各**大步驟**細分成若干**小步驟**完成之，必要時可將某些**小步驟**再細分成若干**小小步驟**。總之，只要最後的工作步驟全是使用 C 語言來描述，整個程式就算圓滿完成。最後，筆者要特別強調：使用 Top-Down 程式策略時，**直線方程式扮演關鍵的角色**，它會讓程式變得很直接、很好寫。

5-3 印簡單圖形(一)

這一節我們將處理最簡單的「**印圖形**」問題，來說明 Top-Down 策略的精神：

問題

印出下列圖形：

```
*
***
*****
*******
*********
```

雖然我們無法立即寫出解決問題的程式，但是從過去的程式經驗，我們知道程式要執行的工作是 ── 做 5 次「**印訊息後跳行**」。這就是 Top-Down 程式策略的**步驟一** ── 寫出解決問題的**外迴圈**敘述：

```
for(i=1; i<=5; i++){
      印訊息;
      printf("\n");
}
```

接下來，繼續 Top-Down 策略的**步驟二** ── 將迴圈內的**中文句子轉換成 C 語言**，也就是要把「印訊息;」這句中文翻譯成 C 語言，想法如下：

1.「印訊息」就是要「**印若干個星號**」。

2. 若干就是不固定，所以我們用**變數 x** 來代替**若干**。

3.「印若干個星號」也就變成「**印 x 個星號**」。

因此解決問題的程式就演變成：

```
for(i=1; i <=5; i++){
    印 x 個星號;
    printf("\n");
}
```

接下來我們要用**直線方程式來決定 x 和 i 的關係**。為了方便說明過程，我們在程式的輸出標示迴圈變數 i 的數值，如下所示：

```
i=1        *
i=2        ***
i=3        *****
i=4        *******
i=5        *********
```

x 代表每列的**星號個數**，是一個待解的函數，從上圖可知 x 和 i 的關係，如下所示：

i	1	2	3	4	5
x	1	3	5	7	9

由於 x 每次遞增 2，所以 x 和 i 是線性關係。於是可用**直線方程式**找出 x 和 i 的關係式，設 **x = a*i+b**，我們任取兩組 i 和 x 的數對：(1, 1)、(2, 3)，其聯立方程式如下：

$$1 = a * 1 + b$$
$$3 = a * 2 + b$$

解出聯立方程式，可得 $a = 2$ 、 $b = -1$ ，故得 **x = 2*i – 1**。

現在用 **2*i – 1 取代 for 敘述中的 x**，解決問題的程式就變成：

```
for(i=1; i<=5; i++){
    印(2*i-1)個星號;
    printf("\n");
}
```

最後，我們要把「印 (2*i – 1) 個星號」這句中文翻譯成 C 語言 —— 利用迴圈的觀念，「印 (2*i – 1) 個星號」就是**做 (2*i – 1) 次「印一個星號」**，用 C 語言寫出來就是：

```
for(j=1; j<=2*i-1; j++)
    printf("*");
```

現在我們用這個程式段取代「印 **(2*i – 1)** 個星號;」，解決問題的程式就變成：

```
for(i=1; i<=5; i++){
    for(j=1; j<=2*i-1; j++)
        printf("*");
    printf("\n");
}
```

最後我們加入變數宣告及主函數(main)標記，即得完整的 pr5-1.c 程式：

◎ pr5-1.c 程式：

```
04:  main()
05:  {   int   i, j;
06:
07:      for(i=1; i<=5; i++){
08:          for(j=1; j<=2*i-1; j++)
09:              printf("*");
10:          printf("\n");
11:      }
12:  }
```

5-4 印簡單圖形(二)

pr5-1.c 程式中迴圈變數 **i** 的範圍是**任意決定**的，我們也可以將 **i** 設定成從 0 到 4 或者是 0 到 – 4。現在我們把 **i** 設定成從 0 到 – 4，再解一次相同的問題，好讓讀者熟悉 Top-Down 的程式策略。

首先，執行 Top-Down 程式策略的**步驟一** — 寫出解決問題的**外迴圈**敘述：

```
for(i=0; i >= -4; i--){
    印 x 個星號;
    printf("\n");
}
```

由於有了上一節的程式經驗，這次我們直接用「**印 x 個星號**」取代上一節的「**印訊息**」。

愈有程式經驗的人，愈能以貼近程式語言的方式表達讓電腦工作的內容，當然也就能愈快將之轉換成程式。

接著進行 Top-Down 策略的步驟二 — 將迴圈內的**中文句子轉換成 C 語言**。首先要**用直線方程式來決定 x 和 i 的關係**。為了清楚說明過程，我們把程式的輸出標示迴圈變數 i 的值，如下所示：

```
i=0       *
i=–1      ***
i=–2      *****
i=–3      *******
i=–4      *********
```

x 代表每列的**星號個數**，是一個待決定的函數，從上圖可知 x 和 i 的關係，如下所示：

i	0	–1	–2	–3	–4
x	1	3	5	7	9

由於 **x** 每次遞增 **2**，所以 **x** 和 **i** 是**線性關係**。接著可利用**直線方程式**找出 **x** 和 **i** 的關係式，設 **x = a*i + b**，任取兩組 **i** 和 **x** 的數對：(0, 1)、(–4, 9)，其聯立方程式如下：

$$1 = a * 0 + b$$
$$9 = a * (-4) + b$$

解出聯立方程式，可得 a = −2 、 b = 1 ，所以 **x = 1 − 2*i**。現在**用(1 − 2*i)取代 for 敘述中的 x**，解決問題的程式就演變成：

```
for(i=0; i >=-4; i--){
    印(1-2*i)個星號;
    printf("\n");
}
```

最後，要把「印 **(1 − 2*i)** 個星號」這句中文轉換成 C 語言的敘述，「印 **(1 − 2*i)** 個星號」就是**做 (1 − 2*i) 次「印一個星號」**，用 C 語言寫出來就是：

```
for(j=1; j <=1-2*i; j++)
    printf("*");
```

接下來我們用這個程式段取代「印 **(1 − 2*i)** 個星號**;**」，解決問題的程式就變成：

```
for(i=0; i>=-4; i--){
    for(j=1; j<=1-2*i; j++)
        printf("*");
    printf("\n");
}
```

最後，加入變數宣告及主函數(main)標記，即得完整的 pr5-2.c 程式：

◎ pr5-2.c 程式：

```
04:  main()
05:  {  int  i, j;
06:
07:     for(i=0; i>=-4; i--){
08:         for(j=1; j<=1-2*i; j++)
09:             printf("*");
10:         printf("\n");
11:     }
12:  }
```

5-5 印較複雜圖形

這一節我們再用一個比較難的「印圖形」問題，來說明 Top-Down 程式策略的精神。開始前，筆者想再次提醒讀者，Top-Down 程式策略適合給具有**足夠程式經驗**的人使用。所以讀者可能會在研讀本章內容時，無法輕易而直觀的把大工作拆解成若干小工作。這是正常的現象，請不要氣餒，因為還沒有累積足夠的程式經驗，自然無法精準的拆解工作。

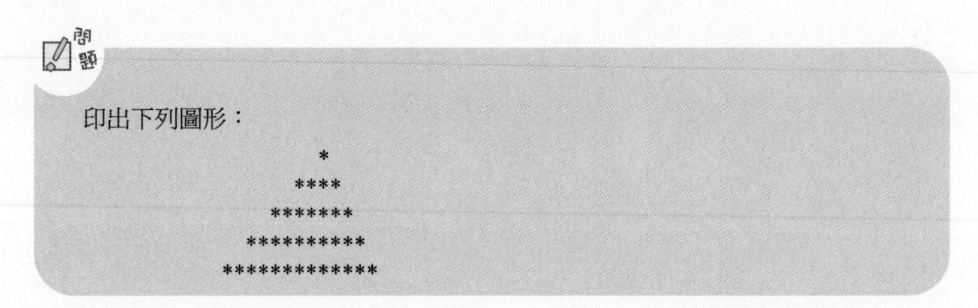

雖然我們無法立即寫出解決問題的程式，但從過去的程式經驗知道程式要執行的工作是 — 做 **5** 次「**印訊息**後**跳行**」。這就是 Top-Down 程式策略的**步驟一** — 寫出解決問題的**外迴圈**敘述：

```
for(i=0; i<=4; i++){
    印訊息;
    printf("\n");
}
```

在這個例子我們選定迴圈變數 **i** 的變化方式為 0, 1, 2, 3, 4，同前兩節一樣，這樣的變化方式是任意指定的。

接下來，繼續 Top-Down 策略的**步驟二** — 將迴圈內的**中文句子轉換成 C 語言**，也就是要把「印訊息」這句中文翻譯成 C 語言，想法如下：

1.「印訊息」就是要「**印若干個空格**」後再「**印若干個星號**」。

2.「印若干個空格」也就變成「**印 x 個空格**」。

3.「印若干個星號」也就變成「**印 y 個星號**」。

因此解決問題的程式就演變成：

```
for(i=0; i <=4; i++){
    印 x 個空格;
    印 y 個星號;
    printf("\n");
}
```

有了迴圈變數 **i** 的變化方式，以及(工作)變數 **x** 和 **y**，接下來要用**直線方程式**來決定 **x** – **i** 和 **y** – **i** 的關係。為了方便說明過程，我們在程式的輸出標示迴圈變數 **i** 的值，如下所示：

```
i=0            *
i=1           ****
i=2          *******
i=3         **********
i=4        *************
```

決定 x 和 i 的關係：**x** 代表每列的**空格個數**，是一個待決定的函數，從上圖可知 **x** 和 **i** 的關係，如下所示：

i	0	1	2	3	4
x	8	6	4	2	0

由於 x 每次遞減 2，所以 **x** 和 **i** 是**線性關係**。接下來我們要利用**直線方程式**找出 **x** 和 **i** 的關係式，設 $\mathbf{x = a*i + b}$，任取兩組 **i** 和 **x** 的數對：(0, 8)、(1, 6)，寫出聯立方程式如下：

$$8 = a*0 + b$$

$$6 = a*1 + b$$

解出聯立方程式可得 $a = -2$ 、 $b = 8$ ，故得 $\mathbf{x = 8 - 2*i}$。

決定 y 和 i 的關係：**y** 代表每列的**星號個數**，是另一個待決定的函數，從上圖可知 **y** 和 **i** 的關係，如下所示：

i	0	1	2	3	4
y	1	4	7	10	13

由於 y 每次遞增 3，所以 y 和 i 是**線性關係**。接下來我們要利用**直線方程式**找出 **y** 和 **i** 的關係式，設 **y = c*i + d**，任取兩組 **i** 和 **y** 的數對：(0, 1)、(1, 4)，寫出聯立方程式如下：

$$1 = c*0 + d$$
$$4 = c*1 + d$$

解出聯立方程式可得 c = 3 、 d = 1，故得 **y = 3*i + 1**。

現在用**(8 – 2*i)取代 for 敘述中的 x**，用**(3*i + 1)取代 for 敘述中的 y**，解決問題的程式就變成：

```
for(i=0; i <=4; i++){
    印(8-2*i)個空格;
    印(3*i+1)個星號;
    printf("\n");
}
```

接下來我們要利用迴圈的觀念將中文句子翻譯成 C 語言 ── 「印(**8 – 2*i**) 個空格」就是**做 (8 – 2*i) 次「印一個空格」**，所以用 C 語言寫出來就是：

```
for(j=1; j<=8-2*i; j++)
    printf(" ");
```

另外，「印 (**3*i + 1**) 個星號」就是**做 (3*i + 1) 次「印一個星號」**，所以用 C 語言寫出來就是：

```
for(j=1; j <=3*i+1; j++)
    printf("*");
```

現在我們用這兩個程式段取代中文句子，解決問題的程式就變成：

```
for(i=0; i<=4; i++){
    for(j=1; j<=8-2*i; j++)
        printf(" ");
    for(j=1; j<=3*i+1; j++)
        printf("*");
    printf("\n");
}
```

最後，加入變數宣告及主函數(main)標記，即得完整的程式 pr5-3.c：

◎pr5-3.c 程式：

```
04:  main()
05:  {   int   i,j;
06:
07:      for(i=0; i<=4; i++){
08:          for(j=1; j<=8-2*i; j++)
09:              printf(" ");
10:          for(j=1; j<=3*i+1; j++)
11:              printf("*");
12:          printf("\n");
13:      }
14:  }
```

5-6 求面積

在第 4 章我們曾用 Bottom-Up 程式策略解決求面積的問題，本節再用 **Top-Down** 程式策略來解決相同的問題，讀者可以藉此分辨這兩種程式策略在使用時機及基本精神的差別。

求 $y = x^2$ 和 $y = 0$ 以及 $x = 1$ 所夾的面積。

和第 4 章一樣，我們先將求面積的區域分成 4 小塊如下所示：

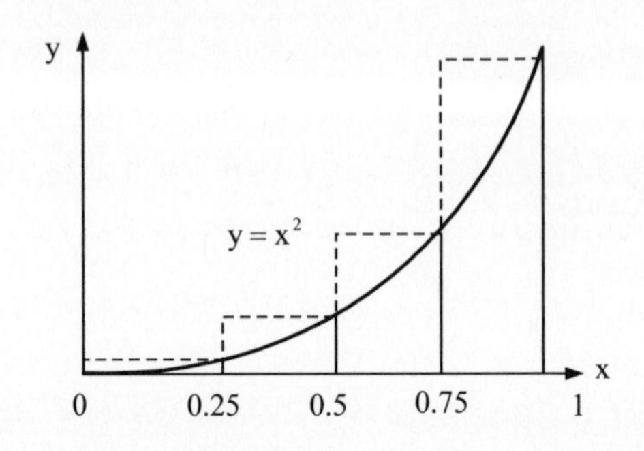

雖然我們無法立即寫出解決問題的程式，但從過去的程式經驗可知程式要做的工作是 ── **做 4 次**「算出**小矩形面積**後**累加**至**總面積**」。為了方便將來程式的推演：

1. 將存放「**小矩形面積**」的變數叫做 a。
2. 將存放「**總面積**」的變數取名為 area。

接下來，就是 Top-Down 程式策略的**步驟一** ── 寫出解決問題的**外迴圈**敘述：

```
for(i=1; i<=4; i++){
      算出小矩形面積 a;
      累加 a 至總面積 area;
}
```

同樣地，迴圈變數 i 的範圍是任意決定的，總共只要做 4 次「算出小矩形面積後累加至總面積」就可以了。

接下來，我們要繼續進行 Top-Down 策略的**步驟二** ── 將迴圈內的**中文句子轉換成 C 語言**。從第 4 章的程式經驗，我們知道**執行累加工作前，要先將存放「累加結果」的變數設為 0**，所以程式就演進為：

```
area=0;
for(i=1; i <=4; i++){
      算出小矩形面積 a;
      area=area+a;
}
```

要把「算出小矩形面積 **a**」翻譯成 C 語言，得先寫出其計算過程：

1. 先決定小矩形的**橫座標 x**。
2. 再算出**高**(也就是**縱座標 $y = x^2$**)。
3. 計算**小矩形面積 a = 高 * 寬**。

和第 4 章一樣，我們用變數 **dx** 存放小矩形的寬 **(**1/4**)**，由於寬是在開始算面積之前就決定了，所以指定 **dx** 數值的敘述要放在 **for** 敘述之前：

```
dx=(float)1/4;
area=0;
for(i=1; i<=4; i++){
    決定橫座標 x;
    y=x*x;
    a=y*dx;
    area=area+a;
}
```

注意

Top-Down 程式策略步驟二的**演化過程**是初學者較難掌控的，道理如同流程圖無法有效幫助初學者開發程式一樣，因為這些操作都需要豐富的程式經驗。

x 是一個待決定的函數，從圖示的小矩形可知 **x** 和 **i** 的關係，如下所示：

i	1	2	3	4
x	0.25	0.50	0.75	1.00

由於 **x** 每次累增 0.25，所以 **x** 和 **i** 是**線性關係**。接下來，我們要用**直線方程式**找出 **x** 和 **i** 的關係式，設 **x = a*i + b**，任取兩組 **i** 和 **x** 的數對：(1, 0.25)、(2, 0.5)，寫出聯立方程式如下：

$$0.25 = a * 1 + b$$

$$0.50 = a * 2 + b$$

解出聯立方程式可得 $a = 0.25$ 、 $b = 0$ ，故得 **x = 0.25*i**。

現在用 **0.25*i 取代 for 敘述中的 x**，解題程式就變成：

```
dx=(float)1/4;
area=0;
for(i=1; i<=4; i++){
    x=0.25*i;
    y=x*x;
    a=y*dx;
    area=area+a;
}
```

最後，我們用 printf 敘述把累加的面積 area 列印出來，加入變數宣告及主函數(main)標記，即得完整的 pr5-4.c 程式：

◎ pr5-4.c 程式：

```
04:  main()
05:  {   float   x, y, a, dx, area;
06:      int i;
07:
08:      printf("Find area:\n");
09:      dx=(float)1/4;
10:      area=0;
11:      for(i=1; i<=4; i++){
12:          x=0.25*i;
13:          y=x*x;
14:          a=y*dx;
15:          area=area+a;
16:      }
17:      printf("area is %f\n",area);
18:  }
```

請讀者注意，就程式的演進步驟來看，Bottom-Up 策略先寫出「**被重複執行的工作**」，再寫到「**迴圈敘述**」。但是 Top-Down 技巧則完全相反，先寫出「**迴圈敘述**」，再決定「**被重複執行的工作**」。另外，pr5-4.c 和 pr4-7.c 是完全一模一樣的，所以說不管是使用 Bottom-Up 或 Top-Down 策略都可以解出相同的答案，就算程式略有不同也無所謂。

5-7 印數列(一)

在 4-13 節我們用 Bottom-Up 策略寫程式「以**三個數一列，印出數列**」，這一節我們將使用 Top-Down 程式策略解決這個問題。印出數列原本是個極簡單問題，但列印時還附帶**排列的要求**，就需要額外的處理技巧，這樣的技巧十分簡單也十分有用。

問題

印出整數 1, 2, … 9，三個數一列如下所示：

```
1  2  3
4  5  6
7  8  9
```

使用 Top-Bottom 程式策略可以**先簡化問題**，寫出了解決簡化問題的程式後，除了可以累加解決類似問題的經驗外，同時也完成了**原問題之解題程式的主結構**(外迴圈)。

先簡化問題 — 如果說**沒有三個數一列**的要求，這會是一個很簡單的問題，解決問題的程式如下所示：

```
for(i=1;i<=9;i++){
    printf("%d   ",i);
}
```

現在這個程式段只會印出 1, 2…9，而且 9 個數都印在同一列，並沒有完全符合要求。原題目還要求在印出 3、6 或 9 時**換列**，所以完成 Top-Down 策略**步驟一** — 寫出解決問題的**外迴圈**敘述，程式如下所示：

```
for(i=1;i<=9;i++){
    printf("%d   ",i);
    if (i 是 3、6 或 9) printf("\n");
}
```

再來進行 Top-Down 程式策略的**步驟二** — 也就是「**i 是 3、6 或 9**」這個條件如何用 C 語言表示出來。

3、6 或 9 都是 3 的倍數，所以它們除以 3 後的餘數都是 0。因此「**i 是 3、6 或 9**」用 C 語言來表示就是「**i%3==0**」，於是解題的程式段就演變成：

```
for(i=1;i<=9;i++){
    printf("%d   ", i);
    if (i%3==0) printf("\n");
}
```

最後我們加入變數宣告及主函數(main)標記，即得完整的 pr5-5.c 程式：

◎ pr5-5.c 程式：

```
04:  main()
05:  {   int i;
06:
07:      printf("Print numbers:\n");
08:      for(i=1;i<=9;i++){
09:          printf("%d   ",i);
10:          if(i%3==0) printf("\n");
11:      }
12:  }
```

請讀者注意：當「**i 是 3、6 或 9**」時，「**i%3**」的運算結果為 0，是故，程式第 10 列「**if (i%3==0) printf("\n");**」中的條件 **(i%3==0)** 為真，故會執行產生換列(跳行)的 **printf("\n")**。另外，注意到 **(i%3==0)** 會先執行「%」再執行「==」，因為「**%**」的運算優先權高於「==」。

有豐富經驗的程式設計者會用 **(!(i%3))** 取代 **(i%3==0)**，這樣的寫法需要比較複雜的思維，所以也比較不適合初學者，但是從現在開始訓練這種「比較複雜的思維」也不是一件壞事！

它的思維方式是這樣 — 當「**i 是 3、6 或 9**」時，「**i%3**」的運算結果為 0，**0 被認定為假**(False)，所以「**!(i%3)**」的運算就等於「**! 0**」(「**非假**」) — 也就是**真** (True)。換句話說**當「i 是 3、6 或 9」時會讓「!(i%3)」的運算結果為真** (True)，所以會去執行產生換列(跳行)的 **printf("\n")**。

注意

由於「!」運算的優先權高於「%」，if 敘述的條件如果寫成「**! i %3**」，就會**先算**「**! i**」的數值，再進行「**%3**」的運算，這樣會產生錯誤的結果。所以正確的寫法是「**i%3**」要用小括弧包住。

下列 pr5-6.c 程式就只是將 pr5-5.c 第 10 列 **if(i%3==0) printf("\n");** 中的條件改為 **(!(i%3))**：

◎ pr5-6.c 程式：

```
04:  main()
05:  {   int i;
06:
07:      printf("Print numbers:\n");
08:      for(i=1;i<=9;i++){
09:          printf("%d   ",i);
10:          if( !(i%3)) printf("\n");
11:      }
12:  }
```

5-8 印數列(二)

這一節我們再用一個比較難的「印數列」問題來磨練 Top-Down 程式策略：

問題

印出整數 14, 18, …… 46，三個數一列共九個數：

```
14  18  22
26  30  34
38  42  46
```

題目要求在印出 22、34 或 46 時換列(跳行)，所以完成 Top-Down 程式策略**步驟一**——寫出解決問題的**外迴圈**敘述，可得程式段如下所示：

```
for(i=14;i<=46;i=i+4){
    printf("%d   ",i);
    if (i 是 22、34 或 46) printf("\n");
}
```

同樣的當寫出上列的程式段後，剩下 Top-Down 程式策略的**步驟二**——也就是「**i 是 22、34 或 46**」這個條件如何用 C 語言表示出來，想法如下：

1. 把 (22、34、46) 三個數**當成一組**，可以看成是從 22 開始每次遞增 12 的數列。組內每個數除以 12 後的餘數為 10。
2. 把 (14、26、38) 當成一組，則是從 14 開始每次遞增 12 的數列。組內每個數除以 12 後的餘數為 2。
3. 把 (18、30、42) 則是以 18 為開始的數列，組內每個數除以 12 後的餘數為 6。

基於上述的分析，可得「i 是 22、34 或 46」翻譯成 C 語言就是「**i%12==10**」，所以解題的程式段演變成：

```
for(i=14;i<=46;i=i+4){
    printf("%d   ",i);
    if (i%12==10) printf("\n");
}
```

注意

如果讀者抱怨：我怎麼事先不知道要用 12 去除每個數，再用餘數來判斷是否換列。筆者的答案還是一樣，這需要經驗，而且人人做法不同。然而，如果使用 Bottom-Up 程式策略，就沒有這些問題，而且每個人的程式會幾乎相同。

最後加入變數宣告及主函數標記，可得完整的程式 pr5-7.c：

◎ pr5-7.c 程式：

```
04:  main()
05:  {   int i;
06:
07:      printf("Print numbers:\n");
08:      for(i=14;i<=46;i=i+4){
09:          printf("%d    ",i);
10:          if (i%12==10) printf("\n");
11:      }
12:  }
```

請注意**任一組**的三個數只要用 **12** 或 **12 的因數** (1、2、3、4、6、12)去除，都會得到**相同的餘數**。問題是要找到合適的除數，例如使用 **3** 當除數可得：

1. 把 (22、34、46) 三個數**當成一組**，組內每個數除以 3 後的餘數為 1。
2. 把 (14、26、38) 當成一組，組內每個數除以 3 後的餘數為 2。
3. 把 (18、30、42) 組內每個數除以 3 後的餘數為 0。

改寫 pr5-7.c 程式，但改用 3 來當作除數。另外，請說明可否將 pr5-7.c 的第 10 列的敘述用「**if (!(i%3)) printf("\n");**」取代？

5-9 印數列(三)

經歷了前面章節有關 **for** 迴圈的程式訓練後，讀者可能會很習慣地認為**被重複執行的敘述一定會和迴圈變數有關**。例如：

1. pr5-1.c 到 pr5-3.c 的**外迴圈變數 i** 決定各列「空格」與「星號」的個數。
2. pr5-4.c 中被 for 迴圈重複執行的敘述有一個 **x=0.25*i;**，換句話說，**x** 的數值由**迴圈變數 i** 來決定。
3. pr5-5.c 到 pr5-7.c 中被 **for** 迴圈重複執行的敘述是 printf，而 printf 印出**迴圈變數 i**。

其實這是 Top-Down 程式策略的必然現象，因為 Top-Down 技巧會先決定迴圈變數的變化範圍，再利用直線方程式找出**被重複執行**的**敘述**和**迴圈變數**的關係。

隨著程式經驗的增多，讀者是否覺得「**累算**」經常是程式所表現的行為，例如上一節所列印的數列就是從 14 開始每次「**累加**」4 。我們可以利用「**累算**」的觀念，先寫出一部份要被 for 迴圈重複執行的敘述。這麼做會改變程式的風貌，也是很值得學習的程式技巧。

問題

印出整數 14, 18, …… 46，三個數一列共九個數：

```
14  18  22
26  30  34
38  42  46
```

我們用 5-8 節的問題來示範這種技巧，**先簡化問題** — 假設**沒有**「三個數一列」的排列要求。我們可以先將 14 存入變數 no，所以程式要重複做的事是「**印出** no 的數值，再將 no 的值**累加 4**」，而且這件事總共要做 9 次，可得解決簡化問題的程式如下：

```
no=14;
for(i=1;i<=9;i++){
    printf("%d    ",no);
    no=no+4;
}
```

請讀者注意兩件事：

1. 這段程式表現出變數 **no** 的「**累加**」行為。
2. **被重複執行**的**敘述**和**迴圈變數 i 無關**。

這樣的程式設計關念很重要，因為在使用**無迴圈變數**的**迴圈敘述**(例如：下一章要介紹的 while 和 do 迴圈)時，我們就得使用這樣的程式策略。

目前這個程式段只能印出 14, 18…46，而且 9 個數都印在同一列，並沒有完全符合要求。題目還要求在印出第 3 個、第 6 個或第 9 個數時換列，所以完成 Top-Down 程式策略**步驟一** — 寫出解決問題的**外迴圈**敘述，可得程式段如下所示：

```
no=14;
for(i=1;i<=9;i++){
    printf("%d   ",no);
    no=no+4;
    if (i 是 3、6 或 9) printf("\n");
}
```

再來是 Top-Down 程式策略的**步驟二** ── 也就是把「**i 是 3、6 或 9**」這個條件用 C 語言表示出來，即「**i%3 == 0**」。

最後加入變數宣告及主函數(main)標記，即得完整的程式 pr5-8.c：

◎ pr5-8.c 程式：

```
04:  main()
05:  {   int i, no;
06:
07:      printf("Print numbers:\n");
08:      no=14;
09:      for(i=1;i<=9;i++){
10:          printf("%d   ",no);
11:          no=no+4;
12:          if(i%3==0) printf("\n");
13:      }
14:  }
```

接下來，我們再用稍稍不同的思維技巧來解決相同的問題，這一次要一併處理「三個數一列」的排列的要求。同 pr5-8.c 先將 14 存入變數 no，由於完整的解題程式需要重複執行 ── 「**印出三個數**」，後**換行**。所以完成 Top-Down 策略**步驟一** ── 寫出解決問題的**外迴圈**敘述，程式段如下所示：

```
no=14;
for(i=1;i<=3;i++){
    印出三個數;
    printf("\n");
}
```

再來進行 Top-Down 程式策略的步驟二 — 將「**印出三個數**」翻譯成 C 語言。「印出三個數」就是 — **做 3 次「印出 no** 的數值，再將 **no** 的值**累加 4」**，翻譯成 C 語言就是：

```
for(j=1;j<=3;j++){
        printf("%d   ",no);   /*  印出 no 的數值         */
        no=no+4;              /*  將 no 的數值累加 4  */
}
```

用這個程式段取代解題程式裏的中文敘述 — 「印出三個數」，最後加入變數宣告及主函數(main)標記，解決問題的完整程式就變成 pr5-9.c：

◎ pr5-9.c 程式：

```
04:   main()
05:   {   int i,j,no;
06:
07:       printf("Print numbers:\n");
08:       no=14;
09:       for(i=1;i<=3;i++){
10:           for(j=1;j<=3;j++){
11:               printf("%d   ",no);
12:               no=no+4;
13:           }
14:           printf("\n");
15:       }
16:   }
```

5-10 用字元印圖形

使用 Top-Down 程式策略時，可配合使用的技巧有：

1. 先**簡化問題**，藉以寫出解題程式的**主架構**，再依題目要求修正程式。
2. 利用累加或累乘的「**累算**」觀念寫出**和迴圈變數無關**的「被重複敘述」。
3. 如有必要再用**直線方程式**決定(工作)**變數**與**迴圈變數**間的**關係**(方程式)。

這一節我們再以兩種解題方法解決「印出**字元圖形**」問題，來說明 Top-Down 程式策略的精神。

問題

印出下列字元圖形：

A

BCD

EFGHI

JKLMNOP

QRSTUVWXY

雖然我們無法立即寫出解決問題的程式，但從過去的經驗知道程式要做的工作是 ── **做 5 次「印訊息後跳行」**。這就是 Top-Down 程式策略的**步驟一** ── 寫出解決問題的**外迴圈**敘述：

```
for(i=1;i<=5;i++){
    印訊息;
    printf("\n");
}
```

接下來進行 Top-Down 程式策略的**步驟二** ── 將「印訊息」這句中文逐步轉換成 C 語言。在這個問題，「印訊息」就是要「印**若干次不同的字元**」，推演如下：

1. 假設要印出的字元放在變數 ch 中，所以「印若干次不同的字元」就是 ── **做若干次「印出 ch 後，將 ch 的值累加 1」**。
2. 若干就是不固定，所以我們用**變數 x** 來代替**若干**。
3. 因此「印若干次不同的字元」就是 ── **做 x 次「印出 ch 後，將 ch 的值累加 1」**。

根據上述的推演，解決問題的程式就變成：

```
for(i=1; i<=5;i++){
    做 x 次「印 ch 後，將 ch 的值累加 1」;
    printf("\n");
}
```

尚未完成 Top-Down 程式策略的**步驟二**，故須繼續翻譯「做 x 次「印 ch 後，將 ch 的值累加 1」」：

1. ch 的值是從字元 **'A'** 開始，所以要在 for 敘述之前先將 ch 的值設定為 **'A'**。
2. 「**印 ch** 後，將 **ch** 的值**累加 1**」翻譯成 C 語言就是「**printf("%c",ch); ch=ch+1;**」。

根據上述的推演，解決問題的程式就演變成：

```
ch= 'A';
for(i=1; i<=5;i++){
    做 x 次{
        printf("%c",ch);
        ch=ch+1;
    }
    printf("\n");
}
```

x 代表每列的**字元個數**，是一個待決定的函數，從上圖可知 **x** 和 **i** 的關係為：

i	1	2	3	4	5
x	1	3	5	7	9

由於 **x** 每次**遞增 2**，所以 **x** 和 **i** 是**線性關係**，和 5-3 節一樣利用直線方程式找出 **x** 和 **i** 的關係式，可得 **x = 2*i – 1**。

用(2*i – 1)取代程式中的 **x**，解決問題的程式就變成：

```
ch= 'A';
for(i=1; i<=5; i++){
    做(2*i -1)次{
        printf("%c",ch);
        ch=ch+1;
    }
    printf("\n");
}
```

最後，用一個 **for** 敘述以 **j** 為迴圈變數，讓 **j** 自 **1** 變到 **(2*i – 1)** 即可取代程式裡僅剩的中文「做(2*i -1)次」，解決問題的程式就變成：

```
ch= 'A';
for(i=1;i<=5;i++){
    for(j=1;j<=2*i -1;j++){
        printf("%c",ch);
        ch=ch+1;
    }
    printf("\n");
}
```

pr5-10.c 即為解決問題的完整程式：

◎ pr5-10.c 程式：

```
04:  main()
05:  {   int i,j;
06:      char ch;
07:
08:      ch='A';
09:      for(i=1;i<=5;i++){
10:          for(j=1;j<=2*i-1;j++){
11:              printf("%c",ch);
12:              ch=ch+1;
13:          }
14:          printf("\n");
15:      }
16:  }
```

請讀者注意：程式中**字元變數 ch 的值不是由迴圈變數 i 和 j 來決定**。這樣的處理方式可以讓程式設計變得單純化，否則 ch 的值必須由 i、j 共同來決定，那就需要多費許多功夫。有興趣的讀者可以試試看，對於程式設計的功力有很大的幫助。

上述的解題方式並沒有試著先簡化問題，其實跳過這個步驟會是很大的損失。現在我們先從**簡化問題**開始：印出相同的圖形但**全部用星號**印出，而不是用字母**'A'~'Y'**。簡化後的問題就是 5-3 節的問題，完整的解題程式為 pr5-1.c 如下所示：

◎ pr5-1.c 程式：

```
04:  main()
05:  {   int   i, j;
06:
07:      for(i=1;i<=5;i++){
08:          for(j=1;j<=2*i-1;j++)
09:              printf("*");
10:          printf("\n");
11:      }
12:  }
```

再來，依題目要求修正程式，題目不是用**星號**印圖形，而是用**字母**，從字母**'A'**開始逐次**增一**。修正程式的考慮因素如下：

1. 假設要印出的字元放在變數 ch 中，則**印出 ch** 後，須將 **ch** 的值**累加 1**。
2. 變數 ch 需要設定起始值，故須在 for 迴圈之前放入「ch=**'A';**」敘述。

根據這兩點考量，修正過 pr5-1.c 程式後就和 pr5-10.c 完全相同。不知道讀者是否同意，先行**簡化題目**的做法因為少了抽象的推演過程，所以比較簡單。

5-11 經驗分享

據筆者的觀察，絕大部分沒接觸過 Bottom-Up 程式策略的學習者都用 Top-Down 程式策略寫程式。其中只有少數人會在腦中或紙上規劃程式流程圖，但大多數人只會去**拷貝**近似的解題程式或跟著**直覺**草草鍵入程式，接著，再努力、費力的修改它。結果經常是改程式改到心浮氣躁、毫無進展。

Top-Down 程式策略與**規劃**程式**流程圖**一樣，非常需要程式經驗、直觀與巧思，這些都不是程式初學者擁有的能力或特質。因此，再次提醒讀者：用 Top-Down 程式策略寫不出程式時，不要硬撐、一心只想修改眼前的程式。這種傾向是源自於先前的程式學習經驗，很難去除。

請讀者務必記得，一切從零開始的 Bottom-Up 程式策略才是擺脫「心浮氣躁、毫無進展」的好策略。

5-12 習 題

> 注意
>
> 再次提醒讀者，做習題時千萬不要**只是更改例題程式**弄出答案來。要能不看課本的**程式範例**，甚至於不看課本，只看 **Top-Down** 程式策略的**兩個步驟**，按部就班地依照每一步驟寫出程式。

1. 印出下列圖形：

```
*****************
 **************
  ***********
   ********
    *****
     **
```

2. 印出下列圖形：

```
    1
   23
  456
 7890
12345
```

3. 印出下列輸出：

```
1+2=3
1+2+3=6
1+2+3+4=10
   .
1+2+3+4+5+6+7+8+9+10=55
```

提示：解題程式的演算法為：

```
for (i=2;i<=10;i++){
        印出 1 累加到 i 的訊息;
        printf("\n");
}
```

提示：如果無法將中文句子轉換成 **C** 語言，得先用 **Bottom-Up** 策略寫程式印出部分結果，參考 4-5 節。

4. 印出大寫英文字母，每 4 個字母一列，如下所示：

```
ABCD
EFGH
 …
```

5. 印出每個 ASCII Code (0～255) 的**十六進位碼**與所代表的**符號**，列印方式如：

41→A　42→B　43→C　…

假設 ASCII Code 存放在迴圈變數 i 中，且**一列**只能列**印 8 個** ASCII Code，則解題程式的演算法為：

```
for (i=0;i<=255;i++){
        .
        printf("%2x->%1c    ", i, i);
        .
}
```

6. 印出整數 9, 8,…3, 2 的二、三、四次方，列印方式如下：

n	n^2	n^3	n^4
9	81	729	6561
8	64	512	4096
	.		
	.		
2	4	8	16

(本列灰底資料不須印出)

06

CHAPTER

while 敘述與 do 敘述

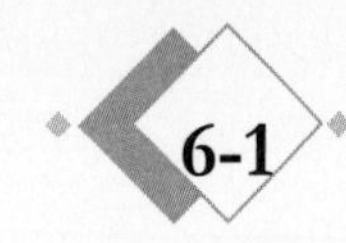

6-1 迴圈敘述 – while

假設一鍋爐裝有溫度感測器用來測量水溫，測量到的溫度會送到電腦、存入變數 temp 中。電腦程式的要做的事為 ── 啟動鍋爐加熱系統，讀入鍋爐的水溫，**如果**溫度高於 99 度則點亮紅燈(表示水已燒開)並關閉加熱系統，**否則**繼續監控水溫。

注意

雖然題目中有「**如果**」、「**否則**」等字眼，但正確的解題程式無法用 **if-else** 敘述寫出來，如：

```
開啟鍋爐加熱系統;
讀入鍋爐的水溫存入 temp;
if (temp>99)
  {關閉加熱系統; 點亮紅燈; }
else
    繼續監控水溫;
```

因為 **if-else** 不是迴圈敘述，所以程式只會做一次「**判斷**是否 **temp >99**」。然而我們卻需要電腦一直**重複執行**上述的工作，因為「**繼續**」監控水溫隱含「**迴圈**」。

解決問題的正確程式如下所示：

```
開啟鍋爐加熱系統;
讀入鍋爐的水溫存入 temp;
當 (temp<=99){
     讀入鍋爐的水溫存入 temp;
}
關閉加熱系統;
點亮紅燈;
```

1. 「**當 (temp<=99)** { 讀入鍋爐的水溫存入 temp; }」是一個**迴圈敘述**。
2. 「**(temp<=99)** 是迴圈**繼續**執行的**條件**。
3. 程式會一直**重複執行**「讀入鍋爐的水溫存入 temp」再判斷是否「**temp <=99**」。
4. 直到「**temp>99**」才會**結束迴圈**，往下執行後續的工作。
5. 我們無法預知**做幾次**「讀入鍋爐的水溫存入 temp;」，這與先前的 for 迴圈不同。

「**當 (temp<=99)** { 讀入鍋爐的水溫存入 temp; }」這個句子就是 C 語言的迴圈敘述──while。while 敘述的語法如下：

語法

while (**繼續執行**條件) 敘述 A;

語意

1. 若「**繼續執行**條件」不成立(為**假**)，則結束 while 敘述。

2. 執行「敘述 **A**」。

3. Goto 1。

說明

1. 若「**繼續執行**條件」成立(為**真**)，則往下執行「敘述 A」，再跳回執行第一步進行「繼續執行條件」的判斷。
2. while 敘述的「(繼續執行條件)」之後只能放一個敘述，若有超過一個以上的敘述要被執行，則須用左右**大括弧包**住，使之變成**一個**(複合)**敘述**。
3. 「繼續執行條件」必須用左右**小括號**包住，如同 if 敘述的條件一樣。

6-2 while 敘述的要命錯誤

for 迴圈是一個比較安全的敘述，因為除了需要指定**繼續執行**的**條件**來控制執行**次數**外，我們還會指定迴圈變數的**遞增**或**遞減**敘述。所以程式有錯誤時，經常只是產生錯誤的輸出。然而 while 敘述卻不是如此，程式有錯誤時經常以**當機**(無窮迴圈)收場。

問題

印出 1, 2, 3, 4, 5，每個數一列。

初學程式的人可能把解決問題的程式寫成：

```
01:  i=1;
02:  while(i<=5)
03:       printf("%d\n", i);
```

這一個程式就是以當機(無窮迴圈)收場的標準例子，說明如下：

01: 執行 i=1;。
02: 判斷**繼續執行**條件「(i<=5)」是否成立？**成立** (因 i 的值是 1)。
03: 執行 printf("%d\n", i); — 印出 1。
02: 判斷**繼續執行**條件「(i<=5)」是否成立？**成立** (因 i 的值是 1)。
03: 執行 printf("%d\n", i); — 印出 1。
.

因為 i 的數值一直都是 1，所以程式會一直在執行第 2、3 列的 while 敘述，這就是造成當機(無窮迴圈)收場的理由，此時電腦螢幕上會一直不停的印出 1。

註解

使用 TC 系統的讀者，碰到這種情形可以按住【Ctrl】鍵不放，再按【Break】鍵中斷程式的執行。Dev-C++與 Visual C++的使用者只需關掉主控台視窗即可。

上列的錯誤告訴我們必須把迴圈變數 **i** 的「**遞增**」敘述放入被 **while 重複執行**的敘述中。於是再把解決問題的程式寫成：

```
01:   i=1;
02:   while(i<=5)
03:         printf("%d\n", i);
04:         i++;
```

很不幸的是這個程式也是以當機(無窮迴圈)收場，原因是被 while 重複執行的敘述只能有一個，所以只有第 3 列的「**printf("%d\n", i);**」會被 while 重複執行。因此，我們必須**用左右大括弧包住**「被重複執行的兩個敘述」使之成為**一個**(複合)**敘述**，解決問題的正確程式應該是：

```
01:   i=1;
02:   while(i<=5){
03:         printf("%d\n", i);
04:         i++;
05:   }
```

為了方便說明起見，筆者把 while 敘述「**(條件式)**」裡的變數 **i** 稱為**迴圈變數**。對於初學程式的讀者，筆者建議把迴圈變數的**遞增**(或遞減)放在「被重複執行的敘述」的**最後一列**。為什麼呢？筆者先將程式改寫為：

```
01:  i=1;
02:  while(i<=5){
03:       被重複執行的敘述；
04:       i++;
05:  }
```

程式說明：

```
01: 執行 i=1;。
02: 若繼續執行的條件 i<=5 不成立則結束 while 敘述。
03: 執行「被重複執行的敘述；」一次。
04: 執行 i++; 後跳到第 2 列。
```

請讀者特別注意這段程式說明，這樣的執行步驟是不是等同於下列的 for 敘述：

```
for (i=1;i<=5;i++)
     被重複執行的敘述；
```

所以說使用 while 敘述時，把迴圈變數的**遞增**(或遞減)放在「被重複執行的敘述」的**最後一列**，就可以得到和 for 迴圈一樣的**執行步驟**。唯一的不同是：while 迴圈需要**把迴圈變數**的**起始設定**(敘述)**放在** while **敘述之前**。

如果把迴圈變數的**遞增**放在「被重複執行的敘述」的**最前頭**，解題程式如下所示。顯然這種程式寫法的可讀性較差，因為程式會印出 1, 2, 3, 4, 5，但**整個程式卻看不到 1 也看不到 5**：

```
01:  i =0;
02:  while(i<=4){
03:       i++;
04:       printf("%d\n", i);
05:  }
```

pr6-1.c 程式放有兩種解題的程式段：

◎ pr6-1.c 程式：

```
04:  main()
05:  {    int i;
06:
07:       printf("Print numbers:\n");
08:       i=1;
09:       while(i<=5){
10:            printf("%d\n",i);
11:            i++;
12:       }
13:
14:       printf("Print numbers:\n");
15:       i=0;
16:       while(i<=4){
17:            i++;
18:            printf("%d\n",i);
19:       }
20:  }
```

用 while 敘述寫程式在螢幕印出：-2, -4, -6, -8, -10，每數一列。

6-3 迴圈敘述–do

另一個和 while 敘述很類似的迴圈敘述就是 — do，do 迴圈的語法如下：

```
do
    敘述 A;
while (繼續執行條件);
```

語意

1. 執行「敘述 A」。
2. 若「**繼續執行**條件」不成立(為**假**)，則結束 do 敘述。
3. Go to 1。

說明

1. 先執行「敘述 A」，若「**繼續執行**條件」**成立**(為**真**)，則跳回到迴圈起點再執行「敘述 A」。
2. **do** 這個字之後只能放**一個敘述**，若有超過一個以上的敘述要被執行，則須用左右**大括弧包住**，使之變成**一個**(複合)**敘述**。

注意

do 迴圈和 while 迴圈的最大不同是 ── do 敘述會**先執行**「敘述 **A**」，再判斷是否「**條件**」允許繼續執行迴圈，所以「敘述 **A**」**至少會被執行一次**。但是 while 敘述卻是先判斷是否「條件」允許繼續執行迴圈。因此，如果一開始「條件」就不滿足，「敘述 **A**」一次也不會被執行。

do 和 while 的共同點有：

1. 迴圈變數的**起始設定**放在迴圈敘述之前。
2. 迴圈變數的**遞增**(或遞減)放在「被重複執行的敘述」中。
3. **未必一定**要用迴圈變數，也可使用計算結果組成「繼續執行條件」。(參考 6-10 節)

do 迴圈和 while 一樣，如果把迴圈變數的遞增(或遞減)放在「被重複執行的敘述」的**最後一列**，就可以得到和 for 敘述相同的**執行步驟**。接下來，我們用 do 迴圈寫程式印出 1, 2, 3, 4, 5，每個數一列的程式如下：

```
01:  i=1;
02:  do{
03:       printf("%d\n", i);
04:       i++;
05:  } while(i<=5);
```

同樣的，我們也可以把迴圈變數的**遞增**放在「被重複執行的敘述」的**最前頭**，自 1 印到 5 的程式就變成：

```
01:  i=0;
02:  do{
03:        i++;
04:        printf("%d\n", i);
05:  } while(i<=4);
```

看完這兩段程式後，讀者是否已看出使用 do 或 while 迴圈時，把迴圈變數的**遞增**(或遞減)放在「被重複執行的敘述」的**最後一列**有兩個好處：

1. 可得到和 for 敘述相同的**執行步驟**。
2. **繼續執行**迴圈的「條件」也和 for 的條件完全相同。

用 do 迴圈解決問題之兩種寫法的完整程式放在 pr6-2.c 中。

◎ pr6-2.c 程式：

```
04:  main()
05:  {    int i;
06:
07:       printf("Print numbers:\n");
08:       i=1;
09:       do{
10:             printf("%d\n",i);
11:             i++;
12:       } while(i<=5);
13:
14:       printf("Print numbers:\n");
15:       i=0;
16:       do{
17:             i++;
18:             printf("%d\n",i);
19:       } while(i<=4);
20:  }
```

顯然第二種寫法的可讀性較差，因為程式會印出 1, 2, 3, 4, 5，但整**個程式卻看不到 1 也看不到 5**。

6-4 do、for、while 的比較

為了讓讀者熟悉這三種迴圈敘述，這一節筆者將示範幾個「指定迴圈變數之**範圍**及**變化方式**」的例子，相信讀者可以很快地學會交替使用這三種迴圈敘述。

迴圈變數 i 之數值依次為 5, 4, 3, 2, 1，重複執行敘述 A。

各迴圈之解題程式段如下：

➢ for **迴圈**：

```
01:   for(i=5; i>=1;i--)
02:         敘述 A ;
```

➢ while **迴圈**：

```
01:   i=5;
02:   while(i>=1) {
03:       敘述 A ;
04:       i--;
05:   }
```

➢ do **迴圈**：

```
01:   i=5;
02:   do{
03:         敘述 A ;
04:         i--;
05:   } while(i>=1);
```

請讀者特別注意：上列三段程式，迴圈繼續執行的條件都是 **(i>=1)**，因為當 i 的值是 5、4、3、2、1 時都要執行迴圈，換句話說當 **(i 大於等於 1)** 時要執行迴圈。

迴圈變數 x 之數值依次為 0.1, 0.2, 0.3 … 1.0 時，重複執行敘述 A。

各迴圈之解題程式段如下：

➢ for 迴圈：

```
01:   for(x=0.1; x<=1.0;x=x+0.1)
02:          敘述 A ;
```

➢ while 迴圈：

```
01:   x=0.1;
02:   while(x<=1.0) {
03:        敘述 A;
04:        x=x+0.1;
05:   }
```

➢ do 迴圈：

```
01:   x=0.1;
02:   do{
03:          敘述 A;
04:          x=x+0.1;
05:   } while(x<=1.0);
```

請讀者特別注意：上列三段程式，迴圈繼續執行的條件都是 **(x<=1)**，因為當 x 的值是 0.1、0.2、0.3 … 1.0 時都要執行迴圈，也就是說 **(x 小於等於 1)** 時要執行迴圈。

注意

遇到帶有小數的「條件式」時，讀者要加倍小心，別忘了浮點小數在數位化時會有捨入誤差(round-off error)。例如 x 從 0 開始，每次累加 0.1，但「(x==10)」在程式中很可能永遠不會出現(參考 4-10 節最後一段)。結論：

1. 盡可能避免使用「(x==**某數值**)」的條件式。試著改用「(x<=**某數值**)」或「(x>=**某數值**)」，才不會有意外發生。
2. 如果程式需要在「**(x==某數值)**」時做一次「被重複執行的敘述」，請特別小心這一次**很可能會漏掉**。換句話說，可能會有**少做一次**迴圈的誤差發生。

問題

將下列程式之 for 迴圈全部改為 while 迴圈。

```
for (i=1; i<=5;i++)
    for (j=10; j>=1;j--)
        敘述 B;
```

我們先把「**內迴圈敘述**」框起來當作「敘述 **A**」，因為 i 是從 1 逐次增 1，一直到 5 為止，所以程式可先改為：

```
i=1;
while(i<=5) {
    for(j=10; j>=1;j--)
        敘述 B;
    i++;
}
```

接下來，我們再把被框起來的「**敘述 A**」轉換成 while 敘述，因為 j 是從 10 逐次減 1，一直到 1 為止，所以程式可以改為：

```
i=1;
while(i<=5) {
    j=10;
    while( j>=1){
        敘述 B;
        j--;
    }
    i++;
}
```

到這裡可能讀者會問，既然 do 和 while 迴圈都可以用 for 敘述取代，為什麼常見的電腦語言還要提供 do 和 while 敘述呢？筆者舉幾個原因：

原因 **I**：有一些語言規定 for 敘述的**迴圈變數**必須是**整數**，當我們想用或必須用**浮點數**當迴圈變數時，可以放棄 for 迴圈改用 do 或 while 迴圈。

當然這並不是我們必須使用 do 或 while 迴圈的理由，只要是迴圈的**次數確定**，我們一定可以用 for 取代 do 或 while 迴圈，所以迫使我們想用 do 或 while 迴圈的原因是：

原因 **II**：當我們**不能預知迴圈的次數**時。

除了 6-1 節溫度監控的例子外，在什麼狀況下我們會無法預知迴圈的次數？例如，某公司把客戶的訂單存入檔案如下所示：

貨號	貨名	單價	單位	數量
1022	鉛筆	40	打	100
1030	粉筆	20	盒	250
1042	板擦	15	個	150
.	.	.	.	.

假設我們要寫程式算出每位客戶的**應繳貨款**，由於不同的客戶訂單放在不同的檔案，而且也會有**不同筆數**的訂貨資料。因此，我們無法預知迴圈次數，導致我們無法使用 for 迴圈正確地讀入資料，來累算出每位客戶之應繳貨款。這時候 while 迴圈就可以派上用場，程式的架構如下所示：

```
開啟某一訂貨檔案;
while(檔案還有資料){
    讀入一筆資料；
    累加其應繳貨款;
}
```

有關檔案的處理，以後的章節會有詳細的介紹

for 敘述的功能在 C 語言比在其他電腦語言強大許多。嚴格來說，「不知道迴圈的次數」也不是我們必須使用 do 或 while 迴圈的理由，使用 **for 迴圈配合 break 敘述**(於 6-6 節介紹)就可以取代 do 或 while 迴圈。但是這時候用 do 或 while 迴圈就可寫出比 for 迴圈更有**可讀性**及**結構性**的程式，而可讀性及結構性是評量一個程式好與不好的重要指標。

6-5 Bottom-Up：累加數列

這一節我們再以簡單的「累加數列」問題來複習 Bottom-Up 程式策略與 for、do 以及 while 三種迴圈敘述。

問題

印出100+98+96+94+⋯+4+2的和。

經歷了第四章 Bottom-Up 程式策略的磨練，讀者應該可以輕易地寫出解題的暴力程式如下：

```
sum=0;
i=100;
sum=sum+i;
i=98;
sum=sum+i;
i=96;
sum=sum+i;
  .
i=2;
sum=sum+i;
```

讀者如能先寫出 for 迴圈的程式，再利用前節的轉換技巧可以輕易地將之轉成 while 或 do 的迴圈。但如果不熟悉或不想用轉換技巧，則可將解題的暴力程式改寫如下：

```
sum=0;
i=100;          /* i 等於 100 */
sum=sum+i;
i=i-2;          /* i 等於 98 */
sum=sum+i;
i=i-2;          /* i 等於 96 */
  .
```

```
sum=sum+i;
i=i-2;            /* i 等於 2 */
sum=sum+i;        /* 最後一次累加 */
```

可補上「i=i-2;」

「被重複執行的敘述」是「**sum=sum+i;　i=i-2;**」，但是上列步驟的**最後一組**「被重複執行的敘述」少了「**i=i-2;**」。怎麼辦呢？由於我們要的**答案存在 sum 內**而不在 i 中，**i** 只是**計算次數**的變數，就像教練喊的口令，所以 **i** 多減一次 2 並不會產生錯誤的結果。

接下來，我們要決定迴圈變數的**範圍**：因為**第一次**「**sum=sum+i;　i=i-2;**」被執行時 **i 的數值是 100**，接下來是 98、96 逐次遞減 2，而**最後一次**，**i 的數值是 2**。換句話說，當 **(i>=2)** 時要執行「**sum=sum+i;　i=i-2;**」。因此，可寫出 while 迴圈程式如下：

```
sum=0;
i=100;
while(i>=2){
    sum=sum+i;
    i=i-2;
}
```

同理，我們也可寫出 do 迴圈程式如下：

```
sum=0;
i=100;
do{
    sum=sum+i;
    i=i-2;
} while(i>=2);
```

注意

結束 while 或 do 迴圈後，變數 i 的數值是 0，這樣的結果與 for 迴圈相同：

```
sum=0;
for(i=100;i>=2; i= i-2)
    sum=sum+i;
```

把上述之 while 及 do 迴圈解決問題的兩程式段，加入變數宣告以及主函數(main)標記，再加入列印 sum 之 printf 敘述，即得完整的程式 pr6-3.c。

◎ pr6-3.c 程式：

```
04:  main()
05:  {   int i,sum;
06:
07:      printf("Find sum:\n");
08:      sum=0;
09:      i=100;
10:      while(i>=2){
11:          sum=sum+i;
12:          i=i-2;
13:      }
14:      printf("sum is %d\n",sum);
15:
16:      printf("Find sum:\n");
17:      sum=0;
18:      i=100;
19:      do{
20:          sum=sum+i;
21:          i=i-2;
22:      } while(i>=2);
23:      printf("sum is %d\n",sum);
24:  }
```

6-6 無窮迴圈與 break 敘述

有些程式必須永無休止地重複某些工作，例如**主控台**會等待使用者自鍵盤輸入指令，再執行該指令所對應的程式；執行完(指令所對應的)程式後，又要等待下一個自鍵盤輸入的指令。這時候我們就需要使用**無窮迴圈**來完成這樣的程式，怎樣寫出無窮迴圈呢？答案很簡單 ── 就是讓「**繼續執行**的條件」**永遠為真**。因為 C 語言使用**非零的整數**代表**真**，所以主控台程式的架構如下所示：

```
while(1){
    讀入使用者自鍵盤輸入的指令；
    執行該指令所對應的程式;
}
```

如果使用 do 迴圈，則程式的架構為：

```
do{
    讀入使用者自鍵盤輸入的指令；
    執行該指令所對應的程式;
} while(1);
```

「**繼續執行**的條件」一般習慣用「**(1)**」代表真(true)，其實只要是任一**非零**的整數即可。另一件有趣的事情是 — 在 C 語言中，for、do 和 while 可以彼此取代，也就是說 for 敘述也可以寫出無窮迴圈，一般的習慣寫法是：

```
for(; ;){
    讀入使用者自鍵盤輸入的指令；
    執行該指令所對應的程式;
}
```

也就是說 — 不寫 for 敘述之「**繼續執行**的條件」，則「繼續執行的條件」就會被視為**真**(成立)。當然也可以用任一非零的整數取代「繼續執行的條件」：

```
for(;1;){
    讀入使用者自鍵盤輸入的指令；
    執行該指令所對應的程式;
}
```

一個無窮迴圈的程式段經常需要在某些情況下**結束迴圈**，往下執行後續的程式，而跳離(無窮)迴圈的敘述就是「**break**」。其實「**break**」敘述的功能就是「**立即跳離迴圈**」，不管是不是無窮迴圈。

如下圖所示，在迴圈中執行 break 敘述會立即**結束迴圈**，接著去執行**迴圈之後的下一個敘述**(即敘述 Z)：

```
敘述 A;
任何迴圈{
    敘述 B;
        .
    if(???) break;   ──┐
        .             │
    敘述 Y;           │
}                     │
敘述 Z;  ◄────────────┘
```

注意

如果「**break**」敘述位在內迴圈，被一外迴圈包住，則執行「**break**」敘述只會跳離內迴圈，不會跳出外迴圈。換言之，只會跳出「**break**」敘述所在的迴圈。

現在我們來看一段簡單的程式：

```
i=1;
while(1){
    printf("%d\n", i);
    i++;
}
```

這個程式段會永不休止地「印出 **i** 的數值後，再將 **i** 的數值增 1」。假設題目的需求是 ── 只要從 1 印到 5。

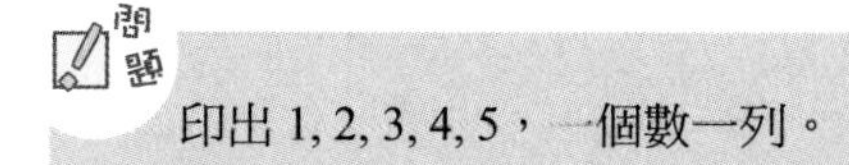

問題

印出 1, 2, 3, 4, 5，一個數一列。

我們可以選擇在**敘述 i++; 之後**加入一個跳離迴圈的 **break** 敘述，考慮的方式是這樣 ── 當 printf 敘述印出 i 的數值是 5 時，其後的 **i++;** 敘述會把 i 的數值變成 6，所以當 **(i>5)** 時要跳離迴圈，解決問題的程式就變成：

```
i=1;
while(1){
    printf("%d\n", i);
    i++;
    if (i>5) break;
}
```

如果使用 do 迴圈，解題程式則為：

```
i=1;
do{
    printf("%d\n", i); ;
    i++;
    if (i>5) break;
} while(1);
```

在 6-2 節也有完全相同的印數列問題，請讀者仔細比較 6-2 節的程式和這兩段程式的差異。6-2 節的程式是利用 **while** 的「**條件**」來結束迴圈，而本節的程式則是利用 **break** 敘述自無窮迴圈中跳離。

使用 while 或 do 迴圈時，用 while 之後的「條件」來結束迴圈對比用「break 敘述」來跳離迴圈，若從程式的可讀性及結構性來看，何者較好？為什麼呢？

試想迴圈中的「被重複執行敘述」有**數百列**，我們得從數百列的程式中找到 **break** 敘述，並推算在何種情形下才會執行 **break** 跳離迴圈，讀者應該不難體會個中滋味吧！

相反的，以 **while** 的「**條件**」來結束迴圈的程式，則是在 **while** 之後的小括弧裡寫明在**什麼狀況下會結束迴圈**；而 **do** 迴圈則是在最後一列，同樣的也是在 while 之後的小括弧裡標明結束迴圈的條件。

總之，對於迴圈次數固定的程式，請讀者儘量**不要使用無窮迴圈外加 break 敘述跳離**的方式寫程式，筆者只想藉本節例子簡單又清楚地示範無窮迴圈的寫法與其跳離方式而已。

上述使用 while、do 及 for 三種無窮迴圈來解決問題的程式段，加入變數宣告以及主函數(main)標記後的完整程式如 pr6-4.c 所示。

◎ pr6-4.c 程式：

```
04:  main()
05:  {   int i;
06:
07:      printf("Print numbers:\n");
08:      i=1;
09:      while(1){
10:          printf("%d\n",i);
11:          i++;
12:          if (i>5) break;
13:      }
14:
15:      printf("Print numbers:\n");
16:      i=1;
17:      do{
18:          printf("%d\n",i);
19:          i++;
20:          if (i>5) break;
21:      } while(1);
22:
23:      printf("Print numbers:\n");
24:      i=1;
25:      for(;;){
26:          printf("%d\n",i);
27:          i++;
28:          if (i>5) break;
29:      }
30:  }
```

6-7 break 敘述放哪裡？

break 敘述要放在哪裡呢？一般而言，放在「迴圈是否**繼續執行**的**決定因素**」之後比較方便。以「印出 1, 2, 3, 4, 5，一個數一列」的問題為例，放在 **i++;** 敘述的後面最好，原因有三：

1. 清楚地標明**跳離**迴圈的**條件** —— i 變成什麼數值時跳離。
2. break 敘述之前就可找到**條件的變化方式** —— i 的數值是怎麼改變的。
3. 迴圈的執行步驟和 for 迴圈相似。

break 敘述當然也可以不這麼放，這時候就要仔細思考在什麼條件下才去執行跳離迴圈的 break 敘述。以「印出 1, 2, 3, 4, 5，一個數一列」為例，我們可以把程式改寫為：

```
i=1;
for(;;){
    printf("%d\n", i); ;
    if (???) break;
    i++;
}
```

請讀者特別注意：break 敘述的**所在位置**不同，會導致 if 敘述的**條件**也要**隨著改變**。由於我們要解決的問題是「印出 1, 2, 3, 4, 5」，所以在 printf 敘述印出 5 之後，也就是 **i 的數值是 5 時**，就要執行跳離迴圈的 break 敘述，因此這個 if 敘述的條件是「**(i==5)**」。

break 敘述當然也可以放在別的位置，同樣的以「印出 1, 2, 3, 4, 5」的問題為例，我們可以把程式改寫為：

```
i=1;
for(;;){
    if (???) break;
    printf("%d\n", i); ;
    i++;
}
```

請注意：在 printf 敘述印出 5 之後，**i 的數值會被「i++;」敘述變成 6**，這時候問題的列印要求都已完成。所以下一次的 if 敘述就要**結束迴圈**，因此 if 敘述的條件是「**(i==6)**」或是「**(i>5)**」。

上述三個用 for 無窮迴圈配合不同位置的 break 敘述所產生的三個程式段，加入變數宣告及主函數(main)標記，即得完整程式 pr6-5.c 如下所示。

◎ pr6-5.c 程式：

```
04:  main()
05:  {   int i;
06:
07:      printf("Print numbers:\n");
08:      i=1;
09:      for(;;){
10:          printf("%d\n",i);
11:          i++;
12:          if (i>5) break;
13:      }
14:
15:      printf("Print numbers:\n");
16:      i=1;
17:      for(;;){
18:          printf("%d\n",i);
19:          if (i==5) break;
20:          i++;
21:      }
22:
23:      printf("Print numbers:\n");
24:      i=1;
25:      for(;;){
26:          if (i>5) break;
27:          printf("%d\n",i);
28:          i++;
29:      }
30:  }
```

6-8 continue 敘述

在迴圈中執行 break 敘述會立即跳出迴圈，接著去執行**迴圈之後**的**下一個敘述**(即敘述 Z)，如下圖所示：

```
敘述 A;
任何迴圈{
    敘述 B;
       .
    if (???) break;
       .
    敘述 Y;
}
敘述 Z;
```

然而有時我們會遇到的要求是 ── 在某些條件成立時**不可以結束迴圈**，而是立即**跳去執行**「被迴圈重複執行之敘述」的**第一個敘述**(即敘述 B)。這時候我們所要使用的敘述就是 continue，如下圖所示：

```
敘述 A;
任何迴圈{
    敘述 B;
       .
    if (???) continue;
       .
    敘述 Y;
}
敘述 Z;
```

請注意：一旦執行 continue 敘述，迴圈內 continue 之後的所有敘述會被**跳過一次**，也就是少執行一次。因此，適合使用 continue 敘述的問題有一個共同的特性 ── 即**在某些狀況下須少做一些事**，我們來看一個適合使用 continue 的例子。

使用 for 敘述讓迴圈變數 k 自 1 開始，每次增一遞增至 5，程式輸出如下所示:

```
k is 1 and 2*k is 2
k is 2 and 2*k is 4
k is 3
k is 4 and 2*k is 8
k is 5 and 2*k is 10
```

請注意這個問題要求**在某些狀況下須少做一些事**，但寫程式時我們可以先**簡化問題**，不考慮這些例外的狀況，直接寫出無例外狀況的程式段：

```
for(k=1; k <=5;k++){
        printf("k is %d ",k);
        printf("and 2*k is %d\n",2*k);
}
```

接下來，加入**修正敘述**來處理例外狀況，我們可以先寫出中文句子來說明程式的邏輯運作，別忘了這就是 Top-Down 程式策略的**步驟一** — 寫出解決問題的**外迴圈**敘述：

```
for(k=1; k <=5;k++){
      printf("k is %d ", k);
      if (k==3) {產生換列，略過下列敘述、繼續迴圈; }
      printf("and 2*k is %d\n", 2*k);
}
```

接下來，繼續 Top-Down 策略的**步驟二** — 將迴圈內的**中文句子轉換成 C 語言**，也就是要把「if (k==3) {產生換列，略過下列敘述、繼續迴圈; }」翻譯成 C 語言，即為：

```
if (k==3) {
        printf("\n");
        continue;
}
```

用上列程式段取代解題程式裡的中文句子，再加入變數宣告及主函數(main)標記，即得完整的程式 pr6-6.c。

◎ pr6-6.c 程式：

```
04:   main()
05:   {   int k;
06:
07:       for(k=1;k<=5;k++){
08:            printf("k is %d ", k);
09:            if (k==3){
10:                printf("\n");
11:                continue;
12:            }
14:            printf("and 2*k is %d\n",2*k);
15:       }
16:   }
```

6-9 i++和++i 的差別

「**i++**」和「**++i**」這兩個敘述都會把變數 **i** 的數值增一，但是若跟其他的敘述並用時，就會有不同的效果：

1. 「**i++**」會先執行並用的敘述，再把變數 **i** 的數值增一。
2. 「**++i**」會先把變數 **i** 的數值增一，再執行並用的敘述。

接下來我們看下列兩個程式段：

```
i=1;
while(i<=5)
    printf("%d \n", i++);
```

這個例子是「**i++**」和 **printf** 敘述並用，所以會**先執行 printf** 的列印功能，然後**再執行**「**i++**」的遞增功能。當 **i** 為 1 時，先印出 **i**，再將變數 **i** 增一，所以第一個印出的數值是 1，接下來會依次印出 2, 3, 4 …。因此，程式段會印出 1, 2, 3, 4, 5，一個數一列。

```
i=1;
while(i<=5)
      printf("%d \n",++i);
```

這個例子是「**++i**」和 **printf** 敘述並用，所以會**先執行**「**++i**」的遞增功能，然後**再執行** printf 的列印功能。當 **i** 為 1 時，變數 **i** 先增一，再將 **i** 印出，所以第一個印出的數值是 2，接下來會依次印出 3, 4 …。因此，程式段會印出 2, 3, 4, 5, 6，一個數一列。

這兩段程式加入變數宣告及主函數(main)標記，即得完整的程式 pr6-7.c。

◎ pr6-7.c 程式：

```
04:  main()
05:  {   int i;
06:
07:      printf("Print numbers:\n");
08:      i=1;
09:      while(i<=5)
10:            printf("%d\n",i++);
11:
12:      printf("Print numbers:\n");
13:      i=1;
14:      while(i<=5)
15:            printf("%d\n",++i);
16:  }
```

以下的內容僅供參考，筆者建議程式初學者跳過這些內容，因為接下來的範例程式可讀性很差，不是很好讀的程式寫法。

```
i=1;
while (i++ <=5)
      printf("%d \n", i);
```

這個例子是「**i++**」和比較運算 (**<=**) 並用，所以會**先執行比較運算**，然後**再執行**「**i++**」的遞增功能。當 **i** 為 1 時，**(i++ <=5)** 會先執行比較運算得到**真**，再將變數 **i** 增一，所以**第一個印出的數值是 2**。接下來會依次印出 3, 4 …。

假設現在 **printf** 敘述印出 5，意即目前 **i** 的數值為 **5**。再回到 while 的條件，判斷是

否 **(i++ <=5)**，先經比較運算 **(5<=5)** 得到**真**，再將變數 **i** 增一，所以接下來會印出 6。

i 的數值遞增到 6，再回到 while 的條件，判斷是否 **(i++ <=5)**，經比較運算 **(6<=5)** 得到**假**，因而迴圈結束，所以程式段會印出 2, 3, 4, 5, 6 一個數一列。

最後我們再來看下面的程式段：

```
i=1;
while (++i <=5)
    printf("%d \n", i);
```

這個例子是「**++i**」敘述和比較運算 **(<=)** 並用，所以會**先執行「++i」**的遞增功能，然後**再執行比較運算**。當 **i** 為 1 時，**(++i <=5)** 會先將變數 **i** 增一，再做比較運算 **(2<=5)** 得到**真**，所以第一個印出的數值是 2。接下來會依次印出 3, 4 …。

假設現在 **printf** 敘述印出 5，也就是目前 **i** 的數值已經累加到 **5**。再回到 while 的條件，**(++ i<=5)** 會先將變數 **i** 增一，所以 **i** 變成 6。再執行比較運算 **(6<=5)** 得到**假**，故而結束迴圈**沒有印出 6**。

總結上述分析，最後一個印出的數值是 5，意即程式段會印出 2, 3, 4, 5，一個數一列。這兩段程式加入變數宣告及主函數(main)標記，即得完整的程式 pr6-8.c。

◎ pr6-8.c 程式：

```
04:  main()
05:  {   int i;
06:
07:      printf("Print numbers:\n");
08:      i=1;
09:      while(i++<=5)
10:          printf("%d\n",i);
11:
12:      printf("Print numbers:\n");
13:      i=1;
14:      while(++i<=5)
15:          printf("%d\n",i);
16:  }
```

在此建議讀者儘量不要使用 **i++** 或 **++i** 和其他敘述並用，並用的好處只是少鍵入一列程式，付出的代價卻是程式的可讀性。另外 **i--** 和 **--i** 這兩個敘述的情形也是一樣：

1. **i--** 會先執行並用的敘述，再把變數 i 的數值減一。
2. **--i** 會先把變數 i 的數值減一，再執行並用的敘述。

6-10 最大公因數

輾轉相除法是計算最大公因數的方法之一，這個方法特別適合使用電腦程式來實作，因為它一直**重複著相同的計算步驟**。藉由這個例子讀者可以再次體會 Bottom-Up 程式策略的優點與精神。另外，由於我們無法預知要做幾次的輾轉相除才能得到答案，所以用 while 或 do 迴圈會比 for 迴圈適合。

任意指定 750、195 給整數變數 no1、no2，求其最大公因數。

表 6-1 為求得答案所需的 4 次輾轉相除，經由這樣的筆算過程，請讀者試試能否使用 Bottom-Up 程式策略寫出程式來？如果可以，表示讀者已經相當精熟 Bottom-Up 程式策略。

表 6-1 750、195 的輾轉相除過程

步驟	除法(no1/ no2)	商數	餘數
1	750/195	3	165
2	195/165	1	30
3	165/30	5	15
4	30/15	2	0

假設整數變數 quotient、remainder 被宣告來存放商數與餘數，依題目的要求，程式要先執行指定敘述「no1=750;　no2=195;」。接著進行 Bottom-Up 程式策略，首先要按部就班地解決問題，寫出**暴力程式**：

步驟 1：執行「quotient=no1/ no2;　remainder=no1%no2;」後，得各變數內容如下：

no1 [750]　no2 [195]　quotient [3]　remainder [165]

解決了部分的問題，Bottom-Up 程式策略要求「用**相同的方法、相似的程式段依序把剩下的問題解決掉**」，也就是說盡可能用**步驟 1** 的程式段來解決剩下的問題，這樣才能順利進行後續的暴力程式最佳化。

請注意：**下一次**的輾轉相除要計算「195/165」，而且同樣的要用「no1/ no2;」來計算。因此，**目前的** no2(195)的數值要搬到 no1，而 remainder(165)的數值則要搬到 no2。是故，**步驟 1** 還要執行「no1= no2;　no2=remainder;」才能準備好下一次輾轉相除所需的變數資料。完成**步驟 1** 的程式段如下所示：

```
quotient=no1/no2;
remainder=no1%no2;
no1=no2;
no2=remainder;
```

筆者一直很推薦 Bottom-Up 程式策略，因為對於一個精熟 Bottom-Up 策略的人而言，現在幾乎已經寫完程式了。這就是為什麼熟練 Bottom-Up 程式策略的學生多會在上機考試的前 1/3 時段寫出程式的原因。如果是筆者上場考試，筆者會在這個時候先測試上列的程式段，如 pr6-9.c 所示：

◎ pr6-9.c 程式：

```
04:  main()
05:  {  int   no1,no2,quotient,remainder;
06:
07:        printf("Find GCD:\n");
08:        no1=750;   no2=195;
09:        quotient=no1/no2;
10:        remainder=no1%no2;
11:        no1=no2;
12:        no2=remainder;
13:        printf("%d, %d\n",no1,no2);
14:  }
```

這個程式的正確輸出應該是：195, 165，也就是進行**下一次**輾轉相除的變數資料已經準備好了。精熟 Bottom-Up 程式策略的人在測試過這段程式後，就可以立即掛上迴圈寫出解題程式了。當然對於不熟的程式初學者，還需要再往下進行後續的計算。

步驟 2：執行「quotient=no1/ no2;　remainder=no1%no2;」後，得各變數內容如下：

no1	no2	quotient	remainder
195	165	1	30

接著還要執行「no1= no2;　no2=remainder;」，才能準備好**步驟 3**的變數資料。

讀者是否注意到：**步驟 2**的程式段與**步驟 1**的程式段完全相同：

```
quotient=no1/no2;
remainder=no1%no2;
no1=no2;
no2=remainder;
```

讀者應該不難看出，進行 Bottom-Up 策略的**步驟一**── 按部就班地解決問題，寫出來的**暴力程式**為：

```
no1=750;   no2=195;
quotient=no1/no2;    /*每一步驟有 4 個敘述，總共重複四次 */
remainder=no1%no2;
no1=no2;
no2=remainder;
    .
```

初學程式的讀者務必把上列的暴力程式執行一次，並如同 pr6-9.c 把 no1、no2 的最終值印出來。這麼做除了可以加速熟悉電腦程式的運作邏輯外，no1、no2 的最終值為 15、0，更是確認程式正確性的鐵證。

請注意：被重複執行的敘述完全相同，所以可以省去 Bottom-Up 策略的**步驟二**。最後，進行 Bottom-Up 策略的**步驟三**── 使用**迴圈敘述**取代**完全相同**的重複敘述。

由於不同的 no1、no2 起始值，會需要執行**次數不等**的輾轉相除運算，因此我們不再使用 for 敘述，而改用 while 迴圈取代完全相同的重複敘述，所需的過程有：

3a. 找出**被重複執行**的敘述 ── **quotient=no1/no2;**

remainder=no1%no2;

no1=no2;

no2=remainder;

3b. 找出**迴圈繼續執行**的條件 ── 步驟 1~4 **共有**而步驟 5 所**沒有**的性質。

表 6-2　750、195 的輾轉相除過程

步驟	除法(no1/ no2)	商數	餘數
1	750/195	3	165
2	195/165	1	30
3	165/30	5	15
4	30/15	2	0
5	15/**0**	?	?

在開始找 while 迴圈的「**繼續執行**條件」前，請讀者先檢視表 6-2，它和表 6-1 幾乎相同，只是多了步驟 5 的狀況。特別注意：因為 while 迴圈會先檢查「繼續執行條件」是否成立，故需找到一個步驟 1~4 **共有**的「條件」，而且是步驟 5 所**沒有**，才能讓 while 迴圈在開始執行步驟 5 時，因「繼續執行條件」**不成立**而結束迴圈。

讀者是否看出來，**在**步驟 5 **時 no2 為 0**，而步驟 1~4 的 no2 非 0，所以「**繼續執行的條件**」**是**「**no2 非 0 時**」，用 C 語言表示即為「no2!=0」。於是簡化暴力程式的 while 迴圈敘述變成：

```
while(no2!=0){
    quotient=no1/no2;
    remainder=no1%no2;
    no1=no2;
    no2=remainder;
}
```

最後，別忘了 while 迴圈是在正要進行步驟 5 時結束，而此時**最大公因數**剛好放在 no1，所以只要在迴圈後印出 no1 即可得到答案。

◎ pr6-10.c 程式：

```
04:   main()
05:   {   int    no1,no2,quotient,remainder;
06:
07:       printf("Find GCD:\n");
08:       no1=750;    no2=195;
09:       while(no2!=0){
10:           quotient=no1/no2;
11:           remainder=no1%no2;
12:           no1=no2;
13:           no2=remainder;
14:       }
15:       printf("GCD is %d\n", no1);
16:   }
```

1. 如果 pr6-10.c 的 no1、no2 兩變數值互換，請預測程式是否可以正確算出答案？
2. pr6-10.c 的 while 迴圈可否將「繼續執行的條件」改為「(remainder!=0)」？
3. 請使用 do 迴圈改寫 pr6-10.c。

6-11 程式的測試與除錯

對於初學者來說，寫完程式後的最大困擾就是**測試**(test)與**除錯**(debug)。我們先談測試，例如：程式 pr6-10.c 的題目給定 no1(=750)大於 no2(=195)，而且程式也正確的印出最大公因數。但這還不夠，設計者每次寫完程式後，還要再做其他的測試，因為程式必須**能應付各種數值組合**，而且**不能因資料不同而需要修改程式**。最基本的測試如下：

1. 變數內容大小、位置互換。
2. 變數內容改成特殊的極端值，如極大、極小、全相同、全不同…等。
3. 變數內容為無效值。

本書為了使程式簡單、明瞭，所有的程式都不處理第 3 項，但讀者所寫出的每個程式必須針對第 1, 2 項做測試，才能確保程式的正確性。

依筆者的經驗，用 Bottom-Up 程式策略設計出來的程式，雖然一開始沒有考慮所有的可能狀況，但有趣的是大都能順利通過第 1, 2 項的檢測。反而是一開始就使用流程圖或使用 Top-Down 策略寫出來的程式，容易掛一漏萬。

注意

對於每次一要寫程式就想太多，以致於什麼都沒寫出來的讀者，筆者的建議是：先從**最簡單的狀況**開始，寫出處理簡單狀況的程式後，再用它來處理各種狀況，基本上大都能解決其餘的狀況，尤其是用 Bottom-Up 策略設計出來的程式更是如此。

除錯(debug)更是初學者的夢魘，據筆者觀察，除錯的功夫或除錯的速度幾乎正比於程式設計能力，除錯自然不是初學者所能得心應手。儘管如此，筆者還是有些基本技巧可供參考，希望讀者儘快學會這些基本的除錯技巧，因為如果程式設計者可以快速的除錯，不就可以快速的寫出程式來。

雖然本書介紹的三個 IDE 都有除錯的工具，但筆者並不打算介紹這些除錯工具。因為讀者將來早晚會遇到**沒有除錯工具**的開發環境，學會在自己的程式放入除錯的敘述，才是正本清源的辦法。

技巧一：**由大而小除錯**。筆者常看到學生興沖沖的從他處拷貝一個很大的程式，翻譯、執行後的結果經常是：望著螢幕發呆、不知所措，因為程式無法正確執行。

注意

電腦程式的精髓就是利用迴圈來快速的重覆執行特定工作，故我們可將**迴圈**(loop)視為程式的**工作模組**(module)。迴圈之前須要準備好資料，迴圈之後會有計算結果。因此，每個**迴圈前、後都是放入除錯敘述的好地方**。

如果讀者編譯、執行一個很大的程式，結果螢幕沒有任何輸出，也無法知道到底發生了什麼事。筆者建議可以先在各迴圈前、後加入 printf 敘述，印出**檢查訊息**或該出現的**計算結果**，如下所示：

```
 .
printf("Check point 1: \n");
迴圈 1{
      . . .
 }
 .
printf("Check point 2: \n");
迴圈 2{
      . . .
 }
 printf("Check point 3: \n");
```

執行上列的程式會依序印出「Check point n:」，我們就可以知道程式執行到哪個位置，當然我們也可以在這些地方列印該出現的「計算結果」，藉以確認每一迴圈是否正常工作。總之，使用技巧一就可以很快的找到有問題的迴圈或位置。

技巧二：**外、內同時除錯**。有問題的迴圈無法產生正確的計算結果，或者根本就是無窮迴圈，所以要進行迴圈外至迴圈內的除錯。基本原理很簡單，**迴圈**外檢查**起始資料**是否正確，**迴圈內**檢查每一輪的**運算結果**，如下所示：

```
 .
列印應該備妥的變數;   /* 檢查數值是否正確 */
迴圈 n{
          .
          .
     列印儲存結果的變數;   /* 檢查每輪的結果是否正確 */
 }
 .
```

如果「應該備妥的變數」數值完全正確，但沒有任何運算結果被印出來。程式的錯誤就是迴圈「**繼續執行**的條件」寫錯了，所以跳離迴圈、沒印出任何結果。當然如有必要，也可在迴圈其他的合適位置「列印儲存結果的變數」。

技巧三：**由外而內除錯**。遇到多重迴圈時，要**先從外迴圈除錯**，如有必要再進行內迴圈的除錯。理由很簡單，假設外、內迴圈都會執行 10 次，直接檢查內迴圈會產生 100 輪的計算結果；但若檢查外迴圈只會產生 10 輪的計算結果。檢查方式如下：

```
列印外迴圈應該備妥的變數;   /* 檢查數值是否正確 */
外迴圈{
    .
    列印內迴圈應該備妥的變數;
    內迴圈{
        ...        /* 先不要檢查內迴圈之變數 */
    }
    列印外迴圈儲存結果的變數;   /* 檢查每輪的結果 */
}
```

幸運的話，可以找到外迴圈的錯誤，如果沒找到任何錯誤，就得準備檢查內迴圈。

技巧四：**除內先少外**。進行內迴圈除錯時要先把外迴圈的重覆**次數降到最少**，這樣可減少內迴圈資料的列印量，以簡化除錯的工作。

假設外迴圈 for 原本要執行 100 次，迴圈變數 i 自 1 逐次增到 100，如下所示：

```
for (i=1;i<=100;i++){        先把 100 改為 1
    .
    列印內迴圈應該備妥的變數;
    內迴圈{
        ...
        列印內迴圈儲存結果的變數;
    }
    列印外迴圈儲存結果的變數;
}
```

如上圖所示，先把**外迴圈的重覆次數降為 1 次**，即可仔仔細細的檢查內迴圈的程式結果。幸運的話，可以馬上找到內迴圈的錯誤，如果不行，則需調高外迴圈重覆次數為 2，再繼續除錯。一般來說只需做幾次就可找到錯誤！ 除錯版的 pr6-10.c 如下所示：

◎ 除錯版的 pr6-10.c 程式：

```
04:  main()
05:  {   int   no1,no2,quotient,remainder;
06:
07:      printf("Find GCD:\n");
08:      no1=750;   no2=195;
09:      printf("%d, %d\n",no1, no2);
10:      while(no2!=0){
11:          quotient=no1/no2;
12:          remainder=no1%no2;
13:          no1=no2;
14:          no2=remainder;
15:          printf("%d, %d\n",no1, no2);
16:      }
17:      printf("GCD is %d\n",no1);
18:  }
```

6-12 習　題

下列 1-7 題，一次只用 **while** 迴圈寫解題程式，另一次則只用 **do** 迴圈。

1. 印出直式九九乘法表：

```
2×2= 4  3×2= 6  4×2= 8  5×2=10  6×2=12  7×2=14  8×2=16  9×2=18
2×3= 6  3×3= 9  4×3=12  5×3=15  6×3=18  7×3=21  8×3=24  9×3=27
2×4= 8  3×4=12  4×4=16  5×4=20  6×4=24  7×4=28  8×4=32  9×4=36
2×5=10  3×5=15  4×5=20  5×5=25  6×5=30  7×5=35  8×5=40  9×5=45
2×6=12  3×6=18  4×6=24  5×6=30  6×6=36  7×6=42  8×6=48  9×6=54
2×7=14  3×7=21  4×7=28  5×7=35  6×7=42  7×7=49  8×7=56  9×7=63
2×8=16  3×8=24  4×8=32  5×8=40  6×8=48  7×8=56  8×8=64  9×8=72
2×9=18  3×9=27  4×9=36  5×9=45  6×9=54  7×9=63  8×9=72  9×9=81
```

2. 印出下列輸出：

```
1+2=3
1+2+3=6
1+2+3+4=10
  .
1+2+3+4+5+6+7+8+9+10=55
```

3. 印出次方表：

```
5^2=  25   5^3= 125   5^4= 625   5^5=3125
4^2=  16   4^3=  64   4^4= 256   4^5=1024
3^2=   9   3^3=  27   3^4=  81   3^5= 243
2^2=   4   2^3=   8   2^4=  16   2^5=  32
```

4. 森林裡有 1000 隻麻雀，每年數量成長 10%，在螢幕上印出每年的麻雀數量，直到數量超過 2000 隻為止。

5. 印出 2 到 500 間的所有質數。

6. 印出 2 到 500 間的所有質數，每 5 個質數一列。

7. 任意指定 750、195 給整數變數 no1、no2，使用 for 迴圈寫程式求其最大公因數。

8. Fibonacci 數列為 0, 1, 1, 2, 3, 5, 8, 13, ...，自第三個數開始，每個數為前兩數的和。例如排在 13 之後的數字是 21(=8+13)。寫程式印出 Fibonacci 數列的前 15 個數。
提示：參考最大公因數的程式策略。

9. 寫程式印出 Fibonacci 數列的前 15 個數，第一列印一個數、第二列印兩個數⋯，靠左對齊如下所示：(提示：參考 Top-Down 程式策略，先簡化問題如第 8 題。)

```
0
1    1
2    3    5
.
```

10. 寫程式求 $y = x^2 - 6$ 的正根。如右圖，程式可先設浮點變數 left=0、right=3 代表答案($\sqrt{6}$)所在的範圍。請注意：由 y(left) < 0、y(right) > 0 可知答案在 left 與 right 之間。解題程序如下：

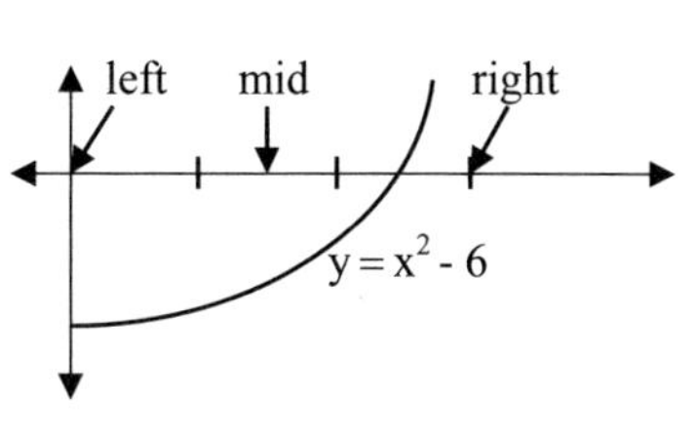

1. 指定浮點變數 mid=(left+right)/2，為答案範圍的中點。
2. 依據是否「y(mid) > 0」，調整 left 或 right 縮小答案範圍。

重複上述兩步驟，直到 left、right 的距離小於可接受的誤差範圍(例如：0.001)，此時 mid 的數值就是問題的答案。

07

CHAPTER

陣列的宣告與使用

7-1 陣 列

相信讀者已十分熟悉如何宣告變數，例如 **int x;** 會將變數 **x** 宣告為整數，這樣的變數一次只能放入一個整數值，稱為**純量**(scalar)變數。當程式需要大量的變數來存放資料時，例如 100 個整數，純量變數的宣告與命名就會產生很大的問題。當然我們可以將 100 個整數命名為 **x0, x1, x2 ⋯ x99**，再用暴力的方式將之宣告成整數。但如果要算出這 100 個變數值的和，我們也只能用暴力累加，因為有 100 個**不同的變數名稱**，所以無法用迴圈敘述取代暴力程式。

陣列(array)就可以用來解決這個問題，宣告陣列的語法如下：

語法

資料型態 變數名[整數 n];

語意

宣告**變數名**為指定之**資料型態**的**陣列**。

說明

1. 可指定的資料型態有：short、int、long、long long、float、double、long double、char，以及其他已定義之型態。
2. 陣列的元素共有 **n 個**，**註標**從 0 到 n－1。

一旦宣告了陣列變數，系統就會準備好足夠的記憶體存放陣列的所有元素。例如：「**int x[100];**」這個敘述會產生 100 個整數，分別是 x[0], x[1], x[2] ⋯ x[99]，如下圖所示：

x[0]	x[1]	x[2]	x[3]	・・・	x[98]	x[99]
				・・・		

筆者習慣把 **x[66]**讀成「**66 號 x**」，其中 **x** 稱為陣列名，中括弧裡頭的 66 稱為**註標**(index)。讀者可以把註標(index)想像成**座號**或是**學號**，在學校有時老師也會用「1 號同學」、「2 號同學」⋯來找學生對話。這時候每個學生都叫「**同學**」但用「**號碼**」區別，同樣的道理，上述的 **x** 陣列，**每個元素都叫**「**x**」但用「**註標**」區別。

7-2 陣列元素的數值指定

宣告完陣列，接下來的問題就是如何指定(assign)陣列元素的數值，陣列元素的數值可以在兩個地方指定：

1. **宣告陣列**的時候。
2. 在陣列宣告之後的**程式中**。

我們可以在**宣告陣列**的時候指定元素數值，方式如下所示：

```
int ar[5]={6, 15, 95, 98, 23};
```

這一個句子宣告 ar 為一個整數陣列，共有五個元素，ar[0]的數值是 6、ar[1]的值是 15…，最後，ar[4]的值是 23。請讀者特別注意：**最後一個**元素是 **ar[4]**而不是 **ar[5]**，因為陣列的第一個元素是 ar[0]，且 C 語言要求所有的**陣列註標一律要從 0 開始！**

若宣告陣列時沒有設定陣列元素的數值，我們可以在陣列宣告之後的**程式中**指定，如下所示：

```
int ar[5]; /*沒有設定陣列元素的數值*/
ar[0]=6;
ar[1]=15;
ar[2]=95;
ar[3]=98;
ar[4]=23;
```

這時候我們需要 5 個指定(assignment)敘述，才能將 5 個不同的數值指定給陣列的 5 個元素。到這裡我們可以觀察到一個結論：

陣列名再加上**註標**就變成陣列**元素名**，而陣列的元素名即可視為一個**變數的名稱**，即可當成一個變數來使用。

所以說如果程式需要把 ar[3]的數值加倍，所要用的敘述是：

```
ar[3]= ar[3]*2;
```

相信有不少讀者無法忍受要用 5 個指定(assignment)敘述，才能將數值指定給陣列的 5 個元素，難道不可以用：

ar={6,15,95,98,23};

或者

ar[5]={6,15,95,98,23};

很遺憾這兩個句子對 C 語言來說都是**語法錯誤**的敘述，主要的理由為 ── {6,15,95,98,23}**不是指定敘述所能接受的合法資料**。更精確的說法是：C 語言認為「=」兩側的資料**性質不同**，因此無法將「=」右側的資料指定給左側的變數。

可能有讀者在納悶，既然{6,15,95,98,23}不是合於指定敘述語法的資料，那麼宣告陣列的時候怎麼可以用下列敘述設定陣列的數值：

int ar[5]={6,15,95,98,23};

這只是 C 語言在變數宣告敘述所提供的貼心服務，方便變數或陣列初始化。

7-3 陣列元素的存取

存取陣列元素的依據就是 ── **陣列名**再加上**註標**就變成**元素名**，元素名即可視為一個**變數**的名稱。也就是說我們只須將一陣列的元素當成一個變數來用就可以了！

宣告 ar 為五個元素的整數陣列，並將內容設定為 6, 15, 95, 98, 23。寫程式算出陣列所有元素的和，並印出結果。

依題目要求，除了整數陣列 ar 外，還要宣告一個(整數)變數 sum 來存放累加的和。現在進行 Bottom-Up 策略**步驟一** ── 按部就班地解決問題，寫出**暴力程式**：

```
int    sum, ar[5]= {6,15,95,98,23};
sum=0;
sum=sum+ar[0];
sum=sum+ar[1];
sum=sum+ar[2];
sum=sum+ar[3];
sum=sum+ar[4];
```

當我們想用迴圈敘述來取代一堆用暴力寫出來的敘述時，這些敘述必須完全相同。所以接下來要進行 Bottom-Up 程式策略的**步驟二** —— 用**變數**取代重複敘述中**不同的部分**，將之變成相同：

```
int    sum, ar[5]= {6,15,95,98,23};
sum=0;

i=0;
sum=sum+ar[i];
i=1;
sum=sum+ar[i];
i=2;
sum=sum+ar[i];
i=3;
sum=sum+ar[i];
i=4;
sum=sum+ar[i];
```

最後要進行 Bottom-Up 程式策略的**步驟三** —— 使用 **for 迴圈敘述**取代**完全相同**的重複敘述，過程有：

3a. 找出**被重複執行**的敘述 —— **sum=sum+ar[i];**

3b. 找出**迴圈繼續執行**的條件 —— **i** 從 **0** 到 **4**，即 **(i<=4)**。

3c. 決定迴圈變數**遞增**或**遞減**的方式 —— **i ++;**

有了這三樣資訊，我們就可以輕易地寫出，取代重複敘述的 for 迴圈：

```
for(i=0;i<=4;i++)
        sum=sum+ar[i];
```

請注意上列的 for 敘述並沒有包含開頭的兩個句子，所以要把這兩個句子寫在 for 敘述之前。程式的最後我們用 printf 敘述把累算結果 sum 列印出來，加入變數宣告及主函數(main)標記，即得完整的 pr7-1.c 程式：

◎ pr7-1.c 程式：

```
04:  main()
05:  {   int    i,sum, ar[5]= {6,15,95,98,23};
06:
07:        printf("Find sum:\n");
08:        sum=0;
09:        for(i=0;i<=4;i++)
10:              sum=sum+ar[i];
11:        printf("sum is %d\n",sum);
12:  }
```

7-4 找出陣列中最大元素的值

接下來這一節筆者仍然準備用 Bottom-Up 的程式策略來解決一個很簡單但卻很重要的問題 — 找出陣列中**最大元素**的值。

宣告 ar 為五個元素的整數陣列，並將內容設定為 6, 15, 95, 98, 23。另外宣告 max 為整數，寫程式找出陣列的最大元素放入 max 內，最後再印出 max 的值。

Bottom-Up 程式策略的**步驟一**是 — 按部就班地解決問題，寫出**暴力程式**。而按部就班的意涵就是：遇到不會解的問題時，**不要嘗試一次全部解決**，**先解決一部分**的問題。在開始解題之前，我們可以使用圖示先把變數與陣列秀出來：

max		ar[0]	ar[1]	ar[2]	ar[3]	ar[4]
		6	15	95	98	23

每位讀者一定都可以輕易地找出答案 ── **max** 內要放 **98**。筆者曾問學生「答案(98)是怎麼找出來的？」，他們經常回答「我一看就知道答案是 98，但我說不出來是怎麼做到的！」。當我們**說不出來怎麼做**的時候，也就是**寫不出程式**的時候。

寫程式遇到不會解的問題時，就不要嘗試一次全部解決。我們要先解決一部分的問題，那什麼是一部分的問題呢？現在筆者將問題簡述為「在共有**五個元素的陣列**中找出最大的元素」。而當我們不會解這個問題時，就不要嘗試一次全部解決。**先解決一部分**的問題 ── 在只有**一個元素的陣列**中找出最大的元素。

max		ar[0]
		6

如果陣列只有一個元素，「將陣列的最大元素值存入 max 內」只須一個敘述即可：

```
1:        max=ar[0];
```

現在我們已經解決了「在只有**一個元素的陣列**中找出**最大的元素**放入 **max** 內」。解決問題後，變數的內容就變成：

max		ar[0]
6		6

接著我們要用「**相同的方法、相似的程式段**」，依序把剩下的問題正確地解出來。所以接著要解決下一部分的問題 ── 在只有**兩個元素的陣列**中找出最大的元素。由於我們已經執行過「**max=ar[0];**」，所以變數 max 內已經有一位**衛冕者**，數值是 6：

max		ar[0]	ar[1]
6		6	15

要在只有兩個元素的陣列中找出最大的元素放入 **max** 內，我們得**讓 ar[1]向 max**(衛冕者)**挑戰**，如果 **ar[1]**大於 **max**，則將 **ar[1]**的值放入 **max** 內，所以要執行的敘述是：

```
2:        if (ar[1]> max) max=ar[1];
```

由於目前 **ar[1]**是比 **max** 大，所以執行完這個敘述後，變數的內容就變成：

max		ar[0]	ar[1]
15		6	15

讀者應該猜得到我們接著要解決下一部分的問題 ── 在有**三個元素的陣列**中找出最大的元素。由於我們已經執行過兩個敘述，所以變數 **max 內的數值是 15**，如下所示：

max		ar[0]	ar[1]	ar[2]
15		6	15	95

讀者是不是早猜出來，要在具有三個元素的陣列中找出最大的元素放入 **max** 內，下一個要執行的敘述是：

3:　　　if (ar[2]> max) max=ar[2];

ar[2]是比 **max** 大，所以執行完這個敘述後，變數的內容就變成：

max		ar[0]	ar[1]	ar[2]
95		6	15	95

當然我們還得讓 **ar[3]**及 **ar[4]**向 **max** 挑戰，才能找到最後的勝利者 ── 即陣列五個元素中的**最大元素**。至此我們已做完了 Bottom-Up 程式策略的**步驟一** ── 按部就班地解決問題，寫出**暴力程式**：

```
int    max, ar[5]= {6,15,95,98,23};
max=ar[0];
if (ar[1]>max) max=ar[1];
if (ar[2]>max) max=ar[2];
if (ar[3]>max) max=ar[3];
if (ar[4]>max) max=ar[4];
```

當我們想用迴圈敘述來取代一堆用暴力寫出來的敘述時，這些敘述必須完全相同。所以接下來要進行 Bottom-Up 程式策略的**步驟二** ── 用**變數**取代重複敘述中**不同的部分**，將之變成相同：

```
int    max, ar[5]= {6,15,95,98,23};
max=ar[0];
```

```
i=1;
if (ar[i]>max) max=ar[i];
i=2;
if (ar[i]>max) max=ar[i];
i=3;
if (ar[i]>max) max=ar[i];
i=4;
if (ar[i]>max) max=ar[i];
```

最後要進行 Bottom-Up 程式策略的**步驟三** — 使用 **for 迴圈**取代**完全相同**的重複敘述，其過程有：

3a. 找出**被重複執行**的敘述 — **if (ar[i]>max) max=ar[i];**

3b. 找出**迴圈繼續執行**的條件 — **i 從 1 到 4**，即 **(i<=4)**。

3c. 決定迴圈變數**遞增**或**遞減**的方式 — **i ++;**

有了這三樣資訊，我們就可以輕易的寫出，取代重複敘述的 for 迴圈：

```
for(i=1;i<=4;i++)
    if (ar[i]>max) max=ar[i];
```

請注意上列的 for 敘述並沒有包含開頭的兩個句子，所以要把這兩個句子寫在 for 敘述之前。程式的最後我們用 printf 敘述把運算結果 max 列印出來，加入變數宣告及主函數(main)標記，即得完整的程式 pr7-2.c：

◎ pr7-2.c 程式:

```
04:  main()
05:  {   int   i,max,ar[5]= {6,15,95,98,23};
06:
07:      printf("Find max:\n");
08:      max=ar[0];
09:      for(i=1;i<=4;i++)
10:          if (ar[i]>max) max=ar[i];
11:      printf("max is %d\n",max);
12:  }
```

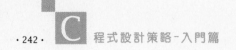

7-5 找出陣列中最大元素的註標

這一節筆者仍然準備用 Bottom-Up 程式策略來解決一個很類似的問題 — 找出陣列中**最大元素的註標**。

問題

宣告 ar 為五個元素的整數陣列，並將內容設定為 6, 15, 95, 98, 23。另外宣告 idx 為整數，找出陣列中**最大元素的註標**放入 idx 內，最後再印出 idx 的數值以及陣列的最大元素值。

現在進行 Bottom-Up 程式策略的**步驟一** — 按部就班地解決問題，寫出**暴力程式**。在開始解題之前我們可以使用圖示先把變數與陣列秀出來：

idx		ar[0]	ar[1]	ar[2]	ar[3]	ar[4]
		6	15	95	98	23

讀者應該可以輕易地找出來答案 — **idx 內要放 3**。假設我們目前不會解這個問題，所以就不要嘗試一次全部解決，我們要先**解決一部分**的問題 — 在**只有一個元素**的陣列中找出最大元素的註標。

idx	ar[0]
	6

如果陣列只有一個元素 ar[0](即 **0** 號的 **ar**)，要將最大元素的註標存入 idx 內，只須一個敘述即可：

```
1:        idx=0;
```

現在我們已經解決了「在**只有一個元素**的陣列中找出最大元素的註標放入 **idx** 內」。解決這個問題後，變數的內容就變成：

idx	ar[0]
0	6

接下來我們要用「**相同的方法、相似的程式段**」，依序把剩下的問題正確地解出來。所以接著要解決下一部分的問題 — 在只有**兩個元素**的陣列中找出最大元素的註標。請別忘了我們已經執行過「**idx=0;**」所以變數 idx 內已經存有「**衛冕者**的**註標**」，目前的值是 0：

idx		ar[0]	ar[1]
0		6	15

要在有**兩個元素**的陣列中找出最大元素的註標放入 **idx** 內，我們得**讓 ar[1]挑戰衛冕者**(目前的最大元素，即 **ar[idx]**)。如果 **ar[1]**大於 **ar[idx]**，則將 **1** 放入 **idx** 內，所以要執行的敘述是：

```
2:        if (ar[1]> ar[idx]) idx=1;
```

ar[1]是比 **ar[idx]**大，所以執行完這個敘述後，變數的內容就變成：

idx		ar[0]	ar[1]
1		6	15

讀者應該猜得到我們接下來要解決下一部分的問題 — 在有**三個元素**的陣列中找出最大元素的註標。由於我們已經執行過兩個敘述，所以變數 **idx 內的數值是 1**，如下所示：

idx		ar[0]	ar[1]	ar[2]
1		6	15	95

和 7-4 節的解題步驟一樣，接下來我們要「在有**三個元素**的陣列中找出最大元素的註標放入 **idx** 內」，要執行的敘述是：

```
3:        if (ar[2]> ar[idx]) idx=2;
```

ar[2]是比 **ar[idx]**大，所以執行完這個敘述後，變數的內容就變成：

idx		ar[0]	ar[1]	ar[2]
2		6	15	95

當然我們還得繼續讓 **ar[3]**及 **ar[4]**向 **ar[idx]**挑戰，才能找到最後勝利者的註標 — 即陣列五個元素中**最大元素的註標**。至此，我們已做完了 Bottom-Up 程式策略的**步驟一**

── 按部就班地解決問題，寫出**暴力程式**：

```
int    idx, ar[5]= {6,15,95,98,23};
idx=0;
if (ar[1]>ar[idx]) idx=1;
if (ar[2]>ar[idx]) idx=2;
if (ar[3]>ar[idx]) idx=3;
if (ar[4]>ar[idx]) idx=4;
```

當我們想用迴圈敘述來取代一堆用暴力寫出來的敘述時，這些敘述必須完全相同。所以接下來要進行 Bottom-Up 程式策略的**步驟二** ── 用**變數**取代重複敘述中**不同的部分**，將之變成相同：

```
int    idx, ar[5]= {6,15,95,98,23};
idx=0;

i=1;
if (ar[i]>ar[idx]) idx=i;
i=2;
if (ar[i]>ar[idx]) idx=i;
i=3;
if (ar[i]>ar[idx]) idx=i;
i=4;
if (ar[i]>ar[idx]) idx=i;
```

最後要進行 Bottom-Up 程式策略的**步驟三** ── 使用**迴圈敘述**取代**完全相同**的重複敘述，過程有：

3a. 找出**被重複執行**的敘述 ── **if (ar[i]>ar[idx]) idx=i;**

3b. 找出**迴圈繼續執行**的條件 ── **i** 從 **1** 到 **4**，即 **(i<=4);**

3c. 決定迴圈變數**遞增**或**遞減**的方式 ── **i ++;**

有了這三樣資訊，我們就可以輕易地寫出取代重複敘述的 for 迴圈：

```
for(i=1;i<=4;i++)
    if (ar[i]>ar[idx]) idx=i;
```

請注意上列的 for 敘述並沒有包含開頭的兩個句子，所以要把這兩個句子寫在 for 敘述之前。程式的最後我們用 printf 敘述把運算結果 idx 列印出來，如 pr7-3.c 程式所示：

◎ pr7-3.c 程式：

```
04:  main()
05:  {   int   i,idx, ar[5]= {6,15,95,98,23};
06:
07:      printf("Find index of max:\n");
08:      idx=0;
09:      for(i=1;i<=4;i++)
10:          if (ar[i]>ar[idx]) idx=i;
11:      printf("idx is %d and max is %d\n",idx,ar[idx]);
12:  }
```

7-6 找出某數在陣列中出現的次數

這一節筆者準備用 **Top-Down** 的程式策略來解決一個簡單的問題 ── 找出**某數**在陣列中**出現的次數**。

宣告 ar 為十個元素的整數陣列，並將內容設定為 6, 15, 95, 98, 23, 15, 95, 15, 23, 6。另外宣告 no 為整數，no 的數值任意設定為 15，找出陣列中和 no 相等的元素有幾個，並將答案放入變數 count 之中。

當我們已經大略知道如何解決問題時，就是使用 Top-Down 程式策略的時候。為了使每一位讀者都大略知道如何解決這個問題，在開始解題前，筆者先舉一個生活中類似的問題 ── **算出全校學生穿球鞋到校的人數**。

當讀者被指派這項工作時，你會怎麼做呢？以下是筆者的做法 ── 首先準備一個**計次器**(計數器、counter)，在學生開始進校門前我會站在校門口。

1. 先把計次器上的**數值清為零**。
2. 每看到一個同學穿球鞋，我就**按計次器一次**。

相信大多數的讀者也會想到類似的做法，接下來我們把這個做法用 C 語言的語法表示如下，由於一直重複做相同的動作，所以會有迴圈敘述。

```
把計次器上的數值清為零；
for (每一位學生)
    if (穿球鞋) 按計次器一次；
```

在程式中任何數值都必須存在變數裡，所以我們可以把「計次器上的數值」存在變數 count 內。把**計次器的數值清為零**就是「**count=0;**」，而**按計次器一次**就是「**count++;**」，所以更近似 C 語言程式的解題演算法如下所示：

```
count=0;
for (每一位學生)
    if (穿球鞋) count++;
```

現在回到待解決的問題 —— 找出**某數**在陣列中**出現的次數**。當我們分析過問題後，大略知道如何解決問題時，就要先寫下解決問題的步驟，必要時使用**中文**及**變數**描述要**被重複執行的工作**，這就是 Top-Down 程式策略的**步驟一**：

```
no=15;
count=0;
for (每一陣列元素)
    if (該元素== no) count++;
```

接下來我們再把中文的部分翻譯成 C 語言，整個程式段就變成：

```
no=15;
count=0;
for(i=0;i<=9;i++)
    if (ar[i]==no) count++;
```

由於被重複的敘述已完全由迴圈變數 i 所決定，故可省去計算**線性方程式**的工作，也就是可以省去 Top-Down 策略的**步驟二**。最後我們用 printf 敘述把運算結果 count 列印出來，加入變數宣告及主函數(main)標記，即得完整的程式 pr7-4.c，如下所示。

◎ pr7-4.c 程式：

```
04:  main()
05:  {   int    i, no, count, ar[10]={6,15,95,98,23,15,95,15,23,6};
06:
07:      printf("Find occurence of no:\n");
08:      no=15;
09:      count=0;
10:      for(i=0;i<=9;i++)
11:          if (ar[i]==no) count++;
12:      printf("Occurrence of %d is %d\n",no,count);
13:  }
```

讀者可以更動 no 的數值，檢測程式的輸出是否正確，在測試程式時請讀者一定要將 no 設定為**陣列元素所沒有的數值**(如 99)，因為這是程式經常會出現問題的地方。

為了再次讓讀者體會 Bottom-Up 程式策略與 Top-Down 策略的不同，筆者寫下解決問題(找出陣列中**和 no 相等的元素有幾個**)的暴力程式如下，也就是完成 Bottom-Up 策略**步驟一**的程式：

```
no=15;
count=0;
if (ar[0]== no) count++;
if (ar[1]== no) count++;
    .
    .
if (ar[8]== no) count++;
if (ar[9]== no) count++;
```

對於 Bottom-Up 程式策略不熟悉的讀者可以先執行上列的暴力程式，查看程式輸出是否正確，再進行 Bottom-Up 程式策略的**步驟二、三**，用迴圈敘述把程式最佳化，其程式的執行結果將和 pr7-4.c 相同。

改寫 pr7-4.c 程式，印出大於 no 的偶元素(元素值為偶數)個數。

7-7 找出某數在陣列中第一次出現的位置

筆者準備在這一節用 Bottom-Up 程式策略來解決另一個簡單但卻很重要的問題 —— 找出某數在陣列中**第一次出現**的位置。

宣告 ar 為十個元素的整數陣列，並將內容設定為 6, 15, 95, 98, 23, 15, 95, 15, 23, 6。另外宣告 no 及 pos 為整數，將 no 的數值任意設定為 23，找出第一個和 no 相等之陣列元素的註標，將之存入 pos 中。

現在進行 Bottom-Up 程式策略的**步驟一** —— 按部就班地解決問題，寫出**暴力程式**。在開始解題之前我們可以使用圖示先把變數與陣列秀出來：

ar[0]	ar[1]	ar[2]	ar[3]	ar[4]	ar[5]	ar[6]	ar[7]	ar[8]	ar[9]
6	15	95	98	23	15	95	15	23	6

pos	no
	23

請讀者試著找出問題的答案來 —— **pos 內要放 4**，因為第一個和 no 相等的元素是 **ar[4]**。假設我們目前不會解這個問題，所以就不要嘗試一次全部解決。我們要先解決一部分的問題 —— 看陣列的**第一個元素**(ar[0])**是否等於** no，**若是就不要再往下找**。

為了標示那個元素和 **no** 做比較，比較前我們得先用 **pos** 記住**元素的註標**。因此檢查「陣列的第一個元素(ar[0])是否等於 no，若相等就不要再往下找」只需兩個敘述即可：

```
1:      pos=0;
2:      if (ar[pos]==no) 不要再往下找；
```

緊接著要用「**相同的方法、相似的程式段**」依序把剩下的問題正確地解出來，所以我們接下來要解決下一部分的問題 —— 看陣列的**第二個元素**(ar[1])**是否等於 no**，若相等就不要再往下找，所以我們還需要兩個敘述：

```
3:      pos=1;
4:      if (ar[pos]==no) 不要再往下找；
```

我們要一直做這樣的工作，直到陣列的最後一個元素 **ar[9]**，因為可能只有 **ar[9]**和 **no** 相等。所以最後兩個要執行敘述是：

19: pos=9;

20: if (ar[pos]==no) 不要再往下找；

是不是有讀者會覺得怪怪的，都已經到了 **ar[9]**還能往下找嗎？沒錯！不需要也不能往下找了。但這樣寫的目的是讓**每項比較的工作都用相同的句子**來完成，當然先決條件是不能產生邏輯錯誤。

請讀者注意：這樣寫並沒有邏輯錯誤的問題，因為最後一個元素 **ar[9]**和 **no** 比完之後，**不管結果如何，都必須結束迴圈 — 不要再往下找了**。

接下來我們要用 for 敘述來取代這些暴力程式，請注意到 pos 恰巧可以當作**迴圈變數**，使用 for 迴圈取代重複執行的敘述後，整個程式就變成：

```
no=23;
for(pos=0;pos<=9;pos++)
     if (ar[pos]==no) 不要再往下找；
```

「不要再往下找」就是到此為止，也就是「**結束迴圈**」，翻譯成 C 語言就是「**break;**」敘述。相信嗎？我們已經寫完程式了！只要再放入 printf 敘述把運算結果 pos 列印出來，加入變數宣告及主函數(main)標記，即得完整的程式 pr7-5.c：

◎ pr7-5.c 程式：

```
04:  main()
05:  {    int    i,no,pos,  ar[10]={6,15,95,98,23,15,95,15,23,6};
06:
07:          printf("Find position of no:\n");
08:          no=23;
09:          for(pos=0;pos<=9;pos++)
10:               if (ar[pos]==no) break;
11:          printf("Position of %d is %d\n",no,pos);
12:  }
```

讀者可以更動 no 的指定數值，檢測程式的輸出是否正確。在測試程式時，請讀者一定要將 no 設定為陣列元素所沒有的數值，因為這是經常會出現問題的地方。

當陣列中所有的元素都和 no 不相同時，pos 的值會是多少？

要回答這個問題得仔細看清楚第 9、10 兩列的 for 迴圈：

```
09:        for(pos=0;pos<=9;pos++)
10:            if (ar[pos]==no) break;
```

結束 for 迴圈有兩個可能：

1. **(ar[pos]==no)**為**真**，所以執行 **break;** 結束迴圈，這時 **pos 的值 <= 9**。
2. 繼續執行的條件**(pos<=9)不成立**而結束 for 迴圈。

當陣列中所有的元素都和 no 不相同時，程式沒有機會執行 **break;**。for 迴圈結束的原因是(**pos**<=9)不成立，也就是 **pos 的值為 10**。

7-8 印出陣列中不同的元素

對於比較複雜的問題，往往無法單獨使用 Bottom-Up 或 Top-Down 程式策略來解決，這時候我們可以**混合交替使用**這兩種策略逐步寫出程式來。接下來筆者要示範混合交替使用 Bottom-Up 及 Top-Down 程式策略來解決一個難一點的問題 ── 印出陣列中**不同的元素**。

宣告 ar 為十個元素的整數陣列，並將內容設定為 6, 15, 95, 98, 23, 15, 97, 15, 23, 16。依序印出陣列中不同的元素。

題目的要求是 ── 寫程式**依序印出 6**(ar[0])、**15**(ar[1])、**95**(ar[2])、**98**(ar[3])、**23**(ar[4])、**97**(ar[6])、**16**(ar[9])。怎麼找出這個問題的答案呢？大部分的人會說「我一看就知道答案，但是我說不出是怎麼做的！」。寫程式的一個**大障礙**是：**人腦的功能太強**

大，所以人腦解決問題的速度非常快。快到**一看就知道**，也快到我們經常**察覺不出來**解題的步驟。

筆者在此分享一個心得，想擺脫「一看就知道」的困擾就要打破「**一看**」這兩個字，也就是說不要「**一**眼**看**到問題的**全貌**」，一旦沒有「看到問題的全貌」就不會發生「一看就知道」的現象。什麼是「看到問題的全貌」？如下所示：

ar[0]	ar[1]	ar[2]	ar[3]	ar[4]	ar[5]	ar[6]	ar[7]	ar[8]	ar[9]
6	15	95	98	23	15	97	15	23	16

當「**看到整個陣列**」的時候，我們經常可以立刻找到問題的答案，例如陣列的最小元素、最小元素的註標…等。當然也包括現在的問題 —— 依序印出陣列中**不同的元素**。

注意

一旦有「一看就知道」的困擾時就不要「看到問題的全貌」，「**不是**問題的**全貌**」是什麼呢？如下所示：

ar[0]	ar[1]	ar[2]	ar[3]	ar[4]	ar[5]	ar[6]	ar[7]	ar[8]	ar[9]
					15	97	15	23	16

現在只看到部分的陣列，請問 **ar[5]是否要印出來**呢？

讀者是否已經察覺出來，判斷是否印出 **ar[5]**，必須先**向左看**，如果 **ar[5]的數值沒有出現在左邊**，**就可以印出 ar[5]**。所以解決問題的程式應該是：

```
for(i=0;i<=9;i++){
    自 ar[i]向左檢查是否出現過相同數值;
    if (ar[i]沒出現在左邊) printf("%d\n",ar[i]);
}
```

請讀者注意：至此，我們已經完成 Top-Down 的程式策略的**步驟一** —— 寫出解決問題的**外迴圈**敘述，必要時使用中文及(工作)變數描述要被重複執行的工作。

接下來要進行 Top-Down 程式策略的**步驟二** —— 逐步將迴圈內的**中文句子轉換成 C 語言**，由於被重複的敘述完全由迴圈變數 **i** 所決定，故可省去計算線性方程式的工作。

首先要把「自 ar[i]向左檢查是否出現過相同數值；」這句中文翻譯成 C 語言。讀者記不記得我們曾經解過很類似的問題？也就是在 7-6 節解過的問題 — 找出某數 **no** 在陣列中**出現的次數**。「自 ar[i]向左檢查是否出現過相同數值；」等同於「**找出 ar[i]的數值在 ar[0]到 ar[i-1]中出現的次數**」，因為若次數為 0，就表示沒出現過。

現在使用 Bottom-Up 程式策略的**步驟一** — 寫出解決問題的暴力程式：

```
count=0;
if (ar[0]== ar[i]) count++;
if (ar[1]== ar[i]) count++;
          .
          .
if (ar[i-2]== ar[i]) count++;
if (ar[i-1]== ar[i]) count++;
```

接下來要進行 Bottom-Up 程式策略的**步驟二** — 用**變數**取代重複敘述中**不同的部分**，將之變成相同。由於變數 i 已被程式使用，所以**改用變數 k 作為迴圈變數**，因此程式就變成：

```
count=0;
k=0;
if (ar[k]== ar[i]) count++;
k=1;
if (ar[k]== ar[i]) count++;
          .
k=i-2;
if (ar[k]== ar[i]) count++;
k=i-1;
if (ar[k]== ar[i]) count++;
```

最後進行 Bottom-Up 策略的**步驟三** — 使用 **for 迴圈**取代**完全相同**的重複敘述：

```
count=0;
for(k=0;k<=i-1; k++)
    if (ar[k]== ar[i]) count++;
```

到這裡我們已經把「自 ar[i]向左檢查是否出現過相同數值；」翻譯成 C 語言。將這段 C 語言放回原來的 **Top-Down** 程式段，解題的程式就變成：

```
for(i=0;i<=9;i++){
      count=0;
      for(k=0;k<=i-1; k++)
            if (ar[k]== ar[i]) count++;
       if (ar[i]沒出現在左邊) printf("%d\n",ar[i]);
}
```

最後，我們還要把 **(ar[i]沒出現在左邊)** 翻譯成 C 語言，讀者應該不難理解，當 **(count==0)** 就是 (**ar[i]**沒出現在左邊) 的時候。把解題的程式段加入變數宣告及主函數(main)標記，即是完整的 pr7-6.c 程式：

◎ **pr7-6.c 程式：**

```
04:  main()
05:  {   int    i,k,count, ar[10]= {6,15,95,98,23,15,97,15,23,16};
06:
07:       printf("Print distinct elements:\n");
08:       for(i=0;i<=9;i++){
09:            count=0;
10:            for(k=0;k<=i-1;k++)
11:                 if (ar[k]==ar[i]) count++;
12:            if (count==0) printf("%d\n",ar[i]);
13:       }
14:  }
```

試想程式要檢查 ar[10000]是否在左邊出現過，**假設** ar[0]的數值**就等於** ar[10000]，其實只要看到 ar[0]就可以判定結果了，沒有必要像 pr7-6.c 去算 ar[0]到 ar[9999]之間共有幾個元素和 ar[10000]相等。

請改寫 pr7-6.c 程式，但改用旗標變數 found：1 代表出現過、0 代表沒出現過。程式一旦確認 ar[i]在左邊出現過就應停止檢查。

我們也可以利用在 7-7 節解過的問題 — 找出**某數**在陣列中**第一次出現的位置**。因為「自 ar[i]向左檢查是否出現過相同數值；」等同於「找出 **ar[i]**的數值**在 ar[0]到 ar[i-1] 中第一次出現的位置**」，如果「第一次出現」的位置**小於**或**等於**「**i-1**」就表示在左邊**出現過**相同數值。所以解決問題的程式應該是：

```
for(i=0;i<=9;i++){
    找 ar[i]的數值在 ar[0]到 ar[i-1]中第一次出現的位置;
    if (ar[i]沒出現在左邊) printf("%d\n",ar[i]);
}
```

現在請讀者重複剛剛的解題步驟，將程式寫出來。筆者先起個頭，首先要將「找出 **ar[i]在 ar[0]到 ar[i-1]中第一次出現的位置**」翻譯成 C 語言，我們進行 Bottom-Up 程式策略的**步驟一** — 寫出解題的暴力程式如下：

```
if (ar[0]== ar[i])  不要再往下找;
if (ar[1]== ar[i])  不要再往下找;
          .
if (ar[i-2]== ar[i])  不要再往下找;
if (ar[i-1]== ar[i])  不要再往下找;
```

接下來要進行 Bottom-Up 程式策略的**步驟二、三** — 用**迴圈敘述**取代暴力程式。由於變數 **i** 已被使用，所以**改用變數 k 作為迴圈變數**。完成這兩步驟後，「自 ar[i]向左檢查是否出現過相同數值；」的程式段就變成：

```
for(k=0;k<=i-1; k++)
    if (ar[k]== ar[i]) break;
```

最後，讀者還要解決一個問題，就是如何使用 C 語言表示**(ar[i]沒出現在左邊)**？這是 7-7 節末所討論的問題。當 ar[i]的數值沒出現在 ar[0]到 ar[i-1]之間，上述的 for 迴圈就沒有機會執行 **break;**敘述。因此 for 迴圈結束的原因是(**k<= i-1**)**不成立**，也就是 **k 的值為 i**。結論：**(k==i)**或**(k>=i)**即表示(**ar[i]**沒出現在左邊)。把解題的程式段加入變數宣告及主函數(main)標記，即得完整的程式 pr7-7.c。

◎ pr7-7.c 程式：

```
04:   main()
05:   {   int    i,k,count, ar[10]= {6,15,95,98,23,15,97,15,23,16};
06:
07:         printf("Print distinct elements:\n");
08:         for(i=0;i<=9;i++){
09:              for(k=0;k<=i-1;k++)
10:                   if (ar[k]==ar[i]) break;
11:              if (k >=i) printf("%d\n",ar[i]);
12:         }
13:   }
```

7-9 字元陣列(字串)

在 C 語言中並沒有字串(string)這個型態，字串被視為「**字元陣列**」，所以要使用字串(string)就必須先**結合字元**(char)成為**陣列**(array)，並遵守陣列的存取規則才可以。因此之故，許多人會覺得 C 語言的字串處理能力相當不夠。舉個例子：假設 str1 及 str2 是兩個「字元陣列」，如果我們想把 str2 的**字串內容**存入 str1 中，則「**str1=str2;**」是不被 C 語言所允許的，但是有些語言可以接受這樣的敘述。為什麼不被 C 語言所允許呢？第八章會有詳細的說明。

如同整數陣列一樣，在宣告字元陣列時，可以順便設定陣列的起始值：

```
int    ar[5]={17,24,85,21,6};
char str1[10]= "abc";
char str2[10]= { 'a','b','c'};
```

上述的兩種方式都可以在宣告字元陣列時，順便設定陣列起始內容為字元 **'a'**、**'b'** 和 **'c'**。C 語言規定「字元」要用**單引號**括住，而「字串(字元陣列)」則需要用**雙引號**括住。另外，讀者應該還記得 C 語言在宣告陣列(如：**int   ar[5];**)之後**不可以**用下列的敘述指定元素數值：

```
ar={17,24,85,21,6};
```

或者

```
ar[5]={17,24,85,21,6};
```

所以下列的指定敘述也是**不合語法**：

```
char str1[10];
str1= "abc";
```

或者

```
str1[3]= "abc";
```

主要的理由是：C 語言認為「=」兩側的資料**性質不同**，因此無法將「=」右側的資料指定給左側的變數。使用指定敘述的正確方式為：

```
str1[0]= 'a';
str1[1]= 'b';
str1[2]= 'c';
```

這麼簡單的工作居然要用三個指定敘述才能完成！讀者現在會不會覺得 C 語言的「**字串**」**處理能力**相當不夠呢？筆者覺得「**字元陣列**」雖然用起來不頂方便，但卻可建立清楚的陣列觀念，對於將來學習進階程式很有幫助。

在 C 語言中，字元陣列的每個字元都是用其對應的 **ASCII 碼**存放在記憶體中的，但是為了表示字串的結束，系統會在字串後**加上數字 0**，當作**字串結束**的**代碼**。所以字串 **"abc"** 存放在系統的記憶體中會像這樣：

'a'	'b'	'c'							
97	98	99	0						

上列 ASCII 碼的基底(base)是 10，即十進位數；如果改用 16 進位書寫，則分別為 61、62、63、0。

注意

由於 C 語言用數字 0 當作字串結束的代碼，所以說 10 個元素的字元陣列最多只能放 9 個字元。另外，數字 0 也可用「\0」表示，參考 2-14 節。

現在請讀者猜猜看 pr7-8.c 會印出什麼字串：

◎ pr7-8.c 程式：

```
04:  main()
05:  {   char str1[80]="ABCDEFGHIJ";
06:
07:      str1[5]=0;
08:      printf("%s\n",str1);
09:  }
```

printf 敘述列印字元陣列所要用的控制符號為「%s」，系統會逐一讀取陣列中的 ASCII 碼並印出其代表的符號，一直讀到數字 0(**不是字元'0'**)為止。其實初學者不妨把 0 當成結束字元陣列的 ASCII 碼。

C 語言的陣列註標(index)為什麼是從 0 開始而不是從 1 呢？許多讀者都有這樣的問題，因為不少程式語言的陣列註標是從 1 開始起算的。其實註標從 0 起算也有不少好處，以上述存入字串「**"abc"**」的 str1 字元陣列為例，字串長度為 3，所以：

1. str1[3]的內容為 0。
2. 新增字元或字串要從 str1[3]開始放入。

也因為註標是從 0 起算，所以計算 str1 的長度(陣列中的字元數)就等同於找出「數值為 0 的元素」之**註標**，如下所示：

```
for(len=0; len<100; len++)
    if (str1[len]==0) break;
```

上列程式段的缺點是迴圈次數之上限為 100，所以 str1 的長度如果超過 100 就會產生錯誤。增加 for 迴圈之上限並不是高竿的做法，因為只要有上限就有可能不夠用。無窮迴圈才是最佳的選擇，請讀者先檢視完成 Bottom-Up 策略**步驟一**的程式段：

```
len=0;
if (str1[0] != 0) len++;     /* len 的數值變成 1 */
if (str1[1] != 0) len++;     /* len 的數值變成 2 */
if (str1[2] != 0) len++;     /* len 的數值變成 3 */
  .
```

請注意重覆敘述中的不同部分，當 len 的值設定為 0 時，馬上要判斷「(str1[0]!=0)」是否為真、當 len 的值變成 1 時，馬上要判斷「(str1[1]!=0)」是否為真…。

接著進行 Bottom-Up 程式策略的**步驟二** — 用**變數**取代重複敘述中**不同的部分**，將之變成相同。完成後程式變成：

```
len=0;
if (str1[len] != 0) len++;     /* len 的數值變成 1 */
if (str1[len] != 0) len++;     /* len 的數值變成 2 */
if (str1[len] != 0) len++;     /* len 的數值變成 3 */
  .
```

注意

『while(某條件) 敘述 A;』的功能等同於『**重複執行**「if(某條件) 敘述 A;」直到(某條件)**不成立**才結束』。

接著進行 Bottom-Up 程式策略的**步驟三** — 使用**迴圈敘述**取代**完全相同**的重複敘述。請讀者注意：

1. 程式一直**重複執行**「if (str1[len] != 0) len++;」，**直到**(str1[len] == 0)**為止**。
2. 這等同於「while (str1[len] != 0) len++;」，while 迴圈會做到(str1[len] == 0)為止。

因此使用 while 迴圈簡化重複敘述，完成 Bottom-Up 策略**步驟三**的程式就變成：

```
len=0;
while (str1[len] != 0) len++;
```

程式 pr7-9.c 有上述兩種計算字串長度的程式段：

◎ pr7-9.c 程式：

```
04:  main()
05:  {   char   str1[80]="abc";
06:      int   len;
07:
08:      printf("Find string length:\n");
09:      for(len=0;len<100;len++)
10:          if (str1[len]==0) break;
11:      printf("%d\n",len);
12:
13:      len=0;
14:      while(str1[len]!=0) len++
15:      printf("%d\n",len);
16:  }
```

7-10 多維陣列

我們可以把一維陣列想像為「排成一列」的資料，然而為了方便資料的區別與整理，我們經常會把資料以「**多列並排**」的方式顯示。例如：4 位學生的國文、英文、數學、物理與化學 5 科成績，用「多列並排」的方式表示一定會比「排成一列」清楚許多，如下所示：

	國文	英文	數學	物理	化學
0 號學生	80	90	70	65	70
1 號學生	85	80	65	70	70
2 號學生	90	90	60	50	60
3 號學生	70	75	85	88	90

80	90	70	65	70	85	80	65	70	70	90	90	60	50	60	70	75	85	88	90

為能忠實保有「多列並排」有行、有列特性，我們可以把上述的資料宣告成二維陣列，宣告的語法如下：

語法

資料型態 變數名[整數 m] [整數 n];

語意

宣告**變數名**為指定之**資料型態**的二維**陣列**，共有 **m** 列、**n** 行。

說明

1. 可指定的資料型態有：short、int、long、long long、float、double、long double、char，及其他已定義之型態。
2. 陣列共有 **m** 列，列註標從 0 到 m – 1。
3. 陣列共有 **n** 行，行註標從 0 到 n – 1。
4. 陣列共有 **m*n** 個元素，每個元素的名稱為：變數名[**列註標**][**行註標**]。

假設我們要宣告一個**二維整數陣列** s 存放這 4 位學生的資料，由於資料共有 4 列、5 行，故宣告敘述為「int　s[4][5];」。二維陣列的每一「**元素名**」如下所示：

s[0][0]	s[0][1]	s[0][2]	s[0][3]	s[0][4]
s[1][0]	s[1][1]	s[1][2]	s[1][3]	s[1][4]
s[2][0]	s[2][1]	s[2][2]	s[2][3]	s[2][4]
s[3][0]	s[3][1]	s[3][2]	s[3][3]	s[3][4]

因此 s[0][0]要放「第 0 號學生的**國文**成績(80)」、s[3][4]則放「第 3 號學生的**化學**成績(90)」，以此類推。

注意

如果在宣告二維整數陣列時要順道存入數值，規則是：

1. 要一列接著一列放入，同一列的所有元素要用**左右大括弧包住**。
2. 若沒用左右大括弧包住同一列的元素，則會**依序存完一列**後，**接著存下一列**。

例如「int s[2][5]={{80,90,70},{85,80,65,70,70}};」會使得 s[0][3]、s[0][4]無起始值，而「int s[2][5]={80,90,70,85,80,65,70,70};」則會使得 s[1][3]、s[1][4]無起始值。因此，同一列的元素要用左右大括弧包住才是好的程式習慣。

宣告二維整數陣列 s，並順道存入四位學生的成績，其宣告敘述如下所示：

```
int  s[4][5]={{80,90,70,65,70},{85,80,65,70,70},
              {90,90,60,50,60},{70,75,85,88,90}};
```

請注意：每一列的 5 個整數都用**左右大括弧包住**，資料太多必須換列時，要讓排頭的資料對齊，這樣可以清楚區分每一列的資料有哪些。此外，如果某左右大括弧只**包住 3 個整數**，表示這一列只有前面三個元素有設定起始值，後面的元素則無。

寫程式印出每位學生的 5 科成績及其總分，一個學生(的資料佔)一列。

先處理第 0 號學生的資料，使用 Bottom-Up 程式策略的**步驟一** — 寫出解決問題的暴力程式：

```
sum=0;
sum=sum+s[0][0];
printf("%4d",s[0][0]);
sum=sum+s[0][1];
printf("%4d",s[0][1]);
sum=sum+s[0][2];
printf("%4d",s[0][2]);
sum=sum+s[0][3];
printf("%4d",s[0][3]);
sum=sum+s[0][4];
printf("%4d",s[0][4]);
printf("%4d\n",sum);
```

讀者可先執行、測試上列的程式輸出是否正確，接下來，繼續執行 Bottom-Up 策略的**步驟二、三**，完成兩步驟後的程式如 pr7-10.c 所示：

◎ pr7-10.c 程式：

```
04:  main()
05:  {   int   s[4][5]={{80,90,70,65,70},{85,80,65,70,70},
06:                    {90,90,60,50,60},{70,75,85,88,90}};
07:      int   i, j, sum;
08:
09:      printf("Print students' grades:\n");
10:      sum=0;
11:      for(i=0;i<5;i++){
12:          sum=sum+s[0][i];
13:          printf("%4d",s[0][i]);
14:      }
15:      printf("%4d\n",sum);
16:  }
```

當 pr7-10.c 可以正確的秀出第一位學生的成績資料後，對於熟練 Bottom-Up 程式策略的人而言，幾乎已經完成解題程式。因為馬上可以再掛上外迴圈，完成列印 4 位學生的成績資料。如果讀者做不來，請記得：用「**相同的方法、相似的程式段**」依序把剩下的問題解決掉。

```
sum=0;
for(i=0;i<5;i++){
    sum=sum+s[1][i];
    printf("%4d",s[1][i]);
}
printf("%4d\n",sum);
    .
    .
sum=0;
for(i=0;i<5;i++){
    sum=sum+s[3][i];
    printf("%4d",s[3][i]);
}
printf("%4d\n",sum);
```

請讀者自行完成 Bottom-Up 程式策略的其餘步驟，即可得程式 pr7-11.c：

◎ pr7-11.c 程式：

```
04:  main()
05:  {   int   s[4][5]={{80,90,70,65,70},{85,80,65,70,70},
06:                     {90,90,60,50,60},{70,75,85,88,90}};
07:      int   i, j, sum;
08:
09:      printf("Print students' grades:\n");
10:      for(j=0;j<4;j++){
11:          sum=0;
12:          for(i=0;i<5;i++){
13:              sum=sum+s[j][i];
14:              printf("%4d",s[j][i]);
15:          }
16:          printf("%4d\n",sum);
17:      }
18:  }
```

如果把二維陣列看成「排在一平面」的資料，哪麼**三維陣列**就可看成「多平面並排」的立方體。假設陣列 s 是個三維陣列，則 s[0][?][?]就是「**第 0 號平面**」，意即 s[0]就是一個**二維陣列**，當然接下來的兩個註標就是**列註標**與**行註標**，因此一個三維陣列的元素名稱即是：s[**面**註標][**列**註標][**行**註標]。

C 語言把字串當作「排成一列」的**字元陣列**，所以多個「字串」就變成**二維**的字元陣列。假設要宣告**二維字元陣列** names 存放前述 4 位學生的名字：John、Mary、Candy、Sue。因為資料共有 4 列、5 行，故宣告 names 的敘述為「char names[4][6];」，但如果要順道存入四位學生的名字，則宣告的敘述變為：

```
char   names[4][6]={ "John","Mary","Candy","Sue" };
```

1. C 語言規定資料要一列接著一列放入，所以 names[0]的內容為「"John"」、names[1]的內容為「"Mary"」…等。此外，可將 names[0]當成是**一維的字元陣列**，以此類推。
2. 最長的名字「"Candy"」共有 5 個字元，但需以「**數字 0**」作字串的結束，故需 4 列、6 行的二維字元陣列。

二維陣列 names 的內容如下所示，每列最後的「\0」就是「**數字 0**」，作為字串的結束。每一「**元素名**」為 names[**列**註標][**行**註標]，如：names[0][0]為字元「J」、names[2][4]為字元「y」，而 names[3][3]則為「**數字 0**」。

	[0]	[1]	[2]	[3]	[4]	[5]
names[0]	J	o	h	n	\0	
names[1]	M	a	r	y	\0	
names[2]	C	a	n	d	y	\0
names[3]	S	u	e	\0		

1. 由於 names[0]是**一維的字元陣列**，故以 printf 列印時要用的控制符號是「%s」。
2. 由於 names[0] [0]是**一個字元**，故以 printf 列印時要用的控制符號是「%c」。

印出二維字元陣列 names 的完整程式如 pr7-12.c 所示：

◎ pr7-12.c 程式：

```
04:  main()
05:  {   char   names[4][6]={ "John","Mary","Candy","Sue" };
06:      int   j;
07:
08:      printf("Print students' names:\n");
09:      for(j=0;j<4;j++)
10:          printf("%s\n",names[j]);
11:  }
```

寫程式印出本節範例程式中每位學生的名字、五科成績與總分，一個學生一列。

7-11 習 題

注意

下列各題內定宣告 ar 為十個元素的整數陣列，並將內容設定為 6, 5, 95, 98, 23, 15, 7, 15, 23, 2。

1. 印出 **ar** 陣列的所有偶數元素。
2. 印出 **ar** 陣列的所有偶註標元素，即 ar[0]、ar[2]、ar[4] …。
3. 印出 **ar** 陣列的所有元素，每兩個元素一列。
4. 印出 **ar** 陣列所有大於 10 且小於 50 的元素。
5. 印出 **ar** 陣列所有大於 10 且小於 50 的元素與這些元素的平均。
6. 印出 **ar** 陣列的所有質數(prime)元素。
7. 把 **ar** 陣列的所有元素向後移一個位置，即 ar[0]移入 ar[1]、ar[1]移入 ar[2] …，最後一個元素 ar[9]則移到 ar[0]。所有陣列元素移完位後再印出陣列內容。
8. 使用下列演算法印出 **ar** 陣列中不同的元素：

```
for(i=0;i<=9;i++){
    找出 ar[i]的數值在右邊第一次出現的位置;
    if (ar[i]沒出現在右邊) printf("%d\n",ar[i]);
}
```

9. 宣告 **br** 為具有十個元素的整數陣列(無起始值)。寫程式把 **ar** 陣列的不同元素依序拷貝到 **br**。可宣告整數變數 **bcnt(**起始值為 0**)**，紀錄資料插入 **br** 陣列的位置(註標)。
10. 宣告字元陣列 str1[80]= "abcdef"、str2[80]= "abcdeF"，寫程式判斷 str1、str2 是否相同，若相同印出「same」否則印出「different」。測試程式時任意更動 str1、str2 的內容都要印出正確結果。另外，本題可將大、小寫字母視為相同或不同的兩個版本。
11. 修改 pr7-12.c，印出 names 陣列的 4 個名字以及每個名字的字元數。
12. 寫程式印出 7-10 節範例程式中每位學生的名字、五科成績與平均成績，一個學生一列，最後再印出每科平均及總平均。

08

CHAPTER

陣列程式設計

相信讀者已經十分熟悉陣列的宣告與使用，這一章筆者要用極大的篇幅來示範幾個與陣列有關的重要程式，包括陣列的**排序**、陣列元素的**新增**(insert)、**刪除**(delete)與搜尋(search)…等。示範這些很重要但又不會太難的程式，主要的目的是讓讀者更加熟練 **Bottom-Up** 與 **Top-Down** 的程式策略。除此之外，這類的程式經驗可以幫助讀者快速地進入**資料庫應用**程式設計與**網頁**程式設計的殿堂。

8-1 互換兩變數的數值

目前變數 x 的數值是 10 而 y 的數值是 20，寫程式將 x 和 y 的數值互換。

如果讀者的答案是：

1. **x = y;**

2. **y = x;**

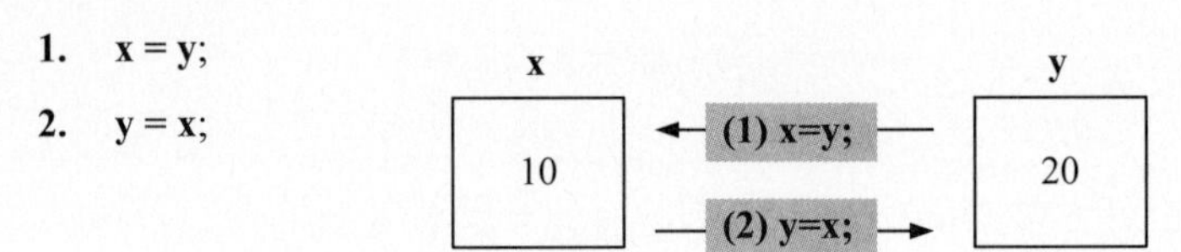

很抱歉！這不是正確的答案！因為：

1. 做完「1. **x=y;** 」時，**y** 的數值(20)會存入 **x** 中，造成 **x** 的內容變成 20，這時 **x** 和 **y** 的數值都是 20。
2. 再做「2. **y=x;**」後，再把 **x** 的數值(20)存入 **y** 中，結果 **x** 和 **y** 的數值也都還是 **20**。

從前面的說明可知，不可以一開始就執行「**x=y;**」或「**y=x;**」，因為這樣會把其中的一個數值毀掉。我們要在執行「**x=y;**」或「**y=x;**」之前，先**將要被毀掉的數值存起來**，也就是說我們需要另一個**變數**(任意取名為 temp)**暫存**將要被毀掉的**數值**，變數數值的正確交換順序如下，所以解題程式應為：

```
(1)    temp=x;    /* temp 變成 10 */
(2)    x=y;       /* x 變成 20    */
(3)    y=temp;    /* y 變成 10    */
```

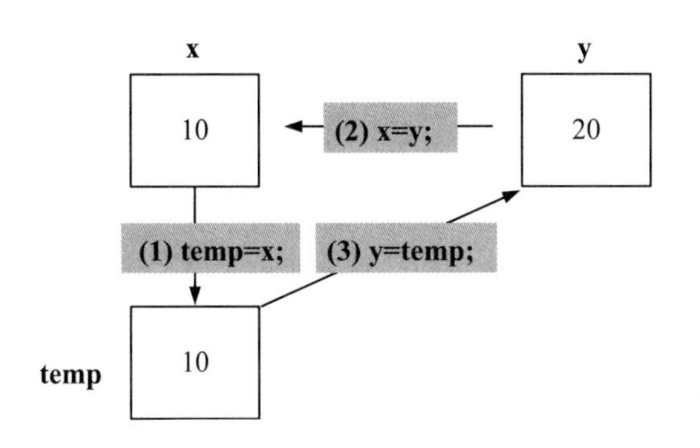

8-2 移最大元素到陣列的最末端

把陣列的元素**由小到大**排列或是**由大到小**排列稱為**排序**(sort)，排序是個很基本而且很重要的程式。排序的功用除了能產生排名外，主要的用途是將來可以更快速地在陣列中**搜尋資料**(找尋資料)。在著手寫程式把陣列的元素由小到大排序前，我們可以先解決部分問題 — 把**最大元素**移到陣列的**最末端**。

宣告 ar 為十個元素的整數陣列，並將內容設定為 95, 16, 5, 98, 23, 25, 85, 15, 32, 6。寫程式把陣列的最大元素移到 ar[9]之中。

讀者在讀國小的時候，不曉得有沒有這種經驗，老師把一整排的同學找出來，**兩兩相比、逐次換位**，好將整排同學由矮到高排列，老師所做的事情是 — 依照學生身高由小到大**排序**(sort)。在開始解題之前我們先使用圖示把陣列秀出來，讀者可以在心裡模擬一下程式進行**兩兩相比、逐次換位**的運作情形：

ar[0]	ar[1]	ar[2]	ar[3]	ar[4]	ar[5]	ar[6]	ar[7]	ar[8]	ar[9]
95	16	5	98	23	25	85	15	32	6

上一章筆者提到：解簡單陣列問題的有趣現象，就是當「**看到整個陣列**」的時候，我們「**一看就知道**」問題的答案，但說不出解題的步驟，所以寫不出程式。

然而有時問題太難時，就會變成 ── 當「看到整個陣列」的時候，我們說不出解題的步驟，更寫不出來程式。不管是哪一種狀況，一旦有解題困擾時，就不要「看到問題的全貌」,「**不是**問題的**全貌**」是什麼呢？如下所示：

ar[0]	ar[1]	ar[2]	ar[3]	ar[4]	ar[5]	ar[6]	ar[7]	ar[8]	ar[9]
95	16								

讀者同不同意這就是 Bottom-Up 程式策略的精神，碰到不會解的問題時，先解決**一部分**的問題 ── 在只有**兩個元素**的陣列中，把最大的元素移到陣列的**最末端**。這個問題等同於「如果 **ar[0]大於 ar[1]**則**兩數互換**」，解決問題的程式如下所示：

```
1:        if (ar[0]>ar[1])   ar[0]和 ar[1]互換;
```

ar[0]大於 ar[1]所以**兩數互換** ── 造成 ar[0]的數值變成 16 而 ar[1]的數值變成 95。另外 **ar[2]**以後的元素都沒有變動，所以經過第一個敘述後，陣列的前三個元素就變成：

ar[0]	ar[1]	ar[2]	ar[3]	ar[4]	ar[5]	ar[6]	ar[7]	ar[8]	ar[9]
16	95	5							

接下來，再解決**下一部分**的問題 ── 在只有**三個元素**的陣列中，把最大的元素移到陣列的最末端。因為 ar[1]**已是前兩個元素中的最大者**，所以這個問題等同於「如果 **ar[1]大於 ar[2]**則**兩數互換**」，解決問題的程式如下所示：

```
2:        if (ar[1]>ar[2])   ar[1]和 ar[2]互換;
```

ar[1]大於 **ar[2]**所以**兩數互換** ── 造成 ar[1]的數值變成 5 而 ar[2] 的數值變成 95。另外 **ar[3]**以後的元素都沒有變動，所以經過第二個敘述後，陣列的前四個元素就變成：

ar[0]	ar[1]	ar[2]	ar[3]	ar[4]	ar[5]	ar[6]	ar[7]	ar[8]	ar[9]
16	5	95	98						

接下來，再解決**下一部分**的問題 ── 在只有**四個元素**的陣列中，把最大的元素移到陣列的最末端。因為 **ar[2]已是前三個元素的最大者**，所以這個問題等同於「如果 **ar[2]大於 ar[3]**則**兩數互換**」，解決問題的程式如下所示：

```
3:        if (ar[2]>ar[3])   ar[2]和 ar[3]互換;
```

讀者應該不難想像，這樣的步驟要一直重複，直到 **ar[8]和 ar[9]做比較** — 如果 **ar[8]大於 ar[9]**則**兩數互換**。經過了總共 9 個步驟，我們就可以把**最大元素**移到陣列的**最末端**。現在使用 Bottom-Up 程式策略的**步驟一** — 寫出解決問題的暴力程式：

```
if (ar[0]>ar[1])    ar[0]和 ar[1]互換;
if (ar[1]>ar[2])    ar[1]和 ar[2]互換;
          .
          .
if (ar[7]>ar[8])    ar[7]和 ar[8]互換;
if (ar[8]>ar[9])    ar[8]和 ar[9]互換;
```

接下來要進行 Bottom-Up 策略的**步驟二** — 用**變數**取代重複敘述中**不同的部分**：

```
i=0;
if (ar[i]>ar[i+1])    ar[i]和 ar[i+1]互換;
i=1;
if (ar[i]>ar[i+1])    ar[i]和 ar[i+1]互換;
          .
i=7;
if (ar[i]>ar[i+1])    ar[i]和 ar[i+1]互換;
i=8;
if (ar[i]>ar[i+1])    ar[i]和 ar[i+1]互換;
```

最後，進行 Bottom-Up 的**步驟三** — 使用 **for 迴圈**取代**完全相同**的重複敘述：

```
for(i=0;i<9; i++)
    if (ar[i]> ar[i+1]) ar[i]和 ar[i+1]互換;
```

請讀者特別注意，迴圈變數 **i** 是從 0, 1 逐次增**到 8 為止**，並非到 9。因為 i 如果等於 9，**if** 敘述會執行 **(ar[9]> ar[10])** 這個比較運算，然而陣列中並沒有 **ar[10]**這個元素。

注意

如果程式執行了「if (ar[9]> ar[10]) ar[9]和 ar[10]互換;」，則可能會把不存在的 ar[10] 換到 ar[9]的位置來。因此印出陣列內容時，會有非原有的陣列元素出現。

接下來我們要把「**ar[i]和 ar[i+1]互換；**」這句中文翻譯成 C 語言，從上一節的說明可知 — 我們需要另一個變數 **temp** 以及三個敘述：

```
temp=ar[i];
ar[i]=ar[i+1];
ar[i+1]=temp;
```

再來我們要用這三個敘述取代「ar[i]和 ar[i+1]互換；」這句中文，別忘了要用大括弧把這三個敘述包起來，使其變成**一個**(複合)**敘述**。取代後的解題程式段就變成：

```
for(i=0;i<9; i++)
    if (ar[i]> ar[i+1]){
        temp=ar[i];
        ar[i]=ar[i+1];
        ar[i+1]=temp;
    }
```

為確認程式的正確性，要把陣列**移動前**、**後**的每個元素列印出來如 pr8-1.c 程式：

◎ pr8-1.c 程式：

```
04:  main()
05:  {  int   i,temp, ar[10]= {95,16,5,98,23,25,85,15,32,6};
06:
07:      printf("Move the biggest element rightmost:\n");
08:      for(k=0;k<=9;k++) printf("%3d",ar[k]);
09:      printf("\n");
10:      for(i=0;i<9; i++)
11:          if (ar[i]> ar[i+1]){
12:              temp=ar[i];
13:              ar[i]=ar[i+1];
14:              ar[i+1]=temp;
15:          }
16:      for(k=0;k<=9;k++) printf("%3d",ar[k]);
17:      printf("\n");
18:  }
```

8-3 陣列排序

現在我們要著手寫程式把陣列的元素**由小到大**排序(sort)，由於我們已經解決一部分的問題 — 把最大元素移到陣列的最末端，所以接下來的排序程式會變得很簡單。

宣告 ar 為十個元素的整數陣列，並將內容設定為 95, 16, 5, 98, 23, 25, 85, 15, 32, 6。寫程式將陣列元素由小到大排列。

同樣的在開始解題之前，我們先使用圖示把陣列秀出來如下所示：

ar[0]	ar[1]	ar[2]	ar[3]	ar[4]	ar[5]	ar[6]	ar[7]	ar[8]	ar[9]
95	16	5	98	23	25	85	15	32	6

請讀者模擬上一節的程式運作 — (由左至右)把**最大元素**移到陣列的**最末端**，經過這一次處理之後陣列的內容變成：

ar[0]	ar[1]	ar[2]	ar[3]	ar[4]	ar[5]	ar[6]	ar[7]	ar[8]	ar[9]
16	5	95	23	25	85	15	32	6	98

請讀者仔細想想，陣列的最大元素 98 已經被移到 **ar[9]**的位置，如果再做一次「把**最大元素**移到陣列的**最末端**」，會有什麼結果呢？結果就是 — 陣列的**最二大元素 95** 會被移到**最右端 ar[8]的位置**。經過這一次處理之後，陣列的內容就變成：

ar[0]	ar[1]	ar[2]	ar[3]	ar[4]	ar[5]	ar[6]	ar[7]	ar[8]	ar[9]
5	16	23	25	85	15	32	6	95	98

我們可以得到一個結論 — 每做一次「把**最大元素**移到陣列的**最末端**」，陣列前段「**未排序的**最大元素」就會被移到**它所能到達的最末端去**。所以只要做 9 次「把**最大元素**移到陣列的**最末端**」，我們就可以把陣列元素**由小到大**排列好，請讀者想一想為什麼不需要做 10 次呢？所以解決問題的程式段如下所示：

```
for(j=0;j<9; j++)
    把最大元素移到陣列的最末端;
```

這次的 **for** 迴圈變數，我們用的是 **j** 不是 **i**，其實用 **j** 或 **i** 當迴圈變數都沒有差別，只是上一節「把**最大元素**移到陣列的**最末端**」的程式中用的迴圈變數是 i，所以在這裡我們改用 j 作迴圈變數。為了方便說明，我們再秀一次「把**最大元素**移到陣列的**最末端**」的程式段：

```
for(i=0;i<9; i++)
        if (ar[i]> ar[i+1]){
                temp=ar[i];
                ar[i]=ar[i+1];
                ar[i+1]=temp;
        }
```

再來我們要用上列這個「**C** 語言敘述」取代「把最大元素移到陣列的最末端;」，最後，我們在**排序前**、**後**用 for 迴圈把陣列的每一個元素列印出來，加入變數宣告及主函數(main)標記，即得完整的 pr8-2.c 程式：

◎ pr8-2.c 程式：

```
04:  main()
05:  {   int    i,j,k,temp,  ar[10]={95,16,5,98,23,25,85,15,32,6};
06:
07:        printf("Sort array:\n");
08:        for(k=0;k<=9;k++) printf("%3d",ar[k]);
09:        printf("\n");
10:        for(j=0;j<9; j++)
11:             for(i=0;i<9; i++)
12:                  if (ar[i]> ar[i+1]){
13:                       temp=ar[i];
14:                       ar[i]=ar[i+1];
15:                       ar[i+1]=temp;
16:                  }
17:        for(k=0;k<=9;k++) printf("%3d",ar[k]);
18:        printf("\n");
19:  }
```

這個排序程式就是最基礎的排序法，稱為**泡沫排序**(bubble sort)法。最大的元素一個接著一個往末端移動，就如同水裡的泡沫一個接著一個浮上來，故名泡沫排序法。

現在請讀者想像一下陣列的前 5 大元素已經被位移到末端依序排好，前段「**未排序的**最大元素」有必要去和陣列末端的前 5 大元素比大小嗎？如下圖所示：

ar[0]	ar[1]	ar[2]	ar[3]	ar[4]	ar[5]	ar[6]	ar[7]	ar[8]	ar[9]
5	16	23	15	6	25	32	85	95	98

不知讀者是否已經注意到，其實接下來要做的工作是：把最大的元素移到陣列的 ar[4]位置即可，ar[5]以後的元素根本就不用再去比了！

使用上述較簡潔的比較方式，重寫泡沫排序法的程式。

根據上列牛刀小試的要求，筆者把執行泡沫排序法所要做的工作項目詳列如下：

1. 把最大的元素移到陣列的 ar[9]位置。
2. 把最大的元素移到陣列的 ar[8]位置。

   .

9. 把最大的元素移到陣列的 ar[1]位置。

這 9 項工作翻譯成 C 語言分別為：

1. for(i=0;i<9; i++) if (ar[i]> ar[i+1]) ar[i]和 ar[i+1]互換;
2. for(i=0;i<8; i++) if (ar[i]> ar[i+1]) ar[i]和 ar[i+1]互換;

   .

9. for(i=0;i<1; i++) if (ar[i]> ar[i+1]) ar[i]和 ar[i+1]互換;

剩下的工作就留給讀者自行完成了！請記得這樣的程式發展方式就是 Bottom-Up 與 Top-Down 兩種策略的混合交替使用。

改寫上述泡沫排序法的兩個程式，將陣列由大到小排列。

8-4 刪除陣列元素

這一節我們要寫程式**刪除**(delete)陣列中的某元素，在一般的應用中，我們都還得先找到要被刪除的元素**註標**後，才能執行刪除的工作。但現在我們先簡化問題，因為解決簡化過的問題後，對於解決(未簡化的)原始問題會有極大的幫助，別忘了**簡化問題**就是 Bottom-Up 程式策略的精神 ── 先解決**一部分**的問題。

宣告 ar 為十個元素的整數陣列，並將內容設定為 95, 16, 5, 98, 23, 25, 85, 15, 32, 6。宣告 cnt 為整數並設定起始值為 10，cnt 用來記錄目前陣列的元素個數。寫程式刪除陣列元素 ar[3]並將 cnt 的數值減一。

在開始解題之前我們先把陣列秀於下圖，讀者可以在心裡模擬一下程式的運作情形 ── **刪除**陣列元素 ar[3]：

ar[0]	ar[1]	ar[2]	ar[3]	ar[4]	ar[5]	ar[6]	ar[7]	ar[8]	ar[9]
95	16	5	98	23	25	85	15	32	6

由於 ar[3]要被刪除，所以 ar[4]要向前移入 ar[3]、ar[5]再向前移入 ar[4] …，一直做到 ar[9]向前移入 ar[8]。故可寫出解決問題的暴力程式如下：

```
ar[3]=ar[4];
ar[4]=ar[5];
     .
ar[7]=ar[8];
ar[8]=ar[9];
```

當然這個答案是假設我們已經知道目前陣列共有 10 個元素，如果我們不知道目前陣列共有幾個元素，但知道**變數 cnt 內記錄陣列目前的元素個數**，則陣列的最後一個元素即是 **ar[cnt-1]**、倒數第二個元素則是 **ar[cnt-2]**。不熟悉的讀者可以將 **cnt** 帶入數值 10，再和上圖的陣列比對。引入變數 cnt 後，進行 Bottom-Up 策略**步驟一**所需的暴力程式就變成：

```
ar[3]=ar[4];
ar[4]=ar[5];
      .
ar[cnt-3]=ar[cnt-2];
ar[cnt-2]=ar[cnt-1];
```

接下來要進行 Bottom-Up 程式策略的**步驟二** — 用**變數**取代重複敘述中**不同的部分**，將之變成相同，於是程式就變成：

```
i=3;
ar[i]=ar[i+1];
i=4;
ar[i]=ar[i+1];
      .
i=cnt-3;
ar[i]=ar[i+1];
i=cnt-2;
ar[i]=ar[i+1];
```

最後是 Bottom-Up 的**步驟三** — 使用 **for 迴圈**取代**完全相同**的重複敘述：

```
for(i=3;i<=cnt-2; i++)
    ar[i]=ar[i+1];
cnt=cnt-1;
```

for 迴圈之後，我們加入一個敘述「**cnt=cnt-1;**」，理由是 ar[3]被刪除後，陣列的元素個數少一個，所以 **cnt** 要減一(變成 9)。

最後，我們可在 **ar[3]**被**刪除之前、後**，把陣列的每一個元素列印出來，加入變數宣告及主函數(main)標記，即得完整的程式 pr8-3.c：

◎ pr8-3.c 程式：

```
04:  main()
05:  {  int   i,k,cnt=10, ar[10]= {95,16,5,98,23,25,85,15,32,6};
06:
07:        printf("Delete element ar[3]:\n");
```

```
08:        for(k=0; k<cnt; k++) printf("%3d",ar[k]);
09:        printf("\n");
10:        for(i=3;i<=cnt-2; i++)
11:             ar[i]=ar[i+1];
12:        cnt=cnt-1;
13:        for(k=0; k<cnt; k++) printf("%3d",ar[k]);
14:        printf("\n");
15:  }
```

請注意到程式的第 8 與 13 列兩個印出陣列元素的 for 迴圈，其中第 8 列會印出 10 個元素，而第 13 列會印出 9 個元素。

解決完這個簡化過的問題後，緊接著我們來對付(未簡化的)原始問題，讀者可以從中體會解過簡化問題所帶來的幫助。

宣告 ar 為十個元素的整數陣列，並將內容設定為 95, 16, 5, 98, 23, 25, 85, 15, 32, 6。宣告 cnt 為整數並設定起始值為 10，cnt 用來記錄目前陣列的元素個數。寫程式刪除數值為 23 的元素。

這類型的問題常在網頁程式中出現，例如：客戶要取消編號為 23 的產品訂貨，所以程式要搜尋訂貨資料(陣列)，找到編號為 23 的產品訂貨，再把這筆資料刪除。解決問題的演算法如下所示：

```
找出元素值為 23 的註標並將註標放入變數 pos;
刪除陣列元素 ar[pos];
cnt=cnt-1;
```

讀者應該記得解題演算法裡的「找出元素值為 23 的註標並將註標放入變數 pos;」以及「刪除陣列元素 ar[pos];」都是先前解過的問題。為讓程式說明更為清楚，筆者仍然簡略地寫出用 **Bottom-Up** 策略解決這兩個問題的步驟。

先寫出「找出**元素值**為 23 的**註標**並將註標放入變數 pos;」的暴力程式：

```
pos=0;
if (ar[pos]==23) 不要再往下找;
pos=1;
if (ar[pos]==23) 不要再往下找;
        .
        .
pos=cnt-1;
if (ar[pos]==23) 不要再往下找;
```

再用迴圈敘述取代暴力程式：

```
for(pos=0;pos<=cnt-1;pos++)
    if (ar[pos]==23) 不要再往下找;
```

「不要再往下找;」就是要跳離 **for** 迴圈，結束找尋的工作，翻譯成 C 語言就是「break;」。所以「找出元素值為 23 的註標並將註標放入變數 pos;」的完整解題程式就變成：

```
for(pos=0;pos<=cnt-1;pos++)
    if (ar[pos]==23) break;
```

再來要把「**刪除**陣列元素 ar[pos];」的暴力程式寫出來，在開始解題之前，我們先使用圖示把陣列秀出來，請讀者特別注意 **pos** 以及 **cnt** 都被用來標示陣列元素的註標：

ar[0]	ar[1]			ar[pos]	ar[pos+1]			ar[cnt – 2]	ar[cnt – 1]
95	16	5	98	23	25	85	15	32	6

由於 **ar[pos]** 要被刪除，故 ar[pos+1] 要向前移入 ar[pos]、ar[pos+2] 再向前移入 ar[pos+1] …，一直做到 ar[cnt-1] 向前移入 ar[cnt-2]。完成 Bottom-Up 程式策略**步驟一** — 寫下解決問題的暴力程式，可得：

```
ar[pos]   =ar[pos+1];
ar[pos+1]=ar[pos+2];
       .
       .
ar[cnt-2]=ar[cnt-1];
```

接下來要進行 Bottom-Up 策略的**步驟二** — 用**變數**取代重複敘述中**不同的部分**，將之變成相同，因此程式就變成：

```
i=pos;
ar[i]=ar[i+1];
i=pos+1;
ar[i]=ar[i+1];
  .
i=cnt-2;
ar[i]=ar[i+1];
```

最後是 Bottom-Up 的**步驟三** — 使用 **for 迴圈敘述**取代**完全相同**的重複敘述，所以「**刪除**陣列元素 ar[pos];」的完整解題程式變成：

```
for(i=pos;i<=cnt-2; i++)
    ar[i]=ar[i+1];
```

最後用上述的兩段程式取代「找出元素值為 23 的註標並將註標放入變數 pos;」以及「刪除陣列元素 ar[pos];」後，解決問題的程式就變成：

```
for(pos=0;pos<=cnt-1;pos++)
      if (ar[pos]==23) break;
for(i=pos;i<=cnt-2; i++)
      ar[i]=ar[i+1];
cnt=cnt-1;
```

我們可在 23 被**刪除之前**、**後**，把陣列的每一個元素列印出如 pr8-4.c 程式：

◎ pr8-4.c 程式：

```
04:  main()
05:  {   int   i,pos,cnt=10,  ar[10]={95,16,5,98,23,25,85,15,32,6};
06:
07:        printf("Delete element 23:\n");
08:        for(k=0; k<cnt; k++) printf("%3d",ar[k]);
09:        printf("\n");
```

```
10:        for(pos=0;pos<=cnt-1;pos++)
11:            if (ar[pos]==23) break;
12:        for(i=pos;i<=cnt-2; i++)
13:            ar[i]=ar[i+1];
14:        cnt=cnt-1;
15:        for(k=0; k<cnt; k++) printf("%3d",ar[k]);
16:        printf("\n");
17:    }
```

1. 請讀者試著修改 pr8-4.c：多宣告一個變數 no，程式一開始用 no **指定**要被刪除的**元素數值**，再修改「**刪除元素**」的程式段。
2. 測試 pr8-4.c 程式時，可指定不同的數值給 no，查驗程式輸出是否正確。另外請務必指定一個**不存在於陣列中**的數值給 no，此時程式仍會無條件地執行第 14 列的「cnt=cnt-1;」，以致產生錯誤輸出，請讀者修正這項程式錯誤。

對於尋求進一步挑戰的讀者，可以將**若干個**陣列元素值**設為相同**，再擴充程式的功能為「**刪除**所有**和 no 相等**的陣列元素」。筆者僅在此提供一個參考的演算法：

```
no=某數值;
pos=0;
while(不是陣列結束){
    刪除和 no 相同的元素;
}
```

寫完「**刪除**所有**和 no 相等**的陣列元素」之解題程式後，請執行下列測試：

1. no 指定為 23，且陣列的**所有元素**值都是 23。
2. no 指定為 23，且陣列的**所有元素**值都**不是** 23。
3. no 指定為 23，且陣列的**所有奇註標元素**值都是 23。
4. no 指定為 23，且陣列的**所有偶註標元素**值都是 23。

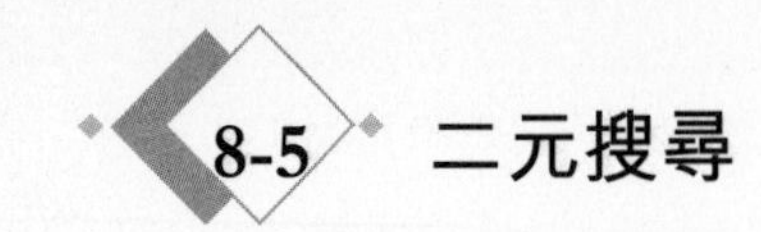

8-5 二元搜尋

找尋某數值是否在陣列中出現稱為**搜尋**(search)，商業應用程式經常提供的搜尋服務如：搜尋某客戶的個人資料或訂貨資料。搜尋時用來比對是否相符的資料稱為**鍵值**(key)，例如：考試放榜時，考生可以在放榜網頁打入准考證號碼來查尋考試成績，准考證號碼就是所謂的鍵值(key)。

以 pr8-4.c 程式為例，假設陣列共有 512 個元素。由於資料沒有排序，所以搜尋時：

1. 如果要找的資料恰巧就是第一個元素，只需比對一次，就可找到資料。
2. 如果要找的資料不在陣列中，就要比對 512 次才能確認「資料不在陣列中」。

這種依序從頭比到尾的方式稱為**線性搜尋**(linear search)或稱為**循序搜尋**(sequential search)，由上分析，如果每個元素被搜尋的機會均等，則平均每次搜尋資料約需比對 (1+512)/2=256.5 次才能確認結果。

問題

如果陣列的 512 個資料已經由小到大排序過，搜尋次數會不會減少？

假設 ar 陣列已經**由小到大排序**如下圖所示，50 存放在變數 no 中為要搜尋的資料(鍵值)。另外，變數 mid 存放陣列中間元素的註標(4)，即目前 ar[mid]的值是 23。請讀者試想，如果搜尋陣列從 ar[mid]開始比較，會有產生甚麼結果？

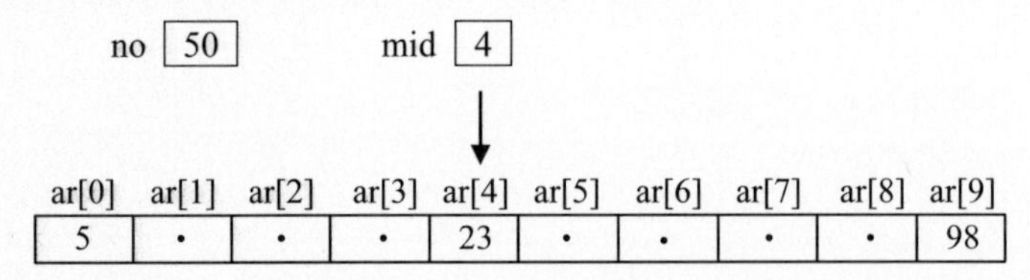

因為 no > ar[mid]，所以要確認 no 是否有出現在陣列中，只須向 ar[mid]的右側搜尋即可。請讀者特別注意：只需**比較一次**，就算沒找到所要搜尋的資料，也可將搜尋的**範圍縮小一半**，這就是二元搜尋(binary search)的精神 — **每次少一半**。假設陣列共有 512 個元素，則搜尋資料時：

1. 如果要找的資料恰巧就是中間的元素 ar[mid]，只需比對 1 次，就可找到資料。
2. 如果不是，搜尋範圍降為 256 個元素。再與這 256 個元素的「中間元素」比較。

3. 如果再不是，搜尋範圍降為 128 個元素。再與這 128 個元素的「中間元素」比較。

由此可知，最差的情況是經過 10 次的比較，就能確認搜尋結果。請注意使用二元搜尋時，平均每次搜尋資料約需比對(1+10)/2=5.5 次就能確認結果。對比線性搜尋平均需要比對 256.5 次，只有 512 筆資料就能產生大約 50 倍的速差，足見二元搜尋的重要性！

請問二元搜尋的最大比較次數(10)與陣列資料個數(512)的關係為何？

根據前節之分析，寫程式進行二元搜尋時，先要決定陣列「中間元素」的**註標**，讀者要先自問：中間是怎麼來的？因為有頭、有尾才會有中間，換句話說「中間元素」的註標，是由頭、尾兩元素的註標所決定的，如下圖所示：

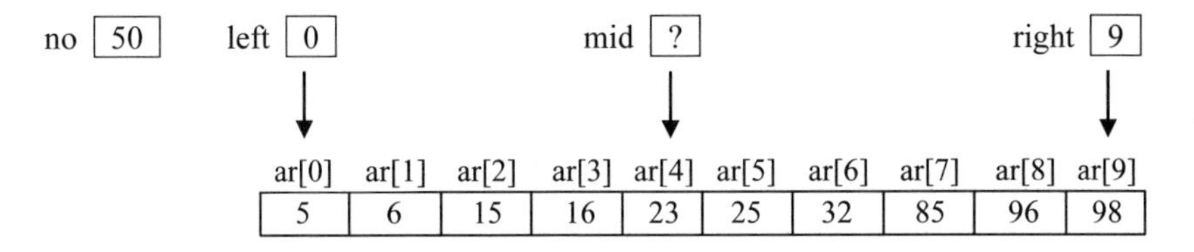

我們可以使用 left 存放**排頭**元素的註標(0)、right 存放**排尾**元素的註標(9)，所以中間元素的註標 mid 可指定為(left+right)/2。利用 C 語言整數相除的商為整數的特性，小數捨去後恰好得到 4。

接下來要處理「縮小搜尋範圍」的問題，亦即 no 與 ar[mid] 在不同的大小關係時要如何調整搜尋的範圍。請注意：因為 ar[mid]已經比較過了，故縮小搜尋範圍應該排除 ar[mid]元素，做法如下：

1. if (no>ar[mid]) left=mid+1; /* 改為搜尋右半陣列 */
2. if (no<ar[mid]) right=mid-1; /* 改為搜尋左半陣列 */

另外為了清楚標記是否有找到資料，搜尋前我們可以宣告旗標變數 found，數值 0：表**未找到**、1：表**找到**。至於 found 的起始值應設定為 0 或 1 呢？別忘了 5-1 節的「旗標初始值**否定原則**」。因為單一的「檢定步驟」可以確定資料**找到**，所以「旗標初始值」要設定為資料**未找到**(found=0)，好讓單一的「檢定步驟」去**否定它**。

一般而言，這種題目多會使用 Top-Down 的程式策略，先寫出解題的外迴圈及迴圈內的主要解題步驟後，再逐步演譯出 C 語言程式。但是使用 Bottom-Up 程式策略可以先確認主要解題步驟的正確性，省去可能的除錯時間。先寫出解題的第一個步驟：

```
no=50;        /* no 任意指定為 50 */
found=0;
left=0;   right=9;     /* 設定搜尋範圍 */
mid=(left+right)/2;  /* 找出中間元素的註標 */
if ( ar[mid]==no){
    found=1; 不要再找了;
}
else
    if (no>ar[mid])
        left=mid+1;
    else
        right=mid-1;
```

Bottom-Up 程式策略的最大優勢就是可以隨時測試程式的正確性，但其中「不要再找了」翻譯成 C 語言就是「break;」，**必須放在迴圈敘述中**。因此測試時可以先不打入或以註解方式排除「break;」敘述，否則會產生語法錯誤。另外程式的最後要印出所有變數，以確認程式的正確性，如程式 pr8-5.c 所示：

◎ pr8-5.c 程式：

```
04:  main()
05:  {   int ar[10]={5,6,15,16,23,25,32,85,96,98};
06:      int left,mid,right,found, k,no;
07:
08:      printf("Binary search\n");
09:      for(k=0; k<cnt; k++) printf("%3d",ar[k]);
10:      printf("\n");
11:      no=50;
12:      found=0;
13:      left=0;   right=9;
14:      mid=(left+right)/2;
```

```
15:        if ( ar[mid]==no){
16:            found=1;   /*  break;  */
17:        }
18:        else
19:            if (no>ar[mid])
20:                left=mid+1;
21:            else
22:                right=mid-1;
23:        printf("found=%d,left=%d,right=%d\n",found,left,right);
24:    }
```

◎ pr8-5.c 程式輸出：

```
Binary search:
5 6 15 16 23 25 32 85 96 98
found=0, left=5, right=9
```

請讀者務必測試程式能否處理所有的可能狀況，如「no<ar[mid]」的狀況。更改變數數值時(例如：no=10)，不可以更改處理程式，程式仍要印出正確結果。

到目前為止，我們已經寫出處理「部分問題」的正確程式，接下來要用「**相同的方法、相似的程式段**」，依序處理剩下的問題。讀者是否注意到 pr8-5.c 已找出新的搜尋範圍(left=5, right=9)，所以程式需要再做 14~22 列，直到搜尋完畢：

```
11:        no=50;
12:        found=0;
13:        left=0;   right=9;
14:        mid=(left+right)/2;   /* 找出中間元素的註標  */
15:        if ( ar[mid]==no){
16:            found=1;   不要再找了;
17:        }
18:        else
19:            if (no>ar[mid])
20:                left=mid+1;
21:            else
22:                right=mid-1;
23:         .  /*   重複   14~22 列   */
```

14~22 列就是要被重複執行的工作，也是「**完全相同**的重複敘述」。至此，已經完成 Bottom-Up 策略**步驟一、二** — 按部就班地解決問題，寫出**完全相同**的重複敘述。

最後，進行**步驟三** — 使用**迴圈敘述**取代**完全相同**的重複敘述。由於本題的重複次數不固定，因此不需要迴圈變數當計數器(counter)，故而可以改用 while 迴圈。但我們需要找出「繼續迴圈」的條件，筆者提供兩個思考方案：

1. 在 pr8-5.c 逐次加入「14~22」列，追蹤搜尋範圍的變化，如下所示：

步驟	left	right
1	0	9
2	5	9
3	5	6
4	6	6
5	**7**	**6**

請注意：步驟 4 的 left(6)**等於** right(6)，表示只剩**最後一筆**資料可供比對。而最後一列的「left>right」已**違反變數使用的意涵**，即 left 沒指向左側元素，改而指向右側元素。同理 right 沒指向右側元素，改而指向左側元素。這表示陣列已找完，且找不到資料。是故可得迴圈繼續執行的條件為「left<=right」。

2. 推論法：這個方法對初學者是比較抽象的，但看過上述的分析後應該可以輕易的了解。搜尋範圍有多筆資料要比較時「left<right」、只有一筆資料可比較時「left==right」，所以迴圈繼續執行的條件為「left<=right」。

至此已完成 Bottom-Up 程式策略的三個步驟，搜尋後再印出與 no 相同的陣列元素註標或印出「找不到與 no 相同的陣列元素」的訊息，如程式 pr8-6.c 所示。

◎ pr8-6.c 程式：

```
04:  main()
05:  {    int ar[10]={5,6,15,16,23,25,32,85,96,98};
06:       int left,mid,right,found, k,no;
07:
08:       printf("Binary search\n");
09:       for(k=0; k<cnt; k++) printf("%3d",ar[k]);
10:       printf("\n");
```

```
11:         no=50;
12:         found=0;
13:         left=0;    right=9;
14:         while(left<=right){
15:             mid=(left+right)/2;
16:             if ( ar[mid]==no){
17:                 found=1;    break;
18:             }
19:             else
20:                 if (no>ar[mid])
21:                     left=mid+1;
22:                 else
23:                     right=mid-1;
24:         }
25:         if (found)
26:             printf("Found %d at index %d\n",no, mid);
27:         else
28:             printf("Not found %d\n",no);
29:     }
```

請讀者務必測試程式能否處理所有的可能狀況，例如：逐次將 no 設定為 0(左側過小值)、5(左側最小值)、7(左側未出現值)、15(左側出現值)、23(中間元素值)、32(右側出現值)、35(右側未出現值)、98(右側最大值)、100(右側過大值)…等，在不更改處理程式的條件下，程式仍要印出正確結果。

牛刀小試 改寫 pr8-6.c，不宣告變數 found，改用 left、right 的數值判斷是否有找到資料。

以 pr8-6.c 程式為例，讀者可能會問：到底要不要宣告旗標變數 found 呢？從上列的牛刀小試可知其實旗標變數 found 並非絕對必要，但使用旗標變數 found 卻可**提高程式的可讀性**。可讀性對於大程式而言特別重要，因為如果程式的可讀性很高，可以大幅減少將來程式維護、修改的成本。同理，變數的命名也須要考慮到可讀性，例如：將旗標變數命名為 found 表示「**找到**」相當容易理解，但如果把它命名為 kk 或 m5，豈不令人「OOXX」。

8-6 新增陣列元素

這一節我們要寫程式**新增**(insert)某元素到陣列中，在一般的狀況下，我們還得先找到新增的**位置**(註標)後，才能執行新增元素的工作。同先前的解題策略，我們先解決**簡化過**的問題：

宣告 ar 為十個元素的整數陣列，並將內容設定為 95, 16, 5, 98, 23, 25, 85, 15, −10 , −10 。宣告 cnt 為整數並設定起始值為 8，表示目前陣列可用的元素個數(假想 −10 是不用的元素)。寫程式將 100 新增到陣列的 ar[3]位置，再調整 cnt 的值。

在開始解題之前我們先使用圖示把陣列秀出來，讀者可以在心裏模擬一下程式的運作情形：

ar[0]	ar[1]	ar[2]	ar[3]	ar[4]	ar[5]	ar[6]	ar[7]	ar[8]	ar[9]
95	16	5	98	23	25	85	15	−10	−10

↑ 100（新增至 ar[3]）

要將 **100 新增**到陣列的 ar[3]位置，顯然我們要先把 ar[3]到 ar[7]之間的所有元素向右移一個位置，騰出 ar[3]後才可以放入 **100**，所以解決問題的程式段為：

```
ar[3]到 ar[7]之間的所有元素向右移一個位置;
ar[3]=100;
cnt=cnt+1;
```

要將 ar[3]到 ar[7]之間的所有元素向右移一個位置，**不可以**先把 ar[3]拷貝入 ar[4]，再把 ar[4]拷貝入 ar[5]…，最後再把 ar[7]拷貝入 ar[8]。因為這樣子會毀掉 ar[4]、ar[5]…的內容，讓它們通通變成和 ar[3]相同。

正確的做法是：先把 ar[7](即 ar[cnt-1])拷貝入 ar[8](即 ar[cnt])，再把 ar[6]拷貝入 ar[7]…，一直做到把 ar[3]拷貝入 ar[4]。所以 Bottom-Up 程式策略**步驟一**所需的解題暴力程式如下：

```
ar[cnt]=ar[cnt-1];
ar[cnt-1]=ar[cnt-2];
    .
    .
ar[5]=ar[4];
ar[4]=ar[3];
```

接下來要進行 Bottom-Up 程式策略的**步驟二** — 用**變數**取代重複敘述中**不同的部分**，將之變成相同，因此程式就變成：

```
i=cnt;
ar[i]=ar[i-1];
i=cnt-1;
ar[i]=ar[i-1];
    .
    .
i=5;
ar[i]=ar[i-1];
i=4;
ar[i]=ar[i-1];
```

最後進行 Bottom-Up 策略的**步驟三** — 使用**迴圈敘述**取代**完全相同**的重複敘述：

```
for(i=cnt;i>=4; i--)
    ar[i]=ar[i-1];
```

接著用這一段程式取代「ar[3]到 ar[7]之間的所有元素向右移一個位置；」這句中文，可得解題的程式：

```
for(i=cnt;i>=4; i--)
    ar[i]=ar[i-1];
ar[3]=100;
cnt=cnt+1;
```

上列程式段的最後我們加入敘述「cnt=cnt+1;」，理由是：在 ar[3]的位置放入 100 後，陣列的元素個數增加一個，所以 cnt 要加一，也就是 cnt 會變成 9。

最後，我們在 100 被**新增前**、**後**用 **for** 迴圈把陣列的每一個元素用 printf 敘述列印出來，加入變數宣告及主函數(main)標記，即為完整的 pr8-7.c 程式：

◎ pr8-7.c 程式：

```
04:  main()
05:  {    int    i,k,cnt=8, ar[10]= {95,16,5,98,23,25,85,15,-10,-10};
06:
07:       printf("Insert 100 into element ar[3]:\n");
08:       for(k=0; k<cnt; k++) printf("%4d",ar[k]);
09:       printf("\n");
10:       for(i=cnt;i>=4; i--)
11:            ar[i]=ar[i-1];
12:       ar[3]=100;
13:       cnt=cnt+1;
14:       for(k=0; k<cnt; k++) printf("%4d",ar[k]);
15:       printf("\n");
16:  }
```

修改 pr8-7.c 程式，宣告變數 no 指定要**被新增的數值**、pos 指定陣列的**新增位置**。測試程式時可指定不同的數值給 no 與 pos，查驗程式輸出是否正確。

對於上列牛刀小試有困難的讀者，筆者建議你先再寫一個很類似的程式：將 100 新增到陣列的 ar[5]位置，再調整 cnt 的值。

程式可正確執行後，再和 pr8-7.c 比較，這時你可以很清楚地看出，因**新增位置不同**程式需要**更動的位置**，當然這些位置必須用 pos 來指定，這樣就可以達到「更改變數數值(例如：no、pos)，不可以更改處理程式，但程式仍能得到正確結果。」的要求。

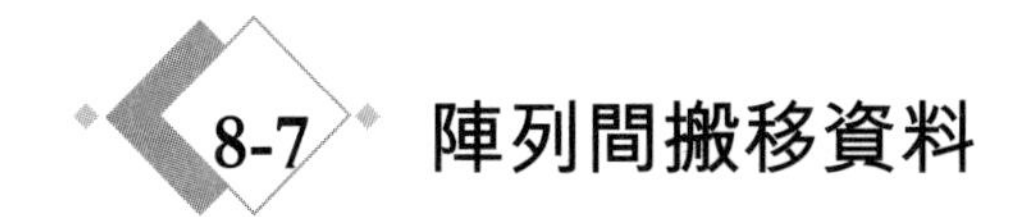

8-7 陣列間搬移資料

到目前為止，我們都只在 ar 陣列上進行資料處理。這一節我們要解一個更複雜的問題：在另一個「新的陣列」上處理資料。因為是在新陣列上處理資料，所以會面臨**新增資料到空陣列**的狀況。基本上，寫程式最怕處理資料「**從無到有**」以及「**從有到滿出**(溢位)」的狀況，因為這些是最容易讓程式產生問題的地方。

宣告 ar 為具有十個元素的整數陣列，起始值設為 95, 16, 29, 98, 23, 25, 85, 15, 32, 6。宣告 br 陣列為具有十個元素的整數陣列，但不設定起始值，這時可視 br 為一個沒有任何元素的空陣列。寫程式依序把 ar 陣列的十個元素拷貝到 br 中，每個元素新增到 br 陣列時要依「由小到大」的順序放到正確的新增位置。

br 從空陣列開始，逐一加入新元素，最後會有 10 個元素「由小到大」排列。為能記錄 **br** 陣列的**元素個數**，程式需要宣告整數變數 bcnt，初始值設為 0，表示 **br** 陣列沒有任何元素。當 ar 陣列的元素逐一搬入 br 時，bcnt 和 br 陣列的內容變化如下：

1. 拷貝 ar[0](95)進 br 陣列，bcnt=1、 br={95}。
2. 拷貝 ar[1](16)進 br 陣列，bcnt=2、 br={16, 95}。
3. 拷貝 ar[2](29)進 br 陣列，bcnt=3、 br={16, 29, 95}。
4. 拷貝 ar[3](98)進 br 陣列，bcnt=4、 br={16, 25, 95, 98}。

.

10. 拷貝 ar[9](6)進 br 陣列，bcnt=10、 br={6, 15,16, 23, 25, 29, 32, 85, 95, 98}。

這個問題難在我們必須每次找到新增元素在 br 陣列的**正確排序位置**，程式初學者很可能的做法為：

```
1. br[0]=ar[0];   bcnt++;              /* 拷貝 ar[0]，bcnt=1、 br={95}。     */
2. if (ar[1]>=br[0]) br[1]=ar[1];      /* 拷貝 ar[1]，bcnt=2、 br={16, 95}   */
   else { br[1]=br[0]; br[0]=ar[1]; }
   bcnt++;
```

這不是好的做法，因為除了 ar[0]之外，ar 的每個元素要拷貝到 br 陣列之前，都要先找出正確的排序位置，所以少了處理資料的「**共通性**」或「**一般性**」。這會讓程式多出幾行處理例外的敘述，於是變得不簡潔、不漂亮。而且接下來的每個步驟都會有長短不一的程式段，增加程式最佳化的困難度，甚至於根本就不可能進行最佳化。

注意

寫程式最怕處理「資料從無到有」的狀況，因為沒有資料很難寫出程式。因此先鍵入部分符合規定的資料後，完成處理「有資料」的程式段。再拿這段程式去處理「沒資料」的狀況。有趣的是，經常不用修改程式就可以處理「沒資料」的狀況，偶而 只需小幅修改就可以了。

其實先鍵入部分「符合規定的資料」就是簡化問題，這是本書一直在使用的重要程式策略。所以可以先在程式的開頭**更動起始設定**為：int bcnt=4, br[10]={10,50,100,200}，請注意：br 的四個元素已符合規定，由小排到大。

注意

鍵入 br 陣列的「部分資料」時，**要讓** ar[0]**會新增在** br **的中間位置**。為什麼呢？因為我們希望 ar[0]在 br 的新增位置，**前面**有資料、**後面**也要有資料。原理一樣，先避免處理「前面沒資料」或者「後面沒資料」的狀況，這樣才符合資料處理的「共通性」或「一般性」原則。

鍵完符合題目要求的 br 陣列資料後，接下來我們要寫出「將 ar[0]新增到 br 陣列」的程式段。基本上這個程式段要執行三項工作：

1. 找到 ar[0]新增到 br 的正確排序位置，用 pos 指到。
2. 將 br[pos] ~ br[bcnt-1]的所有元素右移一個位置，空出 br[pos]。
3. 將 ar[0]拷貝到 br[pos]，再執行 bcnt++。

這三項都是以前解過的題目，其中以第 1 項工作稍難一點。筆者再以 Bottom-Up 程式策略解題一次，先進行**步驟一** —— 按部就班地解決問題，寫出**暴力程式**：

```
pos=0;
if (br[pos]>ar[0])  不要再往下找；
pos=1;
if (br[pos]>ar[0])  不要再往下找；
    .
pos=bcnt-1;
if (br[pos]>ar[0])  不要再往下找；
```

由於被重複的敘述完全相同，故可省略**步驟二**。最後用 for 敘述完成**步驟三**的程式段為：

```
for(pos=0;pos<bcnt;pos++)
    if (br[pos]>ar[0])    break;
```

「將 ar[0]新增到 br 陣列」並將新增前、後的 br 陣列內容印出的完整程式如 pr8-8.c 所示：

◎ pr8-8.c 程式：

```
04:  main()
05:  {   int   ar[10]= {95,16,29,98,23,25,85,15,32,6};
06:       int   k,pos,bcnt=4,br[10]={10,50,100,200};
07:
08:       printf("Insert ar[0] into br:\n");
09:       for(k=0; k<bcnt; k++) printf("%4d",br[k]);
10:       printf("\n");
11:       for(pos=0;pos<bcnt; pos++)
12:           if (br[pos]>ar[0]) break;
13:       for(k=bcnt-1;k>=pos;k--)
14:           br[k+1]=br[k];
15:       br[pos]=ar[0];    bcnt++;
16:       for(k=0; k<bcnt; k++) printf("%4d",br[k]);
17:       printf("\n");
18:  }
```

看到 pr8-8.c 程式產生正確的輸出後，請讀者想一想，接下來要做什麼呢?先別急著掛上迴圈！記不記得 6-11 節談到程式測試的原則，程式必須能應付各種數值組合，而且不能因資料不同而需要修改程式。所以要針對 pr8-8.c 程式進行下列的測試：

1. 將 ar[0]的數值改為 0，檢查程式是否能正確的將 ar[0]新增到 br 的開頭。
2. 將 ar[0]的數值改為 300，檢查程式是否能正確的將 ar[0]新增到 br 的尾端。
3. 將 bcnt 設為 0，br 成為空陣列，檢查程式是否能正確的將 ar[0]新增到 br。。

讀者是不是很意外，pr8-8.c 居然可以通過各種資料組合的測試，這要歸功於資料處理的「共通性」或「一般性」原則。總而言之，逐一拷貝 ar 元素到 br 陣列時，「**一般**」會遇到的狀況是 br 為**非空陣列**，因此要先鍵入若干個合於題目要求的資料給 br。

目前只將 ar[0]拷貝到 br，我們得繼續 Bottom-Up 策略的**步驟一** — 用「**相同的方法、相似的程式段**」按部就班地將 ar[1]、ar[2]…ar[9]拷貝到 br 陣列，可得**暴力程式**：

```
for(pos=0;pos<bcnt; pos++)
    if (br[pos]>ar[0]) break;
for(k=bcnt-1;k>=pos;k--)
    br[k+1]=br[k];
br[pos]=ar[0];    bcnt++;

for(pos=0;pos<bcnt; pos++)
    if (br[pos]>ar[1]) break;
for(k=bcnt-1;k>=pos;k--)
    br[k+1]=br[k];
br[pos]=ar[1];    bcnt++;
    /*  一直重複做到  ar[9] */
```

請自行完成上述問題的完整程式！接下來，筆者再介紹這個題目的另一個解題方法：同先前所述，鍵好 br 陣列的部分資料後(bcnt=4)，**先執行**「br[bcnt]=ar[0];」，即**拷貝** ar[0]**到** br[4]，**再將** br[bcnt]**向左推到正確的位置**，其餘的程式策略則與前述完全相同。

br[0]	br[1]	br[2]	br[3]	br[4]	br[5]	br[6]	br[7]	br[8]	br[9]
10	50	100	200	95	·	·	·	·	·

完成上述之(另一個)解題方法的完整程式，依序把 **ar** 陣列的十個元素拷貝到 **br** 中由小到大排列。此法稱為**插入排序法**(insertion sort)，請問兩者何者較佳呢？

8-8 陣列相乘

陣列(矩陣)相乘在工程與科學上是非常重要的基本運算，人工計算很麻煩，但寫程式來計算卻是件簡單的事。假設有兩個 3x3 陣列 a 與 b 如下所示：

$$a=\begin{bmatrix}1 & -1 & 0\\ 4 & 2 & 1\\ 2 & 6 & 3\end{bmatrix},\qquad b=\begin{bmatrix}1 & 1 & 2\\ 3 & 2 & -1\\ 2 & 2 & 1\end{bmatrix}$$

寫程式執行陣列相乘，計算陣列 c=a x b。

根據 7-10 節的說明，宣告二維整數陣列時若要順道指定數值，需一列接著一列放入，**同一列**的所有元素要用**左右大括弧包住**。因此陣列宣告部分為：

```
int a[3][3]={{1,-1,0},{4,2,1},{2,6,3}},
    b[3][3]={{1,1,2},{3,2,-1},{2,2,1}},c[3][3];
```

另外，因為 c=a x b，所以陣列 c 的每一元素可由下列的數學公式算出：

$$c_{ij}=\sum_{k=0}^{2} a_{ik} * b_{kj}\text{，其中 } i, j = 0, 1, 2$$

根據這個公式，計算陣列 c 第一列 3 個元素的程式如下所示：

```
1. c[0][0]=a[0][0] *b[0][0]+a[0][1] *b[1][0]+a[0][2] *b[2][0];   /* i=0, j=0 */
2. c[0][1]=a[0][0] *b[0][1]+a[0][1] *b[1][1]+a[0][2] *b[2][1];   /* i=0, j=1 */
3. c[0][2]=a[0][0] *b[0][2]+a[0][1] *b[1][2]+a[0][2] *b[2][2];   /* i=0, j=2 */
```

這樣的寫法並沒有利用到程式的最重要特質 ── **迴圈**，請讀者試想如果題目改為計算兩個 10x10 的陣列相乘，哪不變成要命的打字任務。請注意：上列的每個算式都是在做「**兩數相乘**後再**累加**」的運算，故可用 Bottom-Up 程式策略來計算，以 c[0][0]為例，執行**步驟一** ── 按部就班地解決問題，寫出**暴力程式**。

```
c[0][0]= 0;
c[0][0]= c[0][0]+a[0][0] *b[0][0];
c[0][0]= c[0][0]+a[0][1] *b[1][0];
c[0][0]= c[0][0]+a[0][2] *b[2][0];
```

接下來進行**步驟二** — 用**變數**取代重複敘述中**不同的部分**，將之變成相同。

```
c[0][0]= 0;
k=0;
c[0][0]= c[0][0]+a[0][k] *b[k][0];
k=1;
c[0][0]= c[0][0]+a[0][k] *b[k][0];
k=2;
c[0][0]= c[0][0]+a[0][k] *b[k][0];
```

最後進行**步驟三** — 使用**迴圈敘述**取代**完全相同**的重複敘述。

```
c[0][0]=0;
for(k=0;k<3;k++)
    c[0][0]= c[0][0]+a[0][k] *b[k][0];
```

程式還不熟的讀者可以先測試上列的程式段，檢查程式輸出是否正確。正確無誤後，根據 Bottom-Up 程式策略的精神，再用「**相同的方法、相似的程式段**」依序把剩下的問題解決掉。

```
c[0][1]=0;
for(k=0;k<3;k++)
    c[0][1]= c[0][1]+a[0][k] *b[k][1];

c[0][2]=0;
for(k=0;k<3;k++)
   c[0][2]= c[0][2]+a[0][k] *b[k][2];
```

我們已完成「計算陣列 c 第一列 3 個元素」的暴力程式(即 Bottom-Up **步驟一**)，接下來進行 Bottom-Up **步驟二** — 用**變數**取代重複敘述中**不同的部分**，將之變成相同。

```
j=0;
c[0][j]=0;
for(k=0;k<3;k++)
    c[0][j]= c[0][j]+a[0][k] *b[k][j];
j=1;
c[0][j]=0;
for(k=0;k<3;k++)
    c[0][j]= c[0][j]+a[0][k] *b[k][j];
j=2;
c[0][j]=0;
for(k=0;k<3;k++)
   c[0][j]= c[0][j]+a[0][k] *b[k][j];
```

完成 Bottom-Up 策略**步驟三**的完整程式如 pr8-9.c 所示：

◎ pr8-9.c 程式：

```
04:  main()
05:  {   int a[3][3]={{1,-1,0},{4,2,1},{2,6,3}},
06:          b[3][3]={{1,1,2},{3,2,-1},{2,2,1}},c[3][3], i,j,k;
07:
08:      printf("Calculate the 1st row of matrix c:\n");
09:      for(j=0; j<3; j++){
10:          c[0][j]=0;
11:          for(k=0;k<3; k++)
12:              c[0][j]= c[0][j]+a[0][k] *b[k][j];
13:      }
16:      for(j=0; j<3; j++) printf("%4d",c[0][j]);
17:      printf("\n");
18:  }
```

當可以看到陣列 c 的第一列正確的算出來後，接下來，**再用「相同的方法、相似的程式段」**依序把剩下的問題解決掉。

還不熟練的讀者可以先複製 pr8-9.c，再修改使之「計算陣列 c **第二列**的 3 個元素」，程式可正確執行後，再和 pr8-9.c 比較。這時你可以很清楚地看出，因計算**不同列**時程式需要**更動的位置**。接著就可輕易地寫出被重複的「9~13 列程式段」，如下所示：

```
for(j=0; j<3; j++){
    c[0][j]=0;
    for(k=0;k<3; k++)
        c[0][j]= c[0][j]+a[0][k] *b[k][j];
}
for(j=0; j<3; j++){
    c[1][j]=0;
    for(k=0;k<3; k++)
        c[1][j]= c[1][j]+a[1][k] *b[k][j];
}
for(j=0; j<3; j++){
    c[2][j]=0;
    for(k=0;k<3; k++)
        c[2][j]= c[2][j]+a[2][k]*b[k][j];
}
```

計算並印出陣列 c 之所有元素的完整程式如 pr8-10.c 所示：

◎ pr8-10.c 程式：

```
04:  main()
05:  {   int a[3][3]={{1,-1,0},{4,2,1},{2,6,3}},
06:          b[3][3]={{1,1,2},{3,2,-1},{2,2,1}},c[3][3], i,j,k;
07:
08:      printf("Calculate all rows of matrix c:\n");
09:      for(i=0;i<3;i++)
10:          for(j=0; j<3; j++){
11:              c[i][j]=0;
12:              for(k=0;k<3; k++)
13:                  c[i][j]= c[i][j]+a[i][k] *b[k][j];
14:          }
15:      for(i=0;i<3;i++){
16:          for(j=0; j<3; j++) printf("%4d",c[i][j]);
17:          printf("\n");
18:      }
19:  }
```

注意

請讀者仔細比較 pr8-10.c 程式的 12、13 列與陣列相乘的計算公式，感受一下數學公式與程式迴圈的相似與關係：

$$c_{ij} = \sum_{k=0}^{2} a_{ik} * b_{kj}$$

```
12:  for(k=0;k<3; k++)
13:      c[i][j]= c[i][j]+a[i][k] *b[k][j];
```

牛刀小試

寫程式執行 4x4 陣列相乘，計算陣列 c=a x b。陣列 a, b 的數值自行設定。

8-9 指　標

指標(pointer)在 C 語言程式設計是很重要的觀念，指標也是大部分初學程式的人很難突破的障礙，學不好指標就很難繼續學習資料結構、演算法…等更深的程式課程。這一節筆者要用淺顯易懂的方式介紹指標，請讀者務必耐心學習、堅持到底。

在路上我們可以看到許多指標，告訴我們那條路往那邊走、甚麼地方往那邊去，所以**指標**就是**指向目標的「記號」**。現在我們延伸這樣的觀念，當我們在路上撿到一張身份證，身份證上的地址就可以讓我們找到它的主人，所以身份證上的**地址**也是一種**指標** ── 指向身份證所有人的住處。

在火車站或大型購物中心都設有置物櫃(寄物櫃)，置物櫃的編號可以讓我們找到它的正確位置，所以**置物櫃的編號**也是一種**指標** ── 指向置物櫃的**位置**。現在請看下圖所示的置物櫃：

編號(指標)	21	22	23	24	25
內容	皮夾	背包	毛衣	書包	衣褲

我們可以用人類的語言(國語)描述上圖如下：

1. **23** 號置物櫃的**內容**是毛衣。
2. 內容為皮夾的置物櫃**編號**是 **21**。

C 語言用 **&** 和 ***** 兩個符號來輔助說明這種關係，其意義分別為：

1. **&** — …的地址、…的編號、…的指標。
2. ***** — …的內容。

所以我們可以使用 C 語言的符號描述上圖如下：

1. ***(23)** 是毛衣。
2. **&**(皮夾) 是 **21**。

用程式語言的教學用語來說，是這樣：

1. 編號 **23** 的內容是毛衣。

   或 指標 **23** 的內容是毛衣。
2. 皮夾的編號是 **21**。

   或 皮夾的指標是 **21**。

回到 C 語言的狀況，當我們宣告變數時，例如宣告 **i, j, k, l, m** 為 short 整數，系統會把這些變數存放在記憶體(memory)內，並且記住每一個變數所在的記憶體地址(address)，所以變數所在的**記憶體地址**(簡稱**變數地址**)也就是變數的**指標**(pointer)。請看下圖所示的變數表：

編號(指標)	210	212	214	216	218
內容	i	j	k	l	m

請讀者特別注意，整數 **i** 的地址是筆者**任意選定**的，另外由於系統用 2bytes (16 位元)存放 short 整數，所以每個變數的地址相差 2。假設 i, j, k, l, m 分別存入 10, 20, 30, 40, 50，則變數表會變成：

編號(指標)	210	212	214	216	218
內容	i 10	j 20	k 30	l 40	m 50

根據上圖，我們可以用人類的語言(國語)說：

1. **212** 號的內容是 **j (20)**。
2. 變數 **k (30)** 的地址是 **214**。

使用 C 語言的符號我們可以說：

1. ***(212)** 是 **j (20)**。
2. **&(k)** 是 **214**。

最後請問讀者：**printf("%d",*(&m));** 會印出什麼數值？這個句子會印出「m 的**地址**」所指的**內容** — 也就是 **m**，所以會印出 **50**。這個問題目前看起來很無聊，但可讓讀者再次練習指標的觀念。

C 語言可以讓我們宣告**指標**(地址)**型態**的變數，宣告指標變數的語法如下：

資料型態 *變數名;

語意

將**變數名**宣告為指定之**資料型態**的**指標**(地址)。

舉個例子 — 宣告 **i** 為整數、**ptr** 為**整數指標**的 C 語言敘述是：

```
int   i, *ptr;
```

簡單的說**指標變數的前面要多加一個星號**，原理請看下圖：

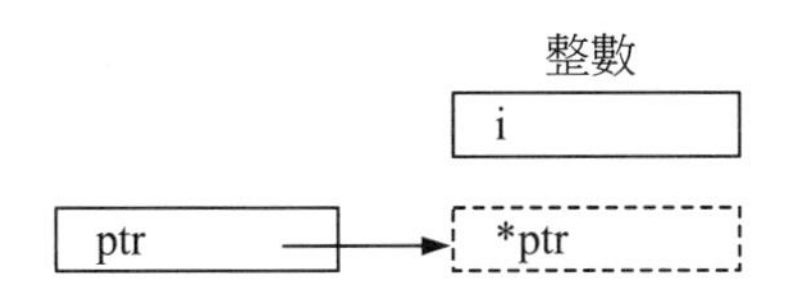

參考上圖，可知 **int i, *ptr;** 這個敘述告訴系統：

1. **i** 是一個整數。
2. ***ptr** 也是個整數。

「***ptr**」是個整數，亦即「**ptr 所指的內容**」是個整數，所以 ptr 是個**整數指標**。另外請讀者要特別注意的是 — **int i, *ptr;** 所宣告的**變數名**是「**i** 和 **ptr**」並不是 **i** 和 ***ptr**。也就是說「***ptr**」要讀成「變數 **ptr** 所指的**內容**」，所以變數名是 **ptr**。

由於 **ptr** 是個整數指標，可存放某個整數的地址，因此我們可以把整數 i 的地址 **(&i)** 存入 ptr 內，這樣就會讓 **ptr 指向整數 i**，如下圖所示：

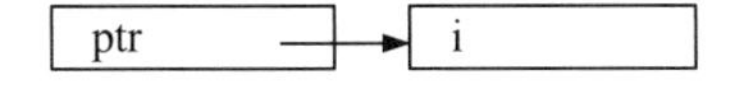

讀者是不是正在想，這樣子 **i** 和 ***ptr** 不就都代表變數 **i** 的數值嗎？沒錯！因為 **ptr** 內存放整數 i 的地址，所以 **i 和 *ptr** 都是變數 i 的數值。現在看一個簡單的例子：

```
int i, *ptr;
i=100;
ptr=&i;
*ptr=99;
printf("%d\n",i);
printf("%d\n",*ptr);
```

這個程式段會印出變數 **i** 的數值，答案是 99 而不是 100，當然 ***ptr** 的數值也是 99。加入變數宣告及主函數(main)標記，即得完整的 pr8-11.c 程式：

◎ pr8-11.c 程式：

```
04:  main()
05:  {   int    i, *ptr;
06:
07:        printf("Print values of i and *ptr:\n");
08:        i=100;
09:        ptr=&i;
10:        *ptr=99;
11:        printf("Value of i is%d\n",i);
12:        printf("Value of *ptr is%d\n",*ptr);
13:  }
```

請讀者務必弄清楚：**int i, *ptr;** 所宣告的變數是「**i** 和 **ptr**」，其中 i 是整數、ptr 則是整數指標。另外，**&i** 是整數 i 的地址；同樣的 **&ptr** 則是**整數指標** ptr 的**地址**。因為 ptr 是整數指標，故可存入任何整數的地址，例如：**ptr=&i;** 會把 i 的地址存入 ptr 內，所以 ptr 就會指向整數 i，如下圖所示。

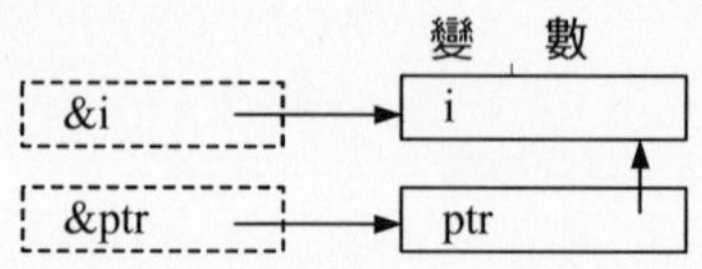

8-10 陣列與指標

C 語言將「**陣列名**」視為指向陣列的**指標**，而且是不能更改的常數(指標)，會指向陣列的第一個元素。假設我們在程式中宣告：

```
int *ptr, ar[10]= {95,16,5,98,23,25,85,15,-10,-10};
```

整數陣列 **ar** 以及整數指標 **ptr** 就會變成：

ar[0]	ar[1]	ar[2]	ar[3]	ar[4]	ar[5]	ar[6]	ar[7]	ar[8]	ar[9]
95	16	5	98	23	25	85	15	–10	–10

↑
ar　ptr ⟶ ?

從上圖可知：**ar** 的內容其實就是 **&ar[0]**，亦即 **ar[0]**的地址。另外，**ptr** 因為沒有設定起始值，所以**指向不知名的地方**。如果我們貿然將資料寫入 **ptr** 所指的地方(例如: ***ptr=2100;**)，這樣做可能會造成當機。因為如果 **ptr** 指向 **IDE** 系統，就會毀掉 IDE，又如果 **ptr** 是指向作業系統，則會毀掉作業系統，尤其是 DOS 更是絲毫沒有自我保護。

安全性一直是指標變數的致命傷，所以注重安全的系統多不允許使用指標變數來開發程式，但是指標變數在開發系統程式仍有極重要的地位。現在看一個簡單的例子：

```
int *ptr, ar[10]= {95,16,5,98,23,25,85,15,-10,-10};

ptr=ar;              /* ptr 指向 ar[0]，陣列的開頭   */
*ptr=33;             /* ptr 所指的變數(即 ar[0])放 33 */
ptr=&ar[8];          /* ptr 指向 ar[8] */
*ptr=88;             /* ptr 所指的變數(即 ar[8])放 88 */
ptr++;               /* ptr 指向下一個元素 ar[9] */
*ptr=99;             /* ptr 所指的變數(即 ar[9])放 99 */
ptr=ptr-4;           /* ptr 向前移四個元素，指向 ar[5] */
*ptr=55;             /* ptr 所指的變數(即 ar[5])放 55 */
```

最後，我們在陣列內容變更之前、後用 for 迴圈把陣列的每一個元素印出來，加入變數宣告及主函數(main)標記，即得完整的 pr8-12.c 程式：

pr8-12.c 程式：

```
04:  main()
05:  {   int    ar[10]={95,16,5,98,23,25,85,15,-10,-10};
06:      int    k,*ptr;
07:
08:      printf("Application of pointer:\n");
09:      for(k=0; k<10; k++) printf("%4d",ar[k]);
10:      printf("\n");
11:      ptr=ar;          *ptr=33;
12:      ptr=&ar[8];      *ptr=88;
13:      ptr++;           *ptr=99;
14:      ptr=ptr-4;       *ptr=55;
15:      for(k=0; k<10; k++) printf("%4d",ar[k]);
16:      printf("\n");
17:  }
```

在 7-2 節我們提到陣列元素的數值可以在兩個地方指定：**1. 宣告**陣列的時候。以及 **2.** 在陣列宣告之後的**程式中**。

我們可以在宣告陣列的時候指定元素數值，方法如下所示：

```
int    ar[5]={6,15,95,18,23};
```

因為 C 語言的編譯器(Compiler)在翻譯這樣的**陣列宣告**敘述時，會在配置記憶體給陣列的同時，順道將元素的數值放入陣列中。請注意到 ── 是 **Compiler** 負責將數值放入陣列中，因為我們的 C 程式**正在被翻譯**，都還不能執行呢！

但是我們**不可以**在宣告陣列 **int ar[5];** 之後用下列的敘述指定元素數值：

ar={6,15,95,18,23};　　或者　　ar[5]={6,15,95,18,23};

簡單又精確地說 ── {6,15,95,98,23}**不是指定敘述語法可以接受的合法資料**。現在我們可以從另一個角度來看這個問題：

1. **ar={6,15,95,18,23};** 的錯誤原因是 ── **ar** 是指向 ar[0]的**整數指標**，但是**{6,15,95,18,23}** 並不被 **C** 語言視為**指標**，所以語法錯誤。且 ar 是**指標常數**，根本不能再指定新值。
2. **ar[5]={6,15,95,18,23};** 的錯誤原因是 ── **ar** 陣列只有 5 個元素，最後一個元素是 **ar[4]**，故 **ar[5]並不存在**。再者要把**{6,15,95,18,23}**放入 **ar[5]**這個元素也是辦不到事。

8-11 自鍵盤讀入資料的敘述–scanf

自鍵盤讀資料入變數所需的敘述是 scanf，scanf 的語法和 printf 十分類似，但是使用 scanf 時需要給定**變數指標**而不是變數。現在請看 scanf 的語法：

語法

```
scanf("控制字串", 變數指標串);
```

語意

按照控制字串的**指定格式**依序自鍵盤讀入資料，存入**變數指標**所指的**記憶體位置**。

說明

1. 「變數指標串」是用**逗號分開**的若干個**變數指標**。
2. 控制字串裡可使用下列的控制符號，來指定變數指標串中每個變數的**資料型態**：

控制符號	資料顯示方式
%d	以十進位讀入型態為 int 的資料
%x	以十六進讀入印型態為 int 的資料
%ld	以十進位讀入型態為 long 的資料
%lx	以十六進位讀入型態為 long 的資料
%f	以具六位小數讀入型態為 float 的資料
%e	以指數形式讀入型態為 float 的資料
%lf	以具小數形式讀入型態為 double 的資料
%le	以指數形式讀入型態為 double 的資料
%c	以字元形式讀入型態為 char 的資料
%s	以字串形式讀入型態為 char 的陣列

3. 自鍵盤輸入資料時，【空白】鍵或【Enter】鍵可用來分隔資料，但最後一項資料要用【Enter】鍵結束。例如要輸入 99 以及 Hello 兩項資料，可以輸入：

   99 【空白】Hello 【Enter】 或者 99 【Enter】Hello 【Enter】

注意

宣告變數 i 和 j 為整數，使用 scanf 敘述自鍵盤讀入兩個整數(例如：55 和 99)，將之存入變數 i 和 j 後用 printf 敘述印出。

這是個很簡單的問題，完整的程式是這樣：

```
04:   main()
05:   {   int   i, j;
06:
07:       scanf("%d%d",&i,&j);
08:       printf("Values of i and j are: %d   %d\n", i, j);
09:   }
```

程式執行後**系統游標**(cursor)**會一閃一閃地等待**使用者輸入資料，這時讀者可鍵入：

55 【空白】 99 【Enter】

接下來就可以看到 printf 所印出的程式輸出。

請讀者特別注意 ── scanf 敘述內要放**&i 和 &j**，即 i 和 j 的地址(**指標**)。自鍵盤輸入的資料會存入這兩個**指標所指的位置**，所以會存入 **i** 和 **j** 內。如果程式寫成這樣：

```
int   i, j;
scanf("%d%d", i, j);
```

後果會是怎樣呢？由於 scanf 敘述內要放指標，所以 **i 和 j 的數值**會被當成**指標**。但是 **i 和 j 的起始值未定**，故自鍵盤輸入的資料會存入「**不知名的地方**」，造成不可知的可怕後果。例如：DOS 的自我防護措施很差，所以可能讓 Turbo C 或 DOS 當掉。至於 Windows 的保護措施改善許多，所以它會告訴我們：程式企圖存取非法地址的資料。因此是我們的程式當掉，而不是 IDE 或 Windows 當掉。

宣告 ar 為 10 個元素的整數陣列，使用 scanf 敘述自鍵盤輸入 10 個整數，將之存入陣列 ar 中。

這也是個很簡單的問題，它的暴力程式是這樣：

```
scanf("%d",&ar[0]);
scanf("%d",&ar[1]);
    .
scanf("%d",&ar[9]);
```

讀者應該可以輕易地完成 Bottom-Up 程式策略的後兩步驟，解題的程式段是這樣：

```
int    i, ar[10];
for(i=0; i<10; i++)
      scanf("%d",&ar[i]);
```

同樣的問題，我們也可以利用指標變數來解決，宣告 **ptr** 為整數指標後，解題的暴力程式是這樣：

```
ptr=ar;
scanf("%d",ptr);    ptr++;
scanf("%d",ptr);    ptr++;
    .
scanf("%d",ptr);    ptr++;
```

先用 **ptr** 指標指向陣列的開端，每讀入一個元素後 **ptr** 指標就指向下一個元素，這樣的步驟要**重複 10 次**。讀者應該可以輕易地完成 Bottom-Up 程式策略的其餘兩步驟，解題的程式段是這樣：

```
int    i, *ptr,ar[10];
ptr=ar;
for(i=0; i<10; i++){
      scanf("%d",ptr);
      ptr++;
}
```

在讀入陣列內容之後，我們可以用 **for** 迴圈把陣列的每一個元素列印出來，加入變數宣告及主函數(main)標記，即得完整的程式 pr8-13.c：

pr8-13.c 程式：

```
04:  main()
05:  {   int   i,*ptr, ar[10];
06:
07:       printf("Read and print array elements:\n");
08:       ptr=ar;
09:       for(i=0; i<10; i++) {
10:           scanf("%d",ptr);
11:           ptr++;
12:       }
13:       for(i=0; i<10; i++) printf("%4d",ar[i]);
14:       printf("\n")
15:  }
```

我們可以合併「**scanf("%d", ptr);**」和「**ptr++;**」兩個敘述成為一個敘述「**scanf("%d",ptr++);**」，請讀者注意 ── 「++」 寫在「**ptr**」 之後，所以是**先執行並用的 scanf 敘述**，再執行遞增的敘述。因此解題的程式段也可以寫成：

```
int   i, *ptr,ar[10];
ptr=ar;
for(i=0; i<10; i++)   scanf("%d", ptr++);
```

筆者建議初學程式的讀者儘量不要用這種合併敘述，不過現在可以慢慢學著看懂它。接下來筆者要在此問一個問題，**ar** 是**陣列名**，所以 **ar** 也就是一個指標，可否用 **ar** 取代 **ptr** 的角色，將解題的的程式段改寫成：

```
int   i, ar[10];
for(i=0; i<10; i++) {
    scanf("%d", ar);
    ar++;
}
```

答案是 ── **不可以！**雖然 **ar** 是陣列名，是一個指標，**但必須固定指向陣列的開端**，因此 C 語言不允許 ar 的內容被更動。換言之，**ar** 被 C 語言視為**指標常數**(constant)，必須固定指向陣列的第一個元素。

8-12 習　題

1. 修改 pr8-4.c 程式，多宣告一個變數 no，程式一開始用 no 指定要被刪除的元素數值(例如：no=23;)，程式須能刪除**所有**和 no 相等的陣列元素。
2. 將習題 1 的 no 依序指定為 95(ar[0]), 6(ar[9]), 99(ar 陣列中沒有的元素)，執行程式確認輸出無誤。
3. 將習題 1 的 no 指定為 95，並將 ar[5] ~ ar[9]也指定為 95，執行程式確認輸出無誤。
4. 如習題 1，但刪除所有比 no 大的元素。
5. 修改 pr8-7.c 程式，多宣告變數 **pos, no**，程式一開始用 no 指定要被新增的**數值，pos** 指定新增位置的**註標**(例如：pos=6;)，程式須能將 no 的數值新增到 **ar[pos]**。並依序再用 pos=0 與 pos=9 測試程式輸出。
6. 宣告 ar 為十個元素的整數陣列，不須設定起始值。自鍵盤讀入十個整數進入陣列 ar，將陣列由大到小排序，並印出排序前、排序後的陣列內容。
7. 參考 pr8-8.c 程式，解決 8-7 節的問題 —— 依序把 **ar** 陣列的十個元素拷貝到 **br** 中，每個元素新增到 **br** 陣列時要依「由大到小」的順序放到正確的新增位置。

注意

下列各題內定宣告 ar 為十個元素的整數陣列，並將內容設定為 5, 5, 5, 98, 23, 23, 85, 15, 23, 2。

8. 印出 **ar** 陣列中所有的相異**質數**。
9. 宣告 **br** 為十個元素的整數陣列，將 **ar** 陣列中所有的**相異元素**拷貝到 **br** 陣列。
10. 同習題 8，但每個元素新增到 **br** 陣列時要依「由小到大」的順序放到正確的新增位置。
11. 宣告 **br** 為十個元素的整數陣列，將 **ar** 陣列中所有的**相異質數**拷貝到 br 陣列。
12. 同習題 10，但每個元素新增到 **br** 陣列時要依「由小到大」的順序放到正確的新增位置。

13. 刪除 **ar** 中所有數值重覆的元素，最後 **ar** 陣列剩 6 個元素 — 5, 98, 23, 85, 15, 2。

14. 自鍵盤讀入字串存入 str1，寫程式將 str1 的內容反轉存入 str2，印出 str1 及 str2 字串。

15. 宣告字元陣列 str1[80]= "I love C! Do you? I hope you do!"，寫程式算出 str1 裡共有幾個不同字元。(可寫兩個版本：大小寫視為相同、大小寫視為不同)

16. 計算 8-8 節之 a、b、c 陣列的行列式(determinant)，並驗證 |c| 是否等於 |a|*|b|。

17. (**高難度**題目)一個**線性非時變**(Linear Time Invariant)系統的輸出 **y[n]**可以用系統**脈衝響應 h[n]** 與系統的**輸入 x[n]** 計算出來，其中註標 n 代表第 n 個時間單位，整個系統如下圖所示：

h[n]

x[n] → | 系統 | →y[n]

假設「一個」能量單位的**輸入脈衝**(即 x[n]={1})會使系統產生 1, 2, 2, -1, 1 的輸出(即 y[n]={1, 2, 2, -1, 1}，也就是 y[0]=1, y[1]=2, y[2]=2, y[3]=-1, y[4]=1)，這個由「一單位能量的輸入脈衝」所產生的輸出有個特別名稱，叫做**脈衝響應** h[n]，亦即 h[n]={1,2,2,-1,1}。

一個系統是線性的(linear)表示輸出和輸入成正比，也就是說如果 x[n]={6} (即 x[n]為 x[0]=6，有 6 倍的能量單位)，則輸出 y[n]=6*h[n](即 y[n]={6, 12, 12, -6, 6})。

另外，一個系統如果是**非時變**(Time Invariant)的，則相同的輸入會產生相同的輸出，輸出不會因輸入的時間不同而改變，只是隨輸入的延後而產生相同的延後。

註解

想知道你的男友或女友是不是一個非時變系統，可以做個簡單的實驗 — 晚上 9 點打電話問他「你喜歡我嗎?」，然後凌晨 3 點再打電話問同樣的問題，最後凌晨 4 點再打電話給他再問同樣的問題。如果他三次的回答(也就是系統輸出)都**完全一樣**，那他就是一個非時變系統。(請問廟裡的大鐘像不像一個非時變系統？)

因此，如果一個非時變系統的輸入 x[n]={0,0,1}，則輸出 y[n]={0,0,1,2,2,–1,1}，也就是輸出相同但延遲兩個時間單位。

這個線性非時變系統在接收多個脈衝輸入時，產生的輸出如下：

	n=0	n=1	n=2	n=3	n=4	n=5	n=6
x[0] →	x[0]h[0]	x[0]h[1]	x[0]h[2]	x[0]h[3]	x[0]h[4]		
x[1] →		x[1]h[0]	x[1]h[1]	x[1]h[2]	x[1]h[3]	x[1]h[4]	
x[2] →			x[2]h[0]	x[2]h[1]	x[2]h[2]	x[2]h[3]	x[2]h[4]
x[3] →				x[3]h[0]	x[3]h[1]	x[3]h[2]	x[3]h[3]···

.

因為系統是線性的，輸出會線性相加，故縱向累加可得 y[n]：

y[0]= x[0]h[0];

y[1]= x[0]h[1]+x[1]h[0];

y[2]= x[0]h[2]+x[1]h[1]+x[2]h[0];

y[3]= x[0]h[3]+x[1]h[2]+x[2]h[1]+x[3]h[0];

.

請使用 Bottom-up 程式策略，寫程式計算 x[n]={1,2,1,1,−1,0,1,2,3}所產生的輸出 y[n]。

提示：**1.** 請先寫出迴圈產生中間的輸出如 y[3]，再逐次寫出迴圈產生相鄰的輸出，最後再把所有的迴圈最佳化。

2. 仔細檢查 **x** 及 **h** 陣列的註標是否在有效範圍。

18. 解決 13 題的另一種簡單的做法是：

```
把 y 陣列的全部元素設定為 0;
for(k=0;k<9;k++)
    自 y[k]開始累加 x[k]所產生的輸出;
```

提示：1. 將 x[0]*h[n]之結果自 y[0]開始，累加至陣列 y。

2. 將 x[1]*h[n]之結果自 y[1]開始，累加至陣列 y。

3. 將 x[2]*h[n]之結果自 y[2]開始，累加至陣列 y。

.

.

09

CHAPTER

函數程式設計

到目前為止，本書的所有程式都是放在 main()之後的左右大括弧內，如下所示：

```
main()
{
    ...  /* 程式段 */
}
```

C 語言把這樣的程式段稱為**函數**或**函式**(function)，main 就是函數的**名字**，所以我們稱它為**主函數**或**主函式**。除了主函數外，C 語言還允許我們將若干個敘述組成一個函數並為函數取名，這種函數稱為**使用者自訂**的函數。自訂函數的最大功能是 — 讓程式設計者把**功能完整**的程式段組成一個函數，這樣可以使程式**模組化**、**結構化**，進而增加程式的可讀性與可靠性。

函數如同一個會製造產品的機器，我們可以送入不同的原料，讓機器製造出不同的成品，但至多只會產出一種成品，如圖 9-1 所示。

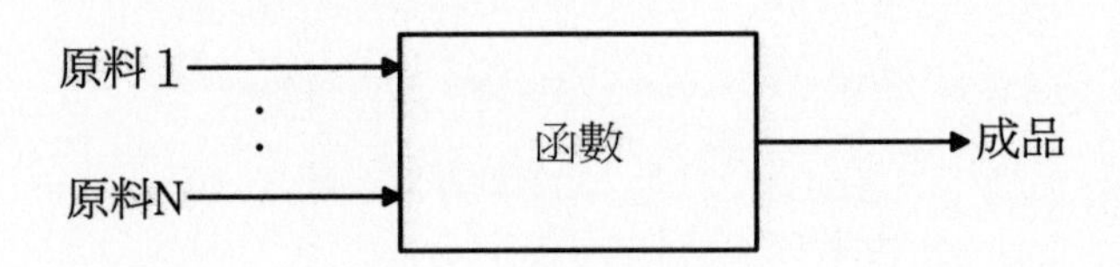

圖 9-1 函數示意圖

我們把製造果汁的機器叫做果汁機，同理，C 語言把會產出整數(**int**eger)成品的函數稱為 int 函數、會產出字元(**char**acter)的函數稱為 char 函數，不產出任何東西的函數則稱為 void 函數。可想而知，函數的可能型態和變數的型態完全相同。

1. 函數的型態如何指定？函數如何傳回產出的結果？
2. main 函數的型態是什麼？
3. main 後的左右小括弧有什麼用途？

本章後續各節會詳細一一解答這些問題！

9-1 最簡函數的結構

「**最簡函數**」的組成結構和主函數(function main)幾乎完全相同，最簡函數的結構如下所示：

```
函數型態 函數名()
{
   ...    /* 程式段 */
}
```

說明

1. 函數的型態和變數型態一樣，有 short、int、long、long long、float、double、long double、char，以及其他宣告過的型態。
2. 不傳回任何結果(即沒有任何產出)的函數型態為 **void**。
3. **不標示型態**的函數，系統將之**內定為 int** 型態。
4. 函數雖然有標示型態，卻可以不用傳回任何產出的結果。但若有傳回結果，其資料型態必須和指定的函數型態一樣。

注意

1. C 語言允許任何「有標示型態」的函數，可以不用傳回任何產出的結果。因此，**不傳回結果**的函數其實可以任意指定其型態。但把型態指定為 **void** 可以清楚明白的讓人知道，這是個不傳回任何資料的函數。
2. C 語言允許函數不指定型態，編譯器會將之**內定為** int 函數。但 C++則**不支援**「內定 int 型態」的功能，故使用 C++，每個函數都必須指定型態。
3. 建議讀者養成指定每個函數型態的習慣，這樣可以免去平台差異的困擾。

最簡**使用者自訂**函數的寫法和主函數一模一樣，唯一的不同是我們要為函數**取名**並**指定型態**。取名的規則和變數命名一樣，此外，函數的**名字**最好要能表現**函數的功能**，這樣才可以增加主程式(或叫用程式)的可讀性。

函數「main() { . . . }」因為沒有指定型態，所以內定為 int 函數，不過為了避免混淆，有些平台(如 Visual C++)要求每個函數都必須指定型態。所以讀者可能看到：

1. int main() { . . . }，把主函數宣告為整數函數。

2. void main() { . . . }，把主函數宣告為不傳回任何資料的 void(空)函數。

請注意：標準 C (ANSI C)規定主函數應該宣告為 int 型態，不是 void 型態。

寫出函數 sayHi，功能為印出字串「Hi! 」，請注意驚嘆號之後有一個空格。另外再寫出函數 sayMyName，其功能為印出字串「My name is Jerry.」後換列。

這兩個簡單的函數只印資料、不傳回任何結果，故函數型態為 void，如下所示：

```
sayHi()
{
    printf("Hi! ");    /* 只印出「Hi!  」沒換列 */
}

sayMyName ()
{
    printf("My name is Jerry.\n");
}
```

請注意：筆者先不指定函數型態為 void，所以會被 TC 或 Dev-C++內定為 int 函數，但這不是好習慣，筆者僅用來示範這麼做也可以。接下來的問題是：自訂函數要放在何處？自訂函數可以放在**主函數前**或**主函數後**兩種選擇。筆者建議：將自訂函數放在**主函數前**，這個方式比較簡單，至於放在主函數後的方式待 9-5 節再介紹。

寫出程式(主函數)叫用 sayHi 以及 sayMyName，印出：

```
Hi! My name is Jerry.
Hi!
Hi!
Hi!
```

這是個很簡單的程式，解題的程式段如下所示：

```
sayHi();            /* 只印出「Hi! 」沒換列 */
sayMyName();
for(i=0;i<3;i++){
    sayHi();
    printf("\n");
}
```

程式的最後要輸出三次「Hi!」，一次一列，故可用 for 敘述重複工作三次。因為 sayHi 這個函數只會印出字串「Hi! 」並不會換列，所以呼叫 sayHi 函數之後，還要加上「printf("\n");」敘述產生換列。解題的程式段加入變數宣告及兩個函數，即得完整的程式 pr9-1.c：

◎ pr9-1.c 程式：

```
04:  sayHi()                 /* 最佳寫法為 void sayHi() */
05:  {
06:      printf("Hi! ");
07:  }
08:
09:  sayMyName()             /* 最佳寫法為 void sayMyName() */
10:  {
11:      printf("My name is Jerry.\n");
12:  }
13:
14:  main()
15:  {   int i;
16:
17:      sayHi();
18:      sayMyName();
19:      for(i=0;i<3;i++){
20:          sayHi();
21:          printf("\n");
22:      }
23:  }
```

注意

由於 C++**不支援**「內定 int 型態」的功能，因此，所有的函數都必須指定型態，但**可以不傳回**函數結果。是故，使用 C++時 sayHi 與 sayMyName 必須指定型態，且可指定為 int 或 void，但 void 才是最佳的選擇。

對於程式初學者，筆者建議函數的放置原則為 ── **被呼叫的函數**(called function)放在**叫用函數**(calling function)的前面。在上列的程式中，主函數就是叫用函數，而 sayHi 與 sayMyName 就是**被**主函數**呼叫的函數**，所以放在主函數之前。

1. 雖然 sayHi 與 sayMyName 函數放在主函數之前，但**電腦執行程式時永遠會自**(14 列的)**main 函數開始執行**，如下圖所示。
2. 等執行到 17 列敘述呼叫 sayHi 函數時，才跳去執行被呼叫函數(sayHi)的程式段(第 04～07 列)。做完 sayHi 函數的所有敘述後，再跳回來執行主程式的第 18 列敘述。
3. 第 18 列敘述呼叫 sayMyName 函數會讓電腦跳去執行 09～12 列的函數程式。
4. 做完 sayMyName 函數的 09～12 列程式後，再跳回來執行第 19 列的 for 敘述。

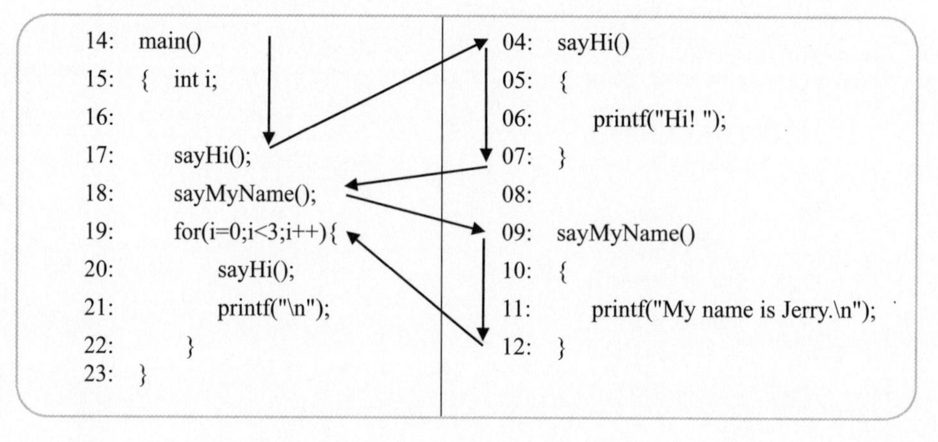

請注意：每次呼叫函數，程式的執行順序就會產生轉折。這當然會降低程式的執行

速度，但換得的好處是提高程式的結構性與可讀性。

當程式很大、很複雜的時候，可以把幾個函數再組合成一個新的函數，例如：我們可以組合 sayHi 與 sayMyName 函數成為 greetings 函數，如 pr9-2.c 程式所示。這個函數會在螢幕印出「Hi! My name is Jerry.」後換列。

現在主程式可以**不用呼叫** sayHi 與 sayMyName 函數，而改為呼叫 greetings 函數。另外，請注意：由於 greetings 函數會呼叫 sayHi 與 sayMyName 函數，所以要放在這兩個函數的後面。

◎ pr9-2.c 程式：

```
04:  sayHi()              /*  最佳寫法為  void sayHi() */
05:  {
06:      printf("Hi! ");
07:  }
08:
09:  sayMyName()          /*  最佳寫法為  void sayMyName() */
10:  {
11:      printf("My name is Jerry.\n");
12:  }
13:
14:  greetings()          /*  最佳寫法為  void greetings() */
15:  {
16:      sayHi();
17:      sayMyName();
18:  }
19:
20:  main()
21:  {   int i;
22:
23:      for(i=0;i<3;i++)
24:          greetings();
25:  }
```

pr9-2.c 之各敘述的執行順序為：20~24、14~16、04~07、17、09~12、18、再回到 23 列 for 敘述的「i++」與「i<3」，迴圈繼續，再執行第 24 列第二次呼叫 greetings 函數。

9-2 可傳入參數的函數結構

讀者是不是曾經懷疑過**函數名**後面的**小括弧**有什麼用途呢？其實函數名後面的小括弧就是用來指定「送入函數的原料」，程式語言的術語稱之為指定「函數的參數值」。當叫用一個函數時，我們可以指定**傳入的參數值**，緊接著函數的程式段會依「傳入的參數值」產生其對應的程式結果，具有傳入參數的函數結構如下所示：

```
函數型態  函數名(型態一  參數一, 型態二  參數二, …)
{
        .
        .
}
```

寫出函數 nTimesHi，傳入整數 n，函數的功能為印出「Hi! 」n 次，請注意驚嘆號之後有一個空格。

因為需要**傳入整數 n**，所以要在小括弧內**宣告整數參數 n**，另外由於函數 **nTimesHi** 的程式需要一個 **for** 迴圈重複執行印出字串「Hi! 」n 次，所以要在大括弧內宣告迴圈變數 **i**，函數 **nTimesHi** 之程式如下所示：

```
nTimesHi(int n)
{    int i;
     for(i=0;i<n;i++)
          printf("Hi! ");
}
```

叫用具有輸入參數的函數，須注意下列事項：

1. 程式語言的術語稱傳入的參數為「**形式參數** (formal parameters)」，其真正的數值由**叫用的敘述**決定。例如：敘述「nTimesHi(5);」會呼叫 nTimesHi 函數，並把 5 傳給參數 **n**，故此時 **n** 的數值為 **5**。

2. 叫用敘述中之**函數小括弧內的數值**，稱為**實際參數**(actual parameters)。例如：「nTimesHi(5);」中的 5 就是實際參數。
3. 函數會將「形式參數」視為**已宣告的變數**，故不可在函數中宣告同名的變數。

寫出程式(主函數)叫用 nTimesHi 以及 sayMyName，印出：

Hi! My name is Jerry.

Hi! Hi! Hi! My Name is Jerry.

這也是一個很簡單的程式，程式輸出的第一列**印一次**的「Hi!」，第二列**印三次**的「Hi!」，所以解題的程式段如下所示：

```
nTimesHi(1);
sayMyName();
nTimesHi(3);
sayMyName();
```

當呼叫「nTimesHi(?)」函數時，小括弧內要指定印「Hi! 」的次數(例如：3)，這個數值(3)就會傳給 nTimesHi 函數的形式參數 n，nTimesHi 取入這個數值後就會依 n 的數值執行程式，印出 n 次的「Hi! 」。上列的解題程式段加入 nTimesHi 及 sayMyName 兩個函數，即得完整的 pr9-3.c 程式：

◎ pr9-3.c 程式：

```
04:  nTimesHi(int n)
05:  {    int i;
06:       for(i=0;i<n;i++)
07:            printf("Hi! ");
08:  }
09:
10:  sayMyName()
11:  {
12:       printf("My name is Jerry.\n");
13:  }
```

```
14:
15:  main()
16:  {
17:       nTimesHi(1);
18:       sayMyName();
19:       nTimesHi(3);
20:       sayMyName();
21:  }
```

當傳入的參數超過一個以上時，每個參數都必須有型態指定，**縱然型態相同也不可以像宣告變數列一樣用逗號分開**。例如我們要寫函數 prtMtoN，傳入兩個整數 m 和 n，函數不可以寫成：

```
ptrMtoN(int m, n)
{
      .
}
```

而必須寫成：

```
ptrMtoN(int m, int n)
{
      .
}
```

也就是說**每個參數都必須有型態指定**。另外，參數的型態指定也可以改放在**大括弧前**、**小括弧後**，小括弧內只留下**參數名稱串**即可。例如 ptrMtoN 也可以寫成：

```
ptrMtoN(m, n)
int m,n;
{
      .
}
```

請讀者特別注意：參數的型態指定**必須放在大括弧前**、**小括弧後**才對。筆者建議初學者不要用這種函數寫法，採用第一種寫法可以減少混淆。

寫出函數 ptrMtoN 傳入兩個整數 m 和 n，m 的數值要比 n 小，函數會自 m, m+1 印到 n 後換列。最後，寫主函數叫用 ptrMtoN 印出：

8 9 10

15 16 17 18 19 20

解題的完整程式如下列 pr9-4.c 所示：

◎ pr9-4.c 程式：

```
04:  prtMtoN(int m,int n)
05:  {   int i;
06:      for(i=m;i<=n;i++)
07:           printf("%d ",i);
08:      printf("\n");
09:  }
10:
11:  main()
12:  {
13:      prtMtoN(8,10);
14:      prtMtoN(15,20);
15:  }
```

請注意第 **04** 列的函數標記為 **prtMtoN(int m, int n)**，雖然其中參數 m, n 都是整數型態，但**不可寫成 prtMtoN(int m,n)**，這是 C 語言 Compiler 的語法要求，沒有別的理由。

寫出函數 sumMtoN 傳入兩個整數 m 和 n，m 的數值要比 n 小，函數累加 m, m+1⋯到 n 後，印出累加結果。

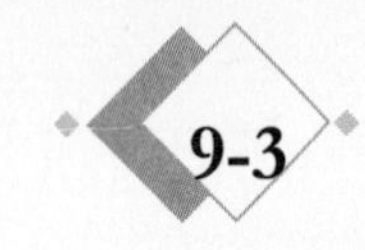

9-3 可傳回結果的函數結構

函數就如同一個黑盒子，吃進傳入的參數值，再執行黑盒子內的程式段後算出(函數的)**結果**，這個結果可以傳回到**叫用的敘述**。要傳回的結果必須在函數內**用 return 敘述回傳**給叫用的敘述，所謂函數的**型態**就是傳回之**結果**的**資料型態**。例如：整數型態的函數會傳回一個整數結果，而字元函數會傳回一個字元。具有傳入參數與回傳結果的函數結構如下所示：

```
函數型態  函數名(型態一  參數一, …)
{
        .
        .
    return  結果;
}
```

說 明

1. 函數只能傳回(return)**一個運算結果**，無法傳回一個以上的結果。
2. 函數中的任何位置皆可放置 return 敘述，也可放置一個以上的 return 敘述。執行完 return 敘述後函數**立即結束**，不管其後是否還有敘述。
3. 雖然函數有標示型態，也可以不傳回結果。但**若有傳回結果**，則**其資料型態必須和指定的函數型態一樣**。

寫出函數 sumSquare，傳入 m, n，其型態為 float，傳回 m^2+n^2 的結果。

由於需要傳入 **float m, n**，所以要在小括弧內宣告其型態，又函數要傳回 m^2+n^2 的和，因此運算結果的資料型態是 **float**，所以**函數型態**為 **float**，函數如下所示：

```
float sumSquare(float m, float n)
{   float sum;
    sum=m*m+n*n;
    return sum;
}
```

接下來的問題是，當我們呼叫 sumSquare 函數時，**如何取得函數傳回的結果**？答案很簡單 ── 使用**指定敘述**就可取得函數傳回的結果。例如要算出「$1.5^2+2.5^2$」並將結果存入變數 ans 內，所需的指定敘述為：

```
ans = sumSquare(1.5, 2);
```

這個指定敘述(assignment)會呼叫 sumSquare 函數，呼叫時傳入(1.5, 2)給參數(m, n)，所以 m 的數值為 1.5、n 的數值為 2。接著電腦就會去執行函數裡的程式段，函數結束前的 **return** 敘述會傳回運算結果，這個結果就會被存入 **ans** 中。

下列 pr9-5.c 是個簡單程式，示範 sumSquare 函數的架構與叫用方式：

◎ pr9-5.c 程式：

```
04:  float sumSquare(float m, float n)
05:  {   float sum;
06:      sum=m*m+n*n;
07:      return sum;
08:  }
09:
10:  main()
11:  {   float f, g;
12:
13:      f=sumSquare(1.5,2);
14:      printf("The result is %f\n",f);
15:      g=sumSquare(f, 2);
16:      printf("The result is %f",g);
17:  }
```

◎ pr9-5.c 程式輸出：

```
The result is 6.250000
The result is 43.062500
```

程式第 15 列「**g=sumSquare(f, 2);**」再呼叫 sumSquare 時會把 f 的數值(6.25)傳給 m、把 2 傳給 n，傳回 6.25 的平方加上 2 的平方，結果為 43.0625。

9-4 區域變數與全域變數

C 語言的變數因其宣告的位置不同，可分為**區域變數**(local variable)和**全域變數**(global variable)，顧名思義區域變數只有在**特定的**區域可用，而全域變數則應可在**全部的**區域使用。變數的可用區域稱為變數的**有效範圍(scope)**，一般的規則如下：

1. **大括弧裡**宣告的變數，被視為區域變數，有效範圍為該**大括弧所包住的範圍**。
2. 函數名後小括弧裡的**形式參數**視同區域變數，有效範圍為函數**大括弧所包住的範圍**。
3. **大括弧外**宣告的變數，被視為全域變數，其有效範圍**自宣告處起至程式檔案結束**。
4. 當敘述所在之處有**相同名稱**的區域變數與全域變數時，則該敘述內定使用**區域變數**。

請讀者先看下列 pr9-6.c，並猜猜程式輸出為何？

◎ pr9-6.c 程式：

```
04:  void   p2No(int b, int a)
05:  {
06:      printf("a and b in p2No are %d %d\n",a,b);
07:  }
08:
09:  main()
10:  {   int a,b;
11:
12:      a=10; b=20;
13:      p2No(a, b);
14:      printf("a and b in main are %d %d\n",a,b);
15:  }
```

這個程式有趣的地方在於主函數和 p2No 函數內都有變數 **a, b** 的宣告，這樣是不是重複宣告變數？答案為 ── 「**沒有**」。因為依據：

第 1 條規則 ── 主函數的 a, b 是在大括弧內宣告，為區域變數，故其**有效範圍為主函數大括弧所包住的區域**。

第 2 條規則 ── p2No 函數的 a, b 是函數名後小括弧裏的**形式參數**，也是區域變數，其**有效範圍為 p2No 函數大括弧所包住的區域**。

依據上述分析，main 函數和 p2No 函數各有各的區域變數 a 和 b，也各用各的變數 a 和 b，所以**沒有**「重複宣告變數」的問題。

如下所示，上述程式的第 13 列「**p2No (a, b);**」會把參數 (a, b) 傳入第 4 列的函數「**void p2No(int b, int a)**」，請問第 13 列的 a (數值為 10)傳給第 4 列的 b 還是 a？

```
13:        p2No(a, b);

04:   void  p2No(int b, int a)
```

不難想像，如果第 13 列的 a 傳給第 4 列的 b，理由應是**位置相同**；但如果是傳給第 4 列的 a，理由則應是**名稱相同**。

請注意：C 語言在呼叫函數時，只把叫用敘述的實際參數值**依照位置順序傳入**被呼叫函數的形式參數(第 04 列的 b, a)，因此只和參數位置順序有關，如下圖所示：

```
13:      p2No(a, b);

04:  void  p2No(int b, int a)
```

是故，第 **13** 列的 **a**(數值為 10)傳給第 **04** 列的 **b**，所以在 main 函數裡的 a, b 數值為 **10, 20**，但是在 p2No 函數裡的 a, b 數值卻是 **20, 10**。

請讀者再看下列 pr9-7.c，並猜猜程式輸出為何？

◎ pr9-7.c 程式：

```
04:   int   a, b;
05:
06:   void p3No(int a)
07:   {   int c;
08:       b=200; c=300;
09:       printf("a,b and c in p3No are %d %d %d\n", a, b, c);
10:   }
```

```
11:
12:  main()
13:  {   int   c;
14:
15:      a=10; b=20; c=30;
16:      p3No(c);
17:
18:      printf("a,b and c in main are %d %d %d\n",a,b,c);
19:  }
```

這個程式在第 04 列宣告**全域變數** a, b，故其有效範圍自 04 列起至第 19 列止。但是第 06 列到第 10 列的 p3No 函數內有**區域變數** a, c，所以第 06~10 列的敘述會用到區域變數的 a 而不是全域變數的 a。每個指定敘述所用到的變數如下所示，方格內的變數值是執行完第 15 列敘述後的結果：

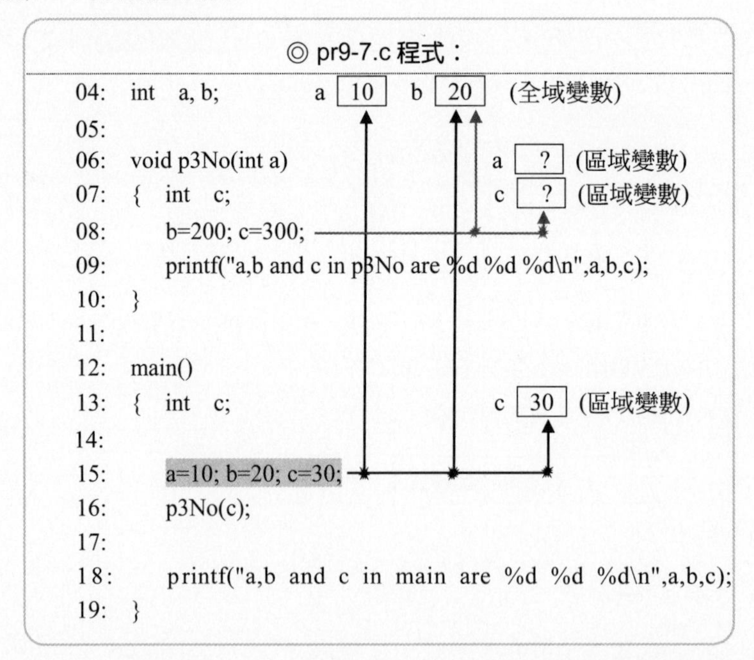
◎ pr9-7.c 程式：
04: int a, b;
a 10
b 20
(全域變數)
05:
06: void p3No(int a)
a ?
(區域變數)
07: { int c;
c ?
(區域變數)
08: b=200; c=300;
09: printf("a,b and c in p3No are %d %d %d\n",a,b,c);
10: }
11:
12: main()
13: { int c;
c 30
(區域變數)
14:
15: a=10; b=20; c=30;
16: p3No(c);
17:
18: printf("a,b and c in main are %d %d %d\n",a,b,c);
19: }

請注意：執行第 16 列的「**p3No(c);**」敘述時，會把主函數的區域變數 c (數值為 30) 傳給第 6 列「**void p3No(int a);**」的參數 a，故區域變數 **a** 的數值變成 30，結果如下：

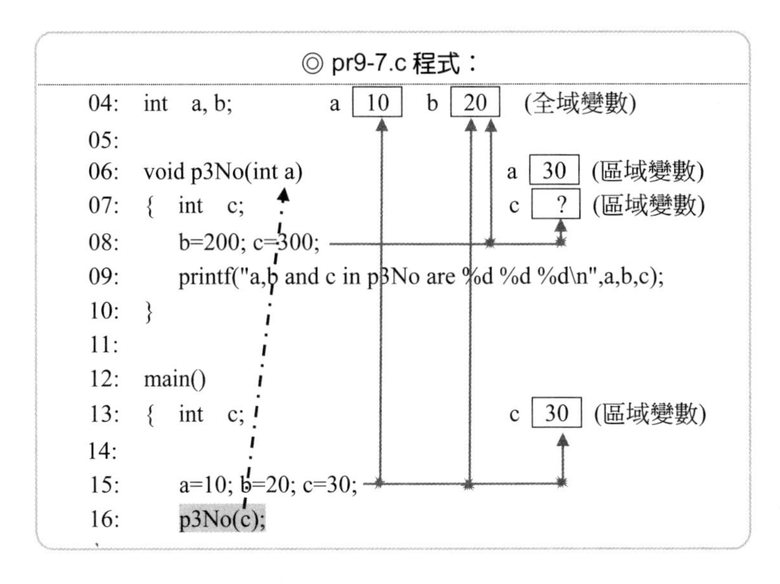
◎ pr9-7.c 程式：
04: int a, b;
a 10 b 20 (全域變數)
05:
06: void p3No(int a)
a 30 (區域變數)
07: { int c;
c ? (區域變數)
08: b=200; c=300;
09: printf("a,b and c in p3No are %d %d %d\n",a,b,c);
10: }
11:
12: main()
13: { int c;
c 30 (區域變數)
14:
15: a=10; b=20; c=30;
16: p3No(c);

在執行完 p3No 函數第 8 列的指定敘述後，變數數值如下所示，故第 09 列印出變數 a, b, c 的數值為 30, 200, 300，其中 a、c 是區域變數。

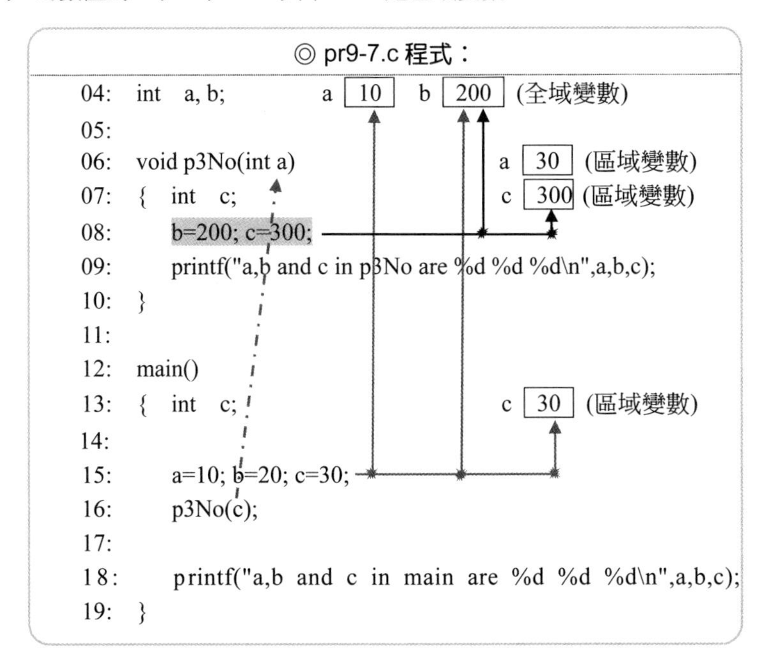
◎ pr9-7.c 程式：
04: int a, b;
a 10 b 200 (全域變數)
05:
06: void p3No(int a)
a 30 (區域變數)
07: { int c;
c 300 (區域變數)
08: b=200; c=300;
09: printf("a,b and c in p3No are %d %d %d\n",a,b,c);
10: }
11:
12: main()
13: { int c;
c 30 (區域變數)
14:
15: a=10; b=20; c=30;
16: p3No(c);
17:
18: printf("a,b and c in main are %d %d %d\n",a,b,c);
19: }

第 18 列所讀取的變數 a, b, c 與第 15 列相同，所以印出的數值為 10, 200, 30。

◎ pr9-7.c 程式輸出：

```
a, b and c in p3No are 30 200 300
a, b and c in main are 10 200 30
```

講到迴圈敘述時，筆者常提到 C 語言把**大括弧包住的若干個敘述當成一個敘述**。其實縱然沒有迴圈敘述的程式段，這個原則一樣有效。也就是說，就算沒有迴圈敘述，我們也可以用大括弧包住的若干個敘述，將之當成一個敘述。

多了這一對大括弧，我們就可以在**大括弧內**宣告自己的**區域變數**，唯一的要求就是變數宣告一樣要放在**一般敘述之前**。請讀者再看下列 pr9-8.c，並猜猜程式輸出為何？請注意：在主函數的第 08 到 12 列，我們加入大括弧定義一個**程式區塊**(block)，區塊內並宣告區域變數 **b, c**。

◎ pr9-8.c 程式：

```
04:  main()
05:  {   int a, b, c;
06:
07:      a=10; b=20; c=30;
08:      {   int b, c;
09:
10:          a=100; b=200; c=300;
11:          printf("a,b and c in {    } are %d %d %d\n", a, b, c);
12:      }
13:
14:      printf("a, b and c in main are %d %d %d\n", a, b, c);
15:  }
```

請特別注意：對於 08 到 12 列這個程式區塊而言，主函數第列 07 之變數 a, b, c 就如同其全域變數。因此我們需要應用規則 4：當敘述所在之處有**相同名稱**的區域變數與全域變數時，該敘述內定使用**區域變數**。

根據規則 4，程式第 7、10 兩列指定敘述所用的變數 a, b, c 並**不完全相同**，如下所示，方格內的變數值是電腦執行完**第 7 列**敘述後的結果：

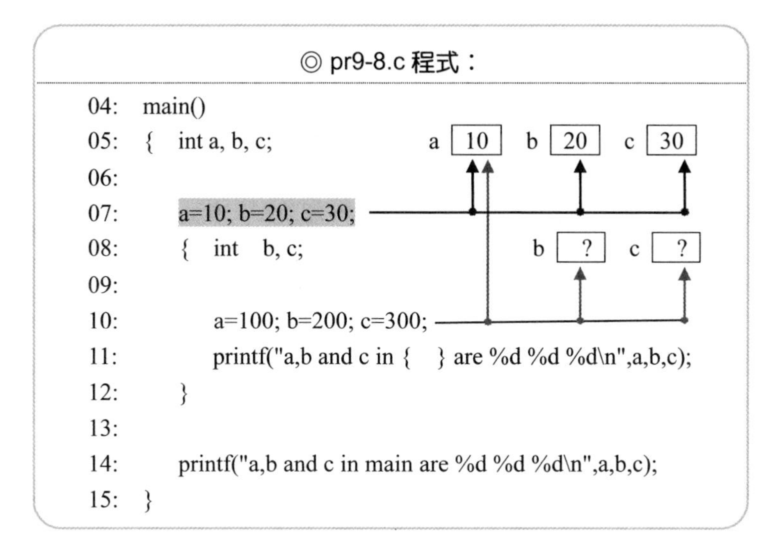
◎ pr9-8.c 程式：
04: main()
05: { int a, b, c;
06:
07: a=10; b=20; c=30;
08: { int b, c;
09:
10: a=100; b=200; c=300;
11: printf("a,b and c in { } are %d %d %d\n",a,b,c);
12: }
13:
14: printf("a,b and c in main are %d %d %d\n",a,b,c);
15: }
a
10
b
20
c
30
b
?
c
?

執行完**第 10 列**敘述後的結果如下所示，故第 11 列印出 a, b, c 的數值為 100, 200, 300。

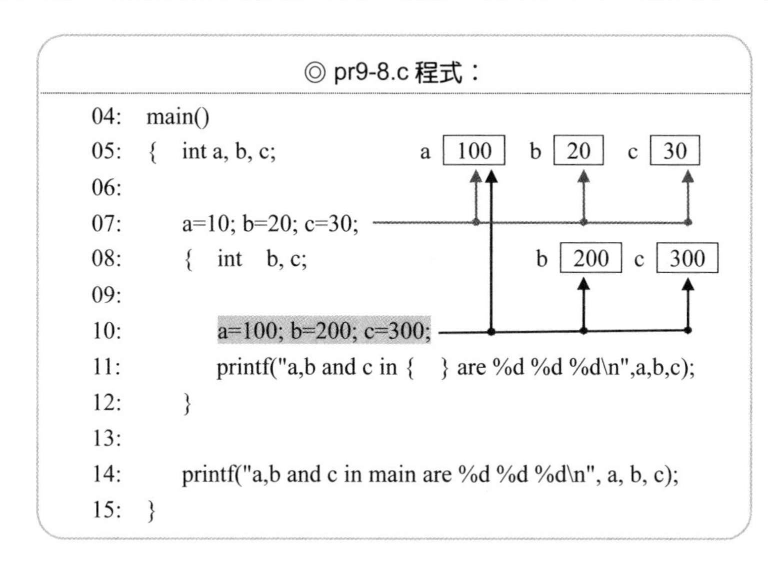
◎ pr9-8.c 程式：
04: main()
05: { int a, b, c;
06:
07: a=10; b=20; c=30;
08: { int b, c;
09:
10: a=100; b=200; c=300;
11: printf("a,b and c in { } are %d %d %d\n",a,b,c);
12: }
13:
14: printf("a,b and c in main are %d %d %d\n", a, b, c);
15: }
a
100
b
20
c
30
b
200
c
300

第 14 列所讀取的變數 a, b, c 與第 07 列相同，所以印出的數值為 100, 20, 30。

◎ pr9-8.c 程式輸出：

```
a, b and c in {    } are 100 200 300
a, b and c in main are 100 20 30
```

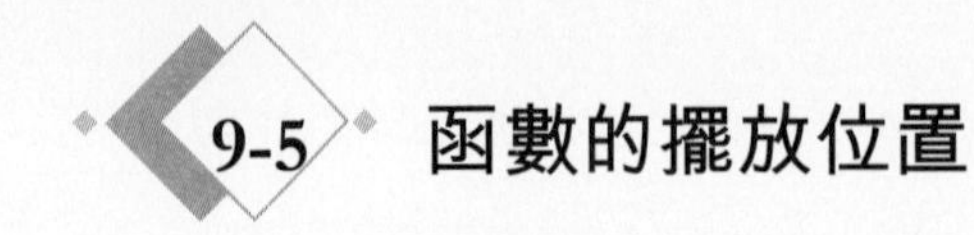

9-5 函數的擺放位置

至於函數擺放的位置，筆者曾建議：**被呼叫的函數**(called function)要放在**叫用函數**(calling function)**的前面**。以 pr9-5.c 為例，被呼叫的 sumSquare 函數要放在叫用函數 main 的前面。但是 C 語言也允許我們把 sumSquare 函數**放在** main **函數的後面**。

現在我們調整 pr9-5.c 程式中 sumSquare 函數的位置，改放到主函數的後面，完整的程式如 pr9-9.c 所示：

◎ pr9-9.c 程式：

```
04:  main()
05:  {   float f,g;
06:
07:      f=sumSquare(1.5,2);
08:      printf("The result is %f\n",f);
09:      g=sumSquare(f, 2);
10:      printf("The result is %f",g);
11:  }
12:
13:  float sumSquare(float m,float n)
14:  {   float sum;
15:      sum=m*m+n*n;
16:      return sum;
17:  }
```

pr9-9.c 是個無法執行的程式，因為編譯 pr9-9.c 時會產生下列的錯誤訊息：

IDE	錯誤訊息
Turbo C	C:\TurboC\PR9-9.C 14: Type mismatch in redeclaration of 'sumSquare'
Dev-C++	14 C:\Ex4DevCpp\pr9-9.c conflicting types for 'sumSquare' 07 C:\Ex4DevCpp\pr9-9.c previous implicit declaration of 'sumSquare' was Here
Visual C++	\pr9-9.cpp(7) : error C3861: 'sumSquare': 找不到識別項 \pr9-9.cpp(9) : error C3861: 'sumSquare': 找不到識別項

在 9-1 節的注意事項曾提及：C 語言允許函數不指定型態，編譯器會將之內定為 int

函數。但 C++則不支援「內定 int 型態」的功能，因此使用 Visual C++，**每個函數都必須指定型態**。同樣的，如果使用 Dev-C++時**選取 C++專案**，也須如此做，才能符合 C++的規定。

請注意 Turbo C 與 Dev-C++(選取 C 專案)用的是 C 語言的 Compiler，當編譯 pr9-10.c 到第 07 列「f=sumSquare(1.5,2);」時，**由於** Compiler **並未讀過** sumSquare **函數的定義與程式區段**，所以 sumSquare **會被內定為 int 型態**。編譯到第 09 列「g=sumSquare(f,2);」時，sumSquare 已被視為 int 函數，且函數的呼叫與數值指定都合於語法，故沒有產生任何問題或矛盾。

但當 Compiler 編譯到第 13 列「float sumSquare(float m, float n)」時，發現 sumSquare 卻**被宣告為** float **函數**，所以才有「**重複宣告** sumSquare **為不同型態之函數**」的錯誤訊息。另外，因為 Compiler 是在編譯完第 13 列後才確認錯誤原因，所以 Turbo C 與 Dev-C++都把語法錯誤的位置設在第 14 列的開頭。

注意

Visual C++用的是 C++的 Compiler，並不支援「內定 int 型態」的功能。所以編譯 pr9-9.c 到第 07 列「f=sumSquare(1.5,2);」、第 09 列的「g=sumSquare(f,2);」，因為 Compiler 並未讀過 sumSquare 函數的定義與程式區段，故有「找不到 sumSquare 這個識別項」的錯誤訊息。

要解決這個問題就得**事先宣告** sumSquare 的**函數型態**，以避免被 Compiler 內定為整數函數，宣告的方式如同全域變數宣告一樣，只要在叫用函數 main 之前，加入「float sumSquare(float, float);」敘述即可。請特別注意：**句末要加分號**，如同變數的宣告一樣。正確的程式如 pr9-10.c 所示：

◎ pr9-10.c 程式：

```
04:   float sumSquare(float,float);
05:
06:   main()
07:   {    float f,g;
08:              .          /* 以下程式段同 pr9-9.c */
```

9-6 變數的等級

截至目前為止，我們所使用的變數都是系統內定的 **auto** 等級，所謂 **auto** 等級的變數就是**當變數所在的函數被叫用**時，**系統才會配置記憶體**存放函數所宣告的變數值，並且在**函數結束**時**釋放掉變數所佔的記憶體**。下次函數再被呼叫時，系統會再一次配置記憶體存放(auto)變數。

除了 **auto** 等級的變數外，C 語言還提供 **static** 等級的變數。**static 等級的變數在其函數結束時，仍然會佔著記憶體**。所以下次函數再被叫用時，(static)變數不會被重新配置記憶體，而會保有上次的數值。

請讀者看下列 pr9-11.c，猜猜程式輸出為何？

◎ pr9-11.c 程式：

```
04:  void sub1()
05:  {   int   a=0;              /* auto 等級變數  */
06:      a++;
07:      printf("%d\n",a);
08:  }
09:
10:  void sub2()
11:  {   static int   a=0;       /* static 等級變數  */
12:      a++;
13:      printf("%d\n",a);
14:  }
15:
16:  main()
17:  {   int i;
18:
19:      printf("Execute sub1 three times:\n");
20:      for(i=0;i<3;i++) sub1();
21:      printf("Execute sub2 three times:\n");
22:      for(i=0;i<3;i++) sub2();
23:  }
```

sub1 函數的變數 **a 是 auto 等級**，當主函數第 20 列用 for 迴圈呼叫 3 次 sub1 時，每次都會配置記憶體給 a 並**把數值設為 0**，再執行「**a++;**」，所以呼叫三次 sub1，每次都印出 1。

然而 **sub2** 函數的變數 **a 是 static 等級**，所以第 22 列 for 迴圈呼叫 3 次 sub2：

1. 第一次，a 的數值被設定為 **0** 後，會被第 12 列的「**a++;**」增一。故 a 的數值變為 1。
2. 第二次呼叫 sub2 時，因為**變數 a 已經存在**，所以**沒有執行「11: static int a=0;」的記憶體配置與起始值設定**，故第 12 列的「**a++;**」會把 a 的數值變成 2。
3. 第三次呼叫 sub2 的狀況同第二次，a 的數值變成 3。

◎ pr9-11.c 程式輸出：

```
Execute sub1 three times:
1
1
1
Execute sub2 three times:
1
2
3
```

除了 auto、static 外，C 語言還提供兩個變數等級：register、extern。程式語言的術語稱 auto、static、register、extern 為**型態修飾詞**(type modifier)，也就是修正變數型態的語詞。其中 auto 是 C 語言內定使用的等級，所以可以省略，不用加在型態之前。

把變數修正為 register 等級，會讓**變數存放在 CPU 的暫存器中**，而不是放在記憶體。這麼做的目的只有一個：讓變數的讀、寫達到最快的速度。然而由於 CPU 的暫存器數量不多，所以只能讓少許被密集使用的變數指定為 register 等級。

例如下列的程式段，變數 i 和 sum 都是存在 CPU 的暫存器中，整個計算都不會讀、寫記憶體，因此會以最快的速度累加 1 到 100 存入變數 sum。

```
register int sum=0, i;
for(i=1; i<=100;i++) sum=sum+i;
```

extern 用來指定「變數放在函數範圍的**外部**(external)」，而且必須是全域變數才能用 extern 指定。換言之，當函數所要存取之**全域變數**的有效範圍並不涵蓋到該函數時，得用 extern 告訴 compiler 去**函數的外部**找。

```
main()
{     int i;
      sum=0;
      for(i=1; i<=100;i++) sum=sum+i;
}
int sum;
```

例如上列程式段的變數 sum 是全域變數，有效範圍自宣告處起，因此不包括 main 函數，編譯這個程式會產生變數 sum 未定義(或未宣告)的錯誤。所以要在 main 函數中宣告變數 sum 是 extern 的變數，如 pr9-12.c 所示：

◎ pr9-12.c 程式：

```
04:  void sub1();
05:
06:  main()
07:  {   int   i;
08:      extern int sum;
09:
10:      printf("Use external global variable:\n");
11:      for(i=1;i<=100;i++) sum=sum+i;;
12:      sub1();
13:  }
14:
15:  int sum;
16:
17:  void sub1()
18:  {
19:      printf("%d\n",sum);
20:  }
```

注意：因為 sub1 函數放在叫用函數 main 之後，故要在第 04 列宣告 sub1 的型態。

9-7 將陣列元素由小到大排列

經歷前面八章的技巧磨練，讀者應該到達的境界是 — 碰到問題時，雖不能毫無阻礙的解出問題，但也不會完全不知從何著手解題。到達這種境界時，寫程式就可以混合使用 Top-Down 與 Bottom-Up 兩種程式策略：

1. **分析問題，能寫多少敘述就寫多少敘述**，不會寫的部分先用「**中文句子**」表示，這是 **Top-Down** 策略的精神。
2. 用 **Bottom-Up** 策略把「**中文句子**」翻譯成 C 語言，程式如果夠長且功能完整就把它改寫成函數。
3. 如仍有無法一次解決問題(或子問題)就**先簡化問題**，再修改簡化問題的解題程式來解決原始問題。

這樣的程式策略讀者應該不陌生，我們有數次混合使用 Top-Down 與 Bottom-Up 兩種策略來解決前面幾章的問題。程式經驗會讓我們產生分析問題的能力，培養分析問題的能力是件很重要的事，因為正確的問題分析才能導引出正確的解題方向。現在我們再一次混合使用 Top-Down 與 Bottom-Up 兩種策略來解決陣列的排序問題。

宣告 ar 為十個元素的整數陣列，並將內容設定為 95, 16, 5, 98, 23, 25, 85, 15, 32, 6。寫程式將陣列元素由小到大排列。

在開始解題之前，我們先用圖示把陣列秀出來，如下所示：

ar[0]	ar[1]	ar[2]	ar[3]	ar[4]	ar[5]	ar[6]	ar[7]	ar[8]	ar[9]
95	16	5	98	23	25	85	15	32	6
↑									

上圖中的箭號代表「用**手指**指向陣列的第 1 個元素」，要把陣列 **ar** 由小到大排序，應該有不少讀者會想到可以這麼做的：

1. 自 ar[**0**]向右找到陣列最小元素 ar[k] (**k 等於 2**)，再將 ar[0]和 ar[k]互換。
   (箭號右移一格指著 ar[1])

2. 自 ar[**1**]向右找到陣列最小元素 ar[k] (**k 等於 9**)，再將 ar[1]和 ar[k]互換。
   (箭號右移一格指著 ar[2])
3. 自 ar[**2**]向右找到陣列最小元素 ar[k]，再將 ar[2]和 ar[k]互換。

   ·

9. 自 ar[**8**]向右找到陣列最小元素 ar[k]，再將 ar[8]和 ar[k]互換。

經由這樣的分析，我們可以得到解題的方法，稱為解題的演算法(algorithm)。目前當然是個暴力演算法，但接著可用 for 迴圈進行最佳化：

```
for(i=0;i<=8; i++){
        自 ar[i]向右找到陣列最小元素 ar[k];
        將 ar[i]和 ar[k]互換;
}
```

再來我們要將上面的兩句中文翻成 C 語言，而且要把它們寫成函數，假設這兩個函數都可以看到 ar 陣列，所以 ar 陣列要宣告成全域變數。我們可以把函數定義為：

1. int minIdx(int i) — 傳入 i，自 ar[i]向右找到陣列最小元素，傳回**最小元素的註標**。
2. void exchange(int i, int k) — 將 ar[i]和 ar[k]的數值互換。

筆者在此想提一件事 — **int minIdx(int i)** 前頭的函數型態 int 可以不用寫，因為不指定就會被系統內定為 int 型態。另外 **void exchange(int i, int k)** 前頭的函數型態 void 也可以不用指定，雖然不指定會被系統內定為 int 型態，但任何型態的函數都可以不傳回結果，這在 TC 系統並不會產生錯誤。話雖如此，為避免使用 C++的 IDE 時產生錯誤，寫出**完整的函數型態標示**是個值得養成的好習慣。

好了！有了這兩個函數，解題的程式段就變成：

```
for(i=0;i<=8; i++){
        k=minIdx(i);
        exchange(i, k);
}
```

由於陣列 ar 必須被兩個函數看到，所以要宣告在最前面成為**全域變數**。加入陣列宣告與函數區塊後，完整的解題程式就變成：

```
int ar={95, 16, 5, 98, 23, 25, 85, 15, 32, 6};
int minIdx(int i)
{
    自 ar[i]向右找陣列最小元素，傳回最小元素的註標;
}
void exchange(int i,int k)
{
    ar[i]和 ar[k]的數值互換;
}
main()
{   int i, k;
    for(i=0;i<=8; i++){
        k=minIdx(i);
        exchange(i, k);
     }
}
```

接下來要寫出 **int minIdx(int i)** 函數，自 **ar[i]**向右找到陣列最小元素，傳回最小元素的註標。解題的步驟同 **7-5** 節「找出陣列中最大元素的註標」，先進行 Bottom-Up 程式策略的**步驟一** — 按部就班地解決問題，寫出**暴力程式**。在開始解題之前，我們可以用圖示先把變數與陣列秀出來：

idx		ar[i]	ar[i + 1]	ar[i + 2]	• •	ar[9]
		25	85	15	32	6

因為函數要從 **ar[i]**向右找到 **ar[9]**為止，所以**陣列的註標可以從 ar[i]開始寫起**，至於陣列內容可以隨意設定，因為這不影響函數程式的正確性。找最小元素註標的暴力程式如下所示：

```
idx=i;
if (ar[i+1]<ar[idx]) idx=i+1;
if (ar[i+2]<ar[idx]) idx=i+2;
    .
if (ar[9]<ar[idx]) idx=9;
```

接下來要進行 Bottom-Up 程式策略的步驟二 — 用**變數**取代重複敘述中**不同的部分**，將之變成相同，因此程式就變成：

```
idx=i;
k=i+1;
if (ar[k]<ar[idx]) idx=k;
k=i+2;
if (ar[k]<ar[idx]) idx=k;
  .
k=9;
if (ar[k]<ar[idx]) idx=k;
```

最後進行 Bottom-Up 程式策略的步驟三 — 使用 **for 迴圈**取代**完全相同**的重複敘述：

```
idx=i;
for(k=i+1;k<=9;k++)
    if (ar[k]<ar[idx]) idx=k;
```

執行完這兩個敘述，idx 內就會存著自 ar[i]到 ar[9]之間最小元素的註標，函數結束前用 return 敘述把 idx 傳出即可。完整的 minIdx 函數就變成：

```
int minIdx(int i)
{   int k, idx;
    idx=i;
    for(k=i+1;k<=9;k++)
        if (ar[k]<ar[idx]) idx=k;
    return idx;
}
```

至於 exchange 函數的解題步驟同 **8-1** 節「把兩個變數的數值互換」:

```
void exchange(int i, int k)
{   int temp;
    temp=ar[i];
    ar[i]=ar[k];
    ar[k]=temp;
}
```

好了！我們已經寫完所有的函數，再來修改主函數的部份內容，在**排序前**、**後**用 printf 敘述把陣列的每個元素列印出來，即得完整的 pr9-13.c 程式：

◎ pr9-13.c 程式：

```
04:  int ar[10]={95,16,5,98,23,25,85,15,32,6};
05:
06:  int minIdx(int i)
07:  {    int k,idx;
08:       idx=i;
09:       for(k=i+1;k<=9;k++)
10:            if(ar[k]<ar[idx]) idx=k;
11:       return idx;
12:  }
13:
14:  void exchange(int i,int k)
15:  {    int temp;
16:       temp=ar[i];
17:       ar[i]=ar[k];
18:       ar[k]=temp;
19:  }
20:
21:  main()
22:  {    int i,k;
23:
24:       printf("Sort array:\n");
25:       for(k=0;k<10;k++) printf("%3d",ar[k]);
26:       printf("\n");
27:       for(i=0;i<=8;i++){
28:            k=minIdx(i);
29:            exchange(i,k);
30:       }
31:       for(k=0;k<10;k++) printf("%3d",ar[k]);
32:       printf("\n");
33:  }
```

這個程式的排序策略是每次都向右找尋最小(或最大)的元素，再將該元素換到該次搜尋的**起點位置**，這種排序法稱為**選擇排序法**(selection sort)。

9-8 參數傳遞

上節的 pr9-13.c 程式把陣列 ar 宣告成全域變數，讓所有的函數都**看得見**、**用得到**，這麼做雖然可以省掉參數的傳遞(不用傳送陣列 ar)，因而簡化程式的製作，但是卻帶來很大的潛在危險。假想我們寫的是一個很大的系統，有些程式、甚至於大部分的程式都是別人寫出來的。如果我們把重要的資料宣告成全域變數，讓所有的程式都可以看得見、用得到，**萬一被別人寫的程式誤用而產生錯誤**，**這樣的錯誤往往很難查得出來**，很容易就演變成程式設計者的噩夢，不可不慎。

筆者在此鄭重提醒讀者，以後寫大程式時一定**儘量不要**、甚至於**絕對不要**用全域變數，免得碰到永生難忘的蟲(bug)。由於本書的目的是培養基本的程式設計技巧，所以三不五時會用全域變數，其目的無非是讓程式更簡單、更易懂。學會程式技巧後，請讀者務必儘量避免使用全域變數。

現在我們來處理一個很簡單但又很重要的參數傳遞問題：

在主函數中宣告兩個整數 no1 和 no2，並將之分別設定為 100 與 200。寫出 swap 函數將主函數中的 no1 和 no2 數值互換。

經過 swap 函數交換數值後，希望能將主程式 no1 及 no2 的數值由原來的 **100** 和 **200** 變為 **200** 和 **100**，這個問題的解題程式大致是這個樣子：

```
void swap(????)
{
    把 no1 和 no2 的數值互換;
}
```

```
main()
{   int no1,no2;
    no1=100;   no2=200;
    swap(????);
    printf("%d %d",no1,no2);
}
```

表面上看起來這個問題不難，只要把主函數的 no1 及 no2 傳給負責互換數值的 swap 函數即可，所以解題的程式就變成 pr9-14.c：

◎ pr9-14.c 程式：

```
04:  void swap(int no1, int no2)
05:  {   int temp;
06:      temp=no1;
07:      no1=no2;
08:      no2=temp;
09:  }
10:
11:  main()
12:  {   int no1, no2;
13:
14:      printf("Swap variables:\n");
15:      no1=100;   no2=200;
16:      swap(no1,no2);
17:      printf("%d %d\n",no1,no2);
18:  }
```

pr9-14.c 是個**標準的錯誤程式**，程式的輸出還是：**100 200**。原因如下：

1. 主函數的 no1 和 no2 是在大括弧內宣告，所以是**區域變數**，其有效範圍是**主函數**的**左右大括弧之間**。
2. swap 函數的 no1 和 no2 也是**區域變數**，其有效範圍是 swap 函數的左右大括弧之間。
3. 主函數的第 16 列「**swap(no1, no2);**」僅把 no1、no2 的值 100、200 傳給 04 列「**void swap(int no1, int no2)**」的 no1、no2。由於這兩組 no1、no2 彼此獨立沒有任何牽連，故主函數 prinft 的輸出仍是自己的 no1, no2 數值：**100 200**，而不是 **200 100**。

C 語言這種傳送參數的方式稱為**傳值呼叫**(call by value)，也就是呼叫函數時把函數名後小括弧內的**變、參數數值**(即實際參數值)**傳出**。但是，如果我們要讓**被呼叫的函數**(如：swap 函數)來存取**叫用函數**(如：main 函數)的區域變數時，我們就得把區域變數的地址告訴(傳給)對方。所需要的工具就是在 **8-9** 節介紹過的「&」和「*」兩個符號，其意義分別為：

1. **&** — …的地址、…的編號、…的指標。
2. * — …的內容。

至此，得到的結論是 — 我們得把主函數 no1 及 no2 變數的**地址**傳給 swap 函數，因此 swap 的**形式參數**(輸入參數)就必須是兩個**整數**的**指標**才對，所以正確的解題程式就變成 pr9-15.c：

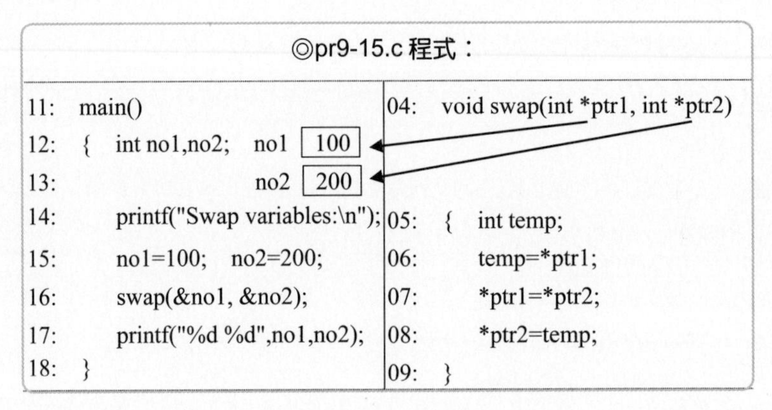
◎pr9-15.c 程式：

```
11:  main()                                  04:  void swap(int *ptr1, int *ptr2)
12:  {  int no1,no2;   no1 [100]
13:                    no2 [200]
14:     printf("Swap variables:\n");         05:  {  int temp;
15:     no1=100;   no2=200;                  06:     temp=*ptr1;
16:     swap(&no1, &no2);                    07:     *ptr1=*ptr2;
17:     printf("%d %d",no1,no2);             08:     *ptr2=temp;
18:  }                                       09:  }
```

請讀者注意：藉著 **&** 這個運算子，主函數可以把第 16 列「**swap(&no1, &no2);**」中 no1、no2 的地址(指標)傳給 04 列「**void swap(int *ptr1, int *ptr2)**」的 ptr1、ptr2。此時 **ptr1、ptr2 就會指到主函數** main **的區域變數 no1、no2**，因此經過 swap 程式的數值互換後，pr9-15.c 的程式輸出就是：**200 100**，而不是原本的 **100 200**。

請讀者注意：pr9-15.c 並沒有宣告任何全域變數，但是主函數與 swap 函數卻可存取到相同的 no1 與 no2。這就是 C 語言的策略，除非主函數把 no1、no2 的地址(指標)傳給其他函數，否則任何其他函數都無法存取(access)到主函數的 no1、no2，這樣就可以避免 no1、no2 被別的程式誤用而產生要命的錯誤。

注意

C 語言只用**傳值**(pass by value)的方式傳遞參數，如 pr9-14.c 的 swap 函數所示。請讀者特別注意：pr9-15.c 的 swap 函數也是傳值呼叫，因為它把 no1、no2 的地址(&no1、&no2)**當作數值**傳給函數 swap。

如果傳遞的參數不是純量而是陣列(array)，則幾乎所有的程式語言都採用**傳址呼叫**(call by address)，也就陣列的**地址**會傳給函數，而不是陣列的元素值。當陣列有許多元素時，**傳址呼叫**可以**避免拷貝大量的參數**給被呼叫的函數，以免呼叫函數費時過久。但代價是**被呼叫的函數**(called function)會存取到叫用函數(calling function)的陣列。以下列 pr9-16.c 為例，重要的注意事項如下：

1. ar 是區域變數，有效範圍是 main 函數的區域，且 ar 陣列有三個元素。
2. br 是區域變數，有效範圍是 sub1 函數的區域，但 br 陣列**沒有任何元素**，只有整數指標 br。
3. 第 14 列的「sub1(ar);」會把 ar 陣列的**地址**傳給第 04 列「void sub1(br[3])」中的參數 br，所以 sub1 的 br **陣列其實就是** main **函數的** ar **陣列**。

◎pr9-16.c 程式：

```
10:  main()
11:  {   int i, ar[3]={10,20,30};
12:
13:      printf("Call by address:\n");
14:      sub1(ar);
15:      for(i=0;i<3;i++) printf("%d ",ar[i]);
16:      printf("\n");
17:  }
```

```
04:  void sub1(int br[3])
05:  {   int i;
06:      for(i=0;i<3;i++)
07:          br[i]=br[i]*2;
08:  }
```

主函數第 14 列呼叫 sub1，sub1 函數會把 br 陣列的每個元素變為兩倍，因為 sub1 函數的 br 陣列就是 main 函數的 ar 陣列，所以主函數第 15 列印出 ar 陣列的內容為：20 40 60，即被 sub1 更改過的內容。

注意

pr9-16.c 第 04 列「void sub1(int br[3])」中的 3，並不會讓 sub1 函數配置(allocate)三個元素的空間，僅有整數指標 br 會被配置。但我們可以把 br 視為一個陣列來用，因為陣列的名字在 C 語言就是指標。也因為如此，第 04 列的函數標記也可寫成：

void sub1(int br[2])、void sub1(int br[]) 或者 void sub1(int *br)

但不能寫成 void sub1(int br[][]) 或者 void sub1(int **br)，因為這會把 br 宣告成二維陣列的名字，亦即「整數指標」的**指標**或是「整數指標」的**陣列**。

最後請讀者想想，sub1 的形式參數 br，是否可以改名為 ar？如果改成 ar，程式是否變得更容易理解？因為 sub1 的 ar 陣列就是 main 的 ar 陣列，相同的陣列使用相同的名字。

注意

幾乎所有的程式語言都採用**傳址呼叫** (call by address)來傳遞**陣列參數**給被呼叫的函數(called function)，但 C 語言使用的卻是**傳值呼叫**(call by value)。為什麼呢？請看 pr9-16.c 第 14 列的呼叫敘述「sub1(ar);」，其傳遞的參數 ar 是陣列名，為指向陣列第一個元素的指標(**地址**)。C 語言僅是把這個地址當成**數值**傳給 sub1 函數而已，因此是**傳值呼叫**。總而言之，C 語言僅提供一種參數傳遞方式，就是**傳值呼叫**。

9-9 處理區域變數的技巧

呼叫函數處理自身的區域變數時，得將區域變數的指標(地址)傳給被呼叫的函數(called function)，再讓函數用指標的方式來處理這些區域變數。如 pr9-15.c 程式裡頭的 swap 函數，分別用 ptr1、ptr2 指向 no1、no2，再進行變數內容互換。

如果處理的是**陣列的資料**，請避免使用這樣的方式。以 pr9-16.c 的 sub1 函數為例，請讀者先比較兩個版本的 sub1 函數如下所示，右側即為**指標版本**的 sub1 函數。

◎pr9-16.c 的 sub1 函數：	
04:　void sub1(int br[3])	04:　void sub1(int *ptr)
05:　{　int i;	05:　{　int i;
06:　　　for(i=0;i<3;i++)	06:　　　for(i=0;i<3;i++){
07:　　　　　br[i]=br[i]*2;	07:　　　　　*ptr=*ptr*2; ptr++
08:　}	08:　　　}
	09:　}

函數使用**指標**來處理叫用函數的區域(local)陣列變數，由於少了**註標**的幫助，會讓程式的**可讀性降低很多**，這代表程式容易出錯、不易除錯外，帶將來的維護成本會很高。

在主函數裡宣告 ar 為十個元素的整數陣列，並將內容設定為 95, 16, 5, 98, 23, 25, 85, 15, 32, 6。寫出函數 sort 將 ar 陣列元素由小到大排列。

假設有一個整數**指標 ptr 指向 ar 陣列**，讀者現在可以想像一下如何寫程式去使用這個 **ptr** 指標，將 **ar** 陣列的元素由小到大排序。如果讀者是程式初學者，又可以毫無困難地寫出這樣的程式，請相信我一件事 — 你一定可以成為很棒的程式設計師。因為這樣寫程式對大多數程式初學者來說非常抽象。

處理區域陣列變數的技巧 — 將傳入的指標當成陣列來用。

我們先將函數 sort 定義為：

void sort(int ar[], int cnt) — ar 指向一個整數陣列，內有 cnt 個元素，將陣列的元素由小到大排序。

「**int ar[ ]**」表示 **ar** 是個整數陣列的名字，而且陣列沒有配置元素儲存空間，雖然如此 **ar 仍是個指標**。此外，由於我們希望 sort 函數能處理大小不固定的陣列，故另外傳入**陣列的元素個數**「cnt」。有了 sort 函數後，解題程式大致是這個樣子：

```
void sort(int ar[ ],int cnt)
{
    把 ar 陣列的元素由小到大排列;
}
```

```
main()
{   int k, ar[10]={95,16,5,98,23,25,85,15,32,6};
    印 ar 陣列一次;
    sort(ar,10);
    印 ar 陣列一次;
}
```

請讀者特別注意 ── 主函數的 **ar** 陣列是個**區域變數**，而且 **sort** 函數的 **ar** 陣列也是個區域變數，所以各用各的 **ar**，沒有變數同名或重複宣告的問題。但是主函數呼叫 sort 函數時傳出自己的「陣列指標 **ar**」給 **sort** 函數的 **ar**，所以**兩個 ar 都指向主函數裡的整數陣列**。

這樣做的最大好處就是 ── 當我們在寫 sort 函數的程式時，所用的陣列名字(如：**ar**)都和主函數一樣。換句話說，我們可以**在主函數寫好、測試好程式後，直接搬動到 sort 函數來，沒有更動變數名的困擾**，這樣的技巧在開發大程式時非常有用！寫 sort 函數前，我們先改寫功能類似的排序程式 pr8-2.c 為 pr9-17.c。

◎ pr9-17.c 程式：

```
04:  main()
05:  {   int k, ar[10]={95,16,5,98,23,25,85,15,32,6};
06:      int cnt, i, j, temp;
07:
08:      printf("Sort array:\n");
09:      cnt=10;
10:      for(k=0;k<cnt;k++) printf("%3d",ar[k]);
11:      printf("\n");
12:      for(j=0;j<cnt-1;j++)
13:          for(i=0;i<cnt-1;i++)
14:            if (ar[i]>ar[i+1]){
15:                temp=ar[i];
16:                ar[i]=ar[i+1];
17:                ar[i+1]=temp;
18:            }
19:      for(k=0;k<cnt;k++) printf("%3d",ar[k]);
20:      printf("\n");
21:  }
```

pr9-17.c 和 pr8-2.c 的最大不同在於 ── pr9-17.c 中**宣告了整數變數 cnt**，並且在第 **09** 列把 **cnt 設定為 10**。我們在 pr9-17.c 加入變數 cnt 的理由是：將來 sort 函數會有一個 cnt 參數，用來吃入陣列的元素個數。所以，我們還需要是把 pr8-2.c 三個 for 迴圈中的「**常數 10**」**用 cnt 取代**、「常數 9」則用 **cnt-1** 取代。

現在回到我們的問題 ── 寫出 sort 函數。其實就是把 pr9-17.c 的**第 12 到 18 列程式移入 sort 函數的大括弧內**即可，再補上必要的參數宣告與變數宣告後，即得完整的程式 pr9-18.c：

◎ pr9-18.c 程式：

```
04:  void sort(int ar[ ], int cnt)
05:  {   int i, j, temp;
06:      for(j=0;j<cnt-1;j++)
07:          for(i=0;i<cnt-1;i++)
08:              if (ar[i]>ar[i+1]){
09:                  temp=ar[i];
10:                  ar[i]=ar[i+1];
11:                  ar[i+1]=temp;
12:              }
13:  }
14:
15:  main()
16:  {    int k, ar[10]={95,16,5,98,23,25,85,15,32,6};
17:
18:      printf("Sort array:\n");
19:      for(k=0;k<cnt;k++) printf("%3d",ar[k]);
20:      printf("\n");
21:      sort(ar,10);
22:      for(k=0;k<cnt;k++) printf("%3d",ar[k]);
23:      printf("\n");
24:  }
```

是不是有讀者想要問 ── 函數第一列「**void sort(int ar[ ], int cnt)**」可否寫成「**void sort(int *ar, int cnt)**」？筆者的答案是 ─ 試了就知道！試出來的答案比問出來的答案還要珍貴。測試程式時別忘了改變陣列的元素個數，例如呼叫 **sort(ar, 8);**，再查看程式輸出是否仍然正確。

寫出函數 maxEven，同 sort 函數一樣傳入陣列指標與陣列元素個數，函數傳回陣列元素中的最大偶數，如果陣列中沒有偶數則傳回-1。

9-10 函數開發步驟

截至 9-8 節為止，本書都直接寫出函數範例。但如果是開發複雜的函數，筆者建議採用 9-9 節的函數開發步驟，完整的程序如下：

1. 先以主函數寫出函數的某(固定)功能。
2. 加入變數讓程式能依變數的數值提供各種所需的功能。
3. 更改 main 為所要的函數名，並把前項**能改變程式功能的變數設為函數的形式參數**。

在主函數中宣告兩個字元陣列 str1 和 str2，並將 str1 的起始值設定為"Hello"。寫出 copyStr 函數將主函數中的 str1 字串拷貝到 str2。

現在，筆者以「字串拷貝」函數為例，說明函數的開發步驟。假設 str1 及 str2 是兩個字串(**字元陣列**)，我們想把字串 str1 的內容拷貝到 str2，使用「str2=str1;」敘述是不被 C 語言所接受的。因為 **str1、str2 是陣列名，被 C 語言視為指標常數**(constant)，因此 C 語言不允許 str2 或 str1 的內容(即陣列的**地址**)被更動。

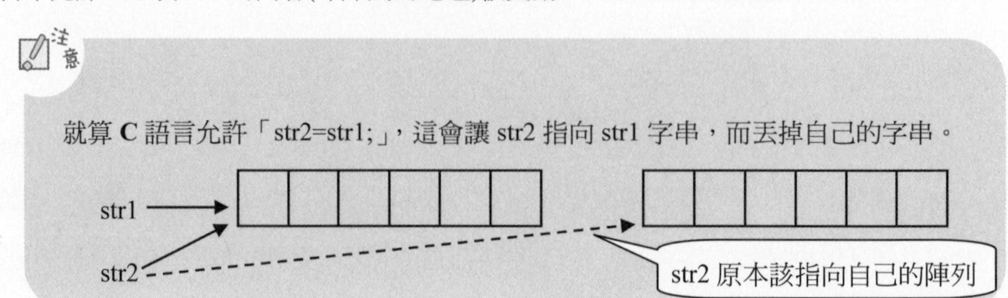

注意
就算 C 語言允許「str2=str1;」，這會讓 str2 指向 str1 字串，而丟掉自己的字串。
str1
str2
str2 原本該指向自己的陣列

拷貝字串其實就是拷貝「字元陣列」的**內容**而已。假設 str1 和 str2 兩字串的內容如下所示，其中 str2 為空字串。

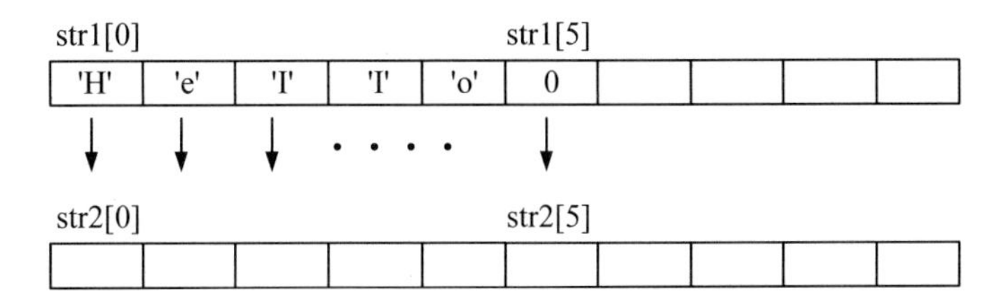

實際上我們經常無法事先知道 str1 的字串長度，故只得**一次拷貝一個字元**，再判斷**是否其內容為數字 0** (字串結束代碼)，**若是**，**就不要再往下做了**。解題暴力程式如下：

```
i=0;
str2[i]=str1[i];
if (str1[i]==0)  不要再往下做;
------------------------------------------
i=1;
str2[i]=str1[i];
if (str1[i]==0)  不要再往下做;
------------------------------------------
i=2;
str2[i]=str1[i];
if (str1[i]==0)  不要再往下做;
   .
```

平常使用 for 迴圈時，我們會把暴力程式分組如上所示。但因為我們並不知道 str1 的字串長度，以致於無法指定迴圈變數的上限。雖然我們可以指定一個非常大的上限 (例如 10,000)，但萬一真遇到長度大於 10,000 個字元的字串，程式只會拷貝字串的前 10,000 個字元就結束迴圈。因此我們改用**無窮迴圈**，暴力程式分組如下所示：

```
i=0;
------------------------------------------
str2[i]=str1[i];
if (str1[i]==0)  不要再往下做;
i=1;
```

```
-------------------------------------------
str2[i]=str1[i];
if (str1[i]==0)  不要再往下做;
i=2;
-------------------------------------------
str2[i]=str1[i];
if (str1[i]==0)  不要再往下做;
i=3;
  .
```

經由這樣的分析，我們可以得到解題的演算法(algorithm)：

```
i=0;
while(1){   /* 無窮迴圈 */
     str2[i]=str1[i];
     if (str1[i]==0)  不要再往下做;
     i++;
}
```

讀者應該可以推論出來，「不要再往下做；」就是結束迴圈，也就 C 語言的「**break;**」。最後加入變數宣告及主函數(main)標記，即得完整的程式 pr9-19.c：

◎ pr9-19.c 程式：

```
04:  main()
05:  {   int i;
06:      char str1[10]="Hello",str2[10];
07:
08:      i=0;
09:      while(1){
10:           str2[i]=str1[i];
11:           if (str1[i]==0) break;
12:           i++;
13:      }
14:      printf("%s\n",str1);
15:      printf("%s\n",str2);
16:  }
```

請注意：現在我們已經做完**步驟 1**：先以主函數寫出函數的某(固定)功能，也就是固定會把 str1 字串的內容拷貝到 str2。

pr9-19.c 中再宣告 str3(初始值設為任意內容)、str4，再拷貝、改寫**既有的程式段**把 str3 字串拷貝到 str4，接著找出這兩段程式的不同處。

接著進行**步驟 2**：加入變數讓程式能依變數的數值**提供各種所需的功能**。由於將來函數需要拷貝任意的「來源(source)字串」到任意的「目的(destination)字串」去，因此 pr9-19.c 中的 str1、str2 **必須是可以指向任意字串的「字元指標」**。我們可以加入字元指標 ptr1、ptr2 分別指向「來源字串 str1」與「目的字串 str2」，於是程式變成 pr9-20.c：

◎ pr9-20.c 程式：

```
04:  main()
05:  {    int i;
06:       char str1[10]="Hello",str2[10];
07:       char *ptr1,*ptr2;
08:
09:       ptr1=str1;   ptr2=str2;   /* 模擬參數傳遞 */
10:       i=0;
11:       while(1){
12:            ptr2[i]=ptr1[i];
13:            if (ptr1[i]==0) break;
14:            i++;
15:       }
16:       printf("%s\n",str1);
17:       printf("%s\n",str2);
18:  }
```

最後進行**步驟 3**：更改 main 為所要的函數名(即 copyStr)，並把前項**能改變程式功能的變數**(即第 09 列的 ptr1、ptr2)**設為函數的形式參數**。基本上，整個函數的程式段就是 pr9-20.c 的第 10~15 列，而第 09 列的功能是用來**模擬參數傳遞**。因此函數可以定義為「void copyStr(char *ptr1,char *ptr2)」如 pr9-21.c 程式所示：

◎ pr9-21.c 程式：

```
04:   void copyStr(char *ptr1, char *ptr2)
05:   {    int    i;
06:        i=0;
07:        while(1){
08:             ptr2[i]=ptr1[i];
09:             if (ptr1[i]==0) break;
10:             i++;
11:        }
12:   }
13:
14:   main()
15:   {    char str1[10]="Hello",str2[10];
16:
17:        copyStr(str1,str2);
18:        printf("%s\n",str1);
19:        printf("%s\n",str2);
20:   }
```

讀者同不同意，如果把 copyStr 函數的參數 ptr1 改名為 src(source：來源)、ptr2 改名為 dest(destination：目的)可以提高程式的可讀性。

9-11 指標函數

截至目前為止，我們寫過有傳回結果的 int 函數、float 函數以及不傳回任何結果的 void 函數。這一節筆者要示範一個讀者比較不熟悉的**指標函數**，請讀者特別注意指標函數的**宣告方式**。

假設我們的程式裡有個字元陣列變數 str1，其內容為“My name is Jerry.”，我們想寫程式把 str1 字串中的名字“Jerry.”找出來，為了簡化程式起見，我們規定名字和"is"之間一定要有空格，所以我們面臨的問題是：

問題

在主函數中宣告字元陣列 str1，並將 str1 起始設定為“My name is Jerry.”。寫出 findName 函數，傳入字元指標 ptr(用來指向 str1 字串)，傳回名字(Jerry)的位置(即傳回字元指標)。

我們先處理 findName 函數的定義問題，筆者寫出兩答案讓讀者來挑選：

1. char findName(char *ptr)　或是　2. char *findName(char *ptr)

傳入的是**字元指標 ptr**，所以小括弧內放 **char *ptr**。接下來是 findName 的定義問題，第 1 個答案是：**char findName(…)** — 這不是個正確的答案，因為這樣的寫法是把 findName 定義為**字元函數**，也就是說 findName 會**傳回一個字元**，所以這一個不是正確的答案。

第 2 個答案是：**char *findName(…)** — 這才是個正確的答案，因為這樣的寫法是把 ***findName** 定義為字元函數，也就是說 ***findName** 是一個字元(即 findname 所指的內容為字元)，所以 **findName** 是一個字元指標。

有關函數的程式部份，請先參考下圖，如果我們能寫程式移動指標 ptr 指向字串 **"is"** 的字母 **"i"**，哪麼**名字**(Jerry)**的位置**(指標)**就是 ptr + 3**，即為函數所要傳回的結果。

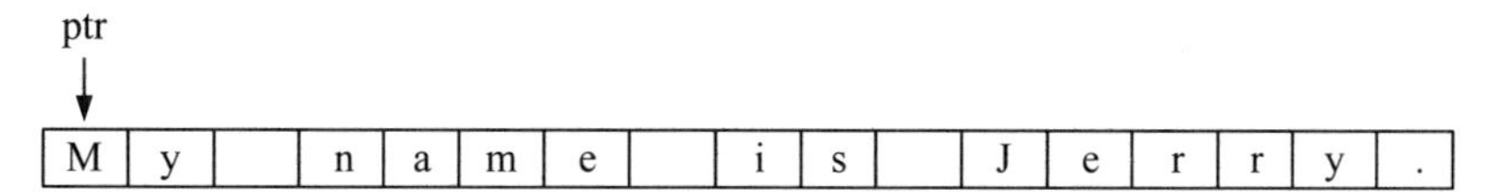

經由這樣的分析，我們可以得到解題的演算法(algorithm)：

```
傳入的 ptr 參數要指向 str1 的開頭；
while(ptr 不是指向字串結束){
    if (ptr 指向 is) 不要再往下找;
    ptr++;
}
```

什麼是「**字串的結束**」呢？讀者應該記得 **C 語言用數字 0 作為字串的結束**。怎樣判斷「**ptr** 指向 **is**」呢？**ptr** 指向字串 **'is'** 時 — ***ptr** 的內容為 **'i'**、***(ptr+1)** 的內容則是 **'s'**，且***(ptr+2)** 的內容為**空格**。最後請注意 — 當「**ptr** 指向 **is**」時，「**ptr+3**」就會指向

名字的起點，完整的 **findName** 函數如下所示：

```
char *findName(char *ptr)
{
    while(*ptr!=0){
        if (*ptr=='i' && *(ptr+1)=='s' && *(ptr+2)==' ')
            break;
        ptr++;
    }
    return ptr+3;
}
```

加入 findName 函數、主函數以及字元陣列宣告的完整的程式如 pr9-22.c 所示：

◎ pr9-22.c 程式：

```
04:  char *findName(char *ptr)
05:  {
06:      while(*ptr!=0){
07:          if (*ptr=='i' && *(ptr+1)=='s' && *(ptr+2)==' ')
08:              break;
09:          ptr++;
10:      }
11:      return ptr+3;
12:  }
13:
14:  main()
15:  {   char str1[80]="My name is Jerry.";
16:      char *name;
17:
18:      printf("%s\n",str1);
19:      name=findName(str1);
20:      printf("Your name is %s\n",name);
21:  }
```

請注意程式 pr9-22.c 的第 19 列敘述「**name=findName(str1);**」在呼叫 findName 函數時會傳出字串 str1 的起點(指標)給 findName 函數的 ptr 參數，如下所示：

```
19:      ptr=findName(str1);

04:  char *findName(char *ptr)   /* findNam 的 ptr      */
                                 /*  會指向 str1 字串  */
```

而 **findName** 函數會先用自己的 **ptr**(指標變數)找到字串 **"is"**，再經由第 11 列敘述「**return ptr+3;**」傳回人名**(Jerry)**的(起點)位置，如下所示：

```
11:  return ptr+3;               /*  指向 "Jerry" */

19:  name=findName(str1);   /* 主函數的 name 會指向 "Jerry"    */
```

經由第 19 列的指定敘述「**name=findName(str1);**」，人名(Jerry)的(起點)位置會存入主函數的 **name** 變數，所以第 20 列「**printf("Your name is %s\n", name);**」會在螢幕印出「Your name is Jerry.」。請注意：人名之後的句號也會被印出來。

測試程式時，請讀者更改 str1 字串中的人名部份，例如把 Jerry 改為 Alex。另外請思考一個問題 ── 如果名字和 **"is"** 之間**有一個以上**的空格，程式是否產生正確輸出？為什麼？如何解決？

9-12 主函數的形式參數

主函數既然也是函數，那是不是也可以傳入參數呢？答案是：肯定的。**具有形式參數**的主函數標記如： int main(int argc, char *argv[])、void main(int argc, char *argv[])。

我們可以依據主函數是否回傳結果，決定主函數的型態，一般多是 int 或 void 型態。因為會叫用主函數的程式只有 IDE 或作業系統，所以主函數最多只要傳回一個整數，代表**主函數是否正常結束**即可。一般系統多會以 0 代表正常結束、-1 代表異常結束。IDE 或作業系統再依據這個傳回的整數，顯示訊息通知使用者程式的結束狀況。

其次，在什麼狀況下須要傳參數給主函數呢？假想 motor.exe 可以啟動馬達並設定數種**不同的轉速**與**轉向**，所以我們可以在主控台環境下執行程式並指定參數如下所示：

```
motor   3000   F      或      motor   4000   R
```

注意

目前讀者可以把 motor 後的 3000 或 4000 想像為馬達的轉速，其後的 F、R 則視為正轉(forward)與反轉(rewind)。

主控台吃入指令後會找到 motor.exe 檔案來執行並傳入參數給 motor 程式中的主函數，也就是傳給 main 函數的 argc(整數)和 argv(字串陣列)。其中 argc 表示指令中含有的**字串個數**，而 argv 則是指令的各個字串。

以「motor　3000　F」為例，各參數值為：

1. argc 數值為 3，表示指令中有 3 個字串。注意：一個字元也被視為長度為 1 的字串。
2. argv[0]數值為「motor.exe 的全名(含絕對路徑)」、argv[1] 為「"3000"」、argv[2] 為「"F"」。

讀者應該不難猜出，藉由 argc 的數值，就可寫程式印出 argv 中的字串有哪些？下列 pr9-23.c 程式會印出 main 函數的每個參數數值。

◎ pr9-23.c 程式：

```
04:  main(int argc, char *argv[])
05:  {   int i;
06:
07:      printf("argc=%d\n", argc);
08:      for(i=0;i<argc;i++)
09:          printf("argv[%d]=%s\n", i, argv[i]);
10:  }
```

由於各 IDE 的可執行程式(exe 檔)所在位置不同，程式輸出如下：

IDE	程式輸出
Turbo C	argc=1 argv[0]=C:\TURBOC\OUTPUT\PR9-23.EXE
Dev-C++	argc=1 argv[0]= C:\Ex4DevCpp\pr9-23.exe
Visual C++	argc=1 argv[0]=c:\Ex4VisualC\pr9-23\Debug\pr9-23.exe

由於我們是使用 IDE 執行程式，所以傳給主函數的參數只有一個 ── 可執行檔的全名(包含絕對路徑)，也因為參數只有一個，故 argc 等於 1。另外從這個程式輸出，我們可以看出程式的可執行檔的位置。

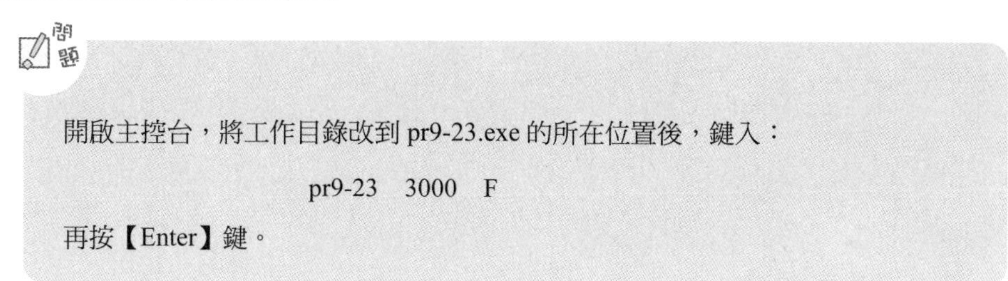

問題

開啟主控台，將工作目錄改到 pr9-23.exe 的所在位置後，鍵入：

pr9-23　3000　F

再按【Enter】鍵。

執行指令後，可看到程式輸出如下：

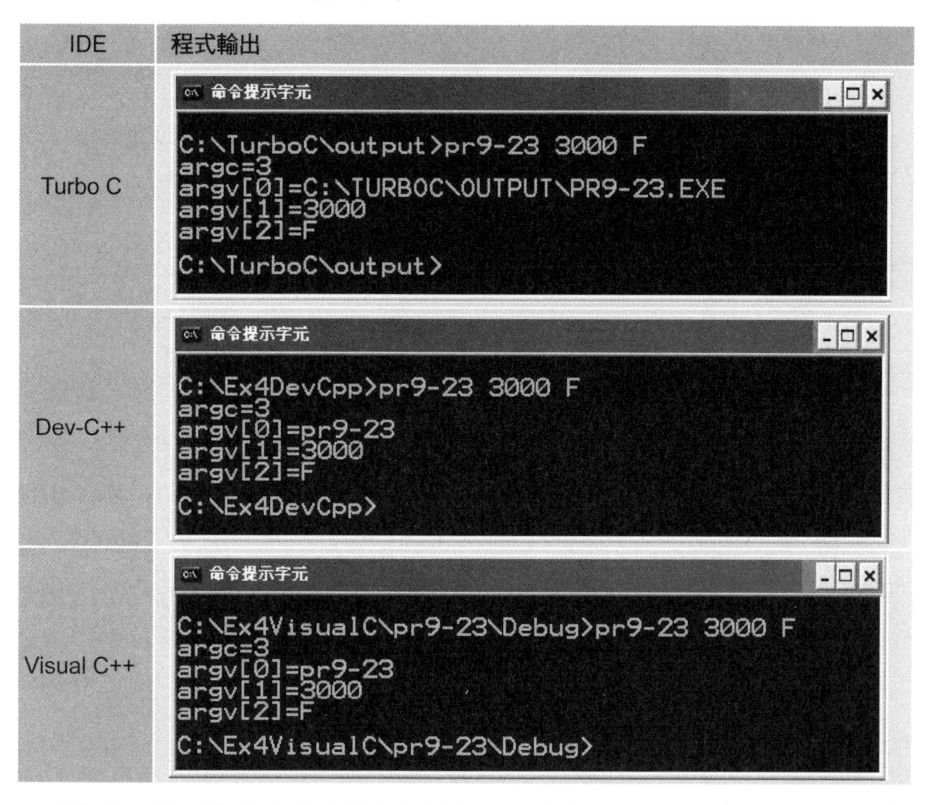

IDE	程式輸出
Turbo C	命令提示字元 C:\TurboC\output>pr9-23 3000 F argc=3 argv[0]=C:\TURBOC\OUTPUT\PR9-23.EXE argv[1]=3000 argv[2]=F C:\TurboC\output>
Dev-C++	命令提示字元 C:\Ex4DevCpp>pr9-23 3000 F argc=3 argv[0]=pr9-23 argv[1]=3000 argv[2]=F C:\Ex4DevCpp>
Visual C++	命令提示字元 C:\Ex4VisualC\pr9-23\Debug>pr9-23 3000 F argc=3 argv[0]=pr9-23 argv[1]=3000 argv[2]=F C:\Ex4VisualC\pr9-23\Debug>

請注意：TC 仍然秀出可執行檔的絕對路徑，但是 Dev-C++與 Visual C++只會秀出相對路徑。藉此提醒讀者，相同的程式在不同的平台也可能會有或多或少的輸出差異。

寫一程式 addparm.c 將傳入主函數的若干個整數參數相加後印在螢幕上，故鍵入：

addparm　再按【Enter】鍵會印出 0

addparm　30 再按【Enter】鍵會印出 30

addparm　30　40 再按【Enter】鍵會印出 70

請注意：傳入的參數是字串型態，因此必須先將之轉為整數後才能相加。

9-13 注意事項

這一節再介紹函數之形式參數(formal parameters)的不同寫法，但本節的內容僅供參考，筆者建議初學的讀者先不要用這一節的函數寫法。

C 語言也允許函數的形式參數宣告如下：

```
函數型態 函數名(參數一, …)
型態一 參數一;
    .
{
    .
    return 函數結果;
}
```

亦即在函數名稱後的**小括弧內**只要寫下傳入的(形式)**參數列**，不須指定參數的型態。參數的型態則改在**小括弧後、大括弧之前宣告**，宣告的方式如同變數宣告一樣，而且相同型態的變數可以用一個敘述來宣告。假設 sub1 函數傳入的形式參數為 (i, j, k, l)，其中 i 和 j 為整數，而 k 和 l 為實數(float)，則 sub1 函數可寫成：

```
函數型態 sub1(i, j, k, l)
int i, j;
float k, l;
{
      .
    return 函數結果;
}
```

這樣的寫法破壞了函數的單純結構，但帶來一些方便。因為如果是在函數名稱之後的**小括弧內**宣告參數型態，就不能把兩個相同型態的參數合併宣告 —— 如「**sub1(int i, j, float k, l)**」**就不合** C **語言的語法**，而必須寫成「**sub1(int i, int j, float k, float l)**」。

另外，這樣的寫法適合將來物件導向程式的函數宣告，因為物件導向程式的型態名常有 10~20 個字母，形式參數較多時，可以省去每個參數都要標示型態的麻煩。

9-14 習 題

注意

1. 下列各題內定宣告 ar 為十個元素的整數陣列，並將內容設定為 95, 16, 5, 98, 23, 25, 85, 15, 32, 6
2. 測試函數時，要變動實際參數的數值。

1. 宣告 ar 為**全域**陣列變數，寫出 findMax 函數，定義為：

   int findMax(int s) — 傳回 ar[s]到 ar[9]間的最大元素值。

   解題的程式如下：

```
int ar[10]={95,16,5,98,23,25,85,15,32,6};
int findMax(int s)
{
    傳回 ar[s]到 ar[9]間的最大元素值;
}

main()
{   int ans;
    ans=findMax(4);
    印出 ans;   /* ar[4] 到 ar[9]間的最大元素值; */
}
```

   測試程式時要變動實際參數值，即 ans=findMax(4); 中的 4。

2. 宣告 ar 為主程式內的**區域**陣列變數，寫出 findMax 函數，定義為：

   int findMax(int s, 自行加入參數) — 傳回 ar[s]到 ar[9]間的最大元素值。

   自行加入之參數請自行設計。解題的程式如下：

```
int findMax(int s, ???)
{
    傳回 ar[s]到 ar[9]間的最大元素值;
}

main()
{   int ans, ar[10]={95,16,5,98,23,25,85,15,32,6};
    ans=findMax(5,???);
    印出 ans;   /* ar[5] 到 ar[9]間的最大元素值; */
}
```

3. 宣告 ar 為全域陣列變數，寫出 findMin 函數，定義為：

   int findMin(int m, int n) — 傳回 ar[m]到 ar[n]間的最小元素值。

   傳入參數的可能狀況有：m > n 、 m < n 和 m 等於 n。

4. 寫出 findDigit3 函數，定義為：

   char findDigit3(int no) — 傳回「no 之千位數」的字元。

   解題的主程式如下：

```
main()
{   char ans;
    ans=findDigit3(29454);
    printf("%c\n",ans);    /*   會印出字元'9'   */
}
```

5. 寫出 fact 函數，定義為：

   long fact(int n) — 傳回 n！。

6. 改寫 9-21.c 的 copyStr 函數，使用 do 迴圈取代原有 while 敘述，請注意：用 do 敘述後不再需要 break 敘述。

7. 宣告一個整數指標 **ptr**，程式一開始令 ptr 指向 ar 陣列，寫程式把 ar 陣列元素由小到大排序。注意到程式中不可再使用 ar 這個字。解題的演算法如下：

```
int *ptr, i, j, ar[10]={95,16,5,98,23,25,85,15,32,6};
印出陣列所有元素;
ptr=ar;      /* 以下程式不能使用 ar 這個字 */
把 ptr 所指的陣列元素由小到大排序;
印出陣列所有元素;
```

8. 寫出 sortNList 函數，函數定義為：

void sortNList(int ar[ ],int cnt) — ar 指向一個整數陣列，內有 cnt 個元素，印出 ar 所指陣列之排序結果。

函數內要宣告**具有 10 個元素**的整數陣列 **br**，函數一開始把 ar 所指的陣列元素拷貝到 **br** 陣列後，再把 **br** 由小到大排序。解題的演算法如下：

```
void sortNList(int ar[ ],int cnt)
{   int br[10];
    把 ar 所指的陣列的元素拷貝到 br;
    br 由小到大排序;
    印出 br 陣列元素;
}

main()
{   int k, ar[10]={95,16,5,98,23,25,85,15,32,6};
    印 ar 陣列一次;  /* 呼叫 sortNList 前的 ar */
    sortNList(ar,10);
    印 ar 陣列一次;  /* 呼叫 sortNList 後的 ar */
}
```

注意：程式要求 **sortNList** 不能變動主程式裏 ar 陣列的元素順序。

9. 在 9-22.c 程式中，"is" 和名字之間若有**一個以上**的空格，多出來的空格(空白符號)會被視為人名的一部分。雖然可以很幸運地產生正確的程式輸出，但這不是件好事，因為「"   Jerry"終究不等於"Jerry"」，而且這會在將來造成**搜尋人名**(即**比較人名**)的錯誤。請修改函數程式，傳回人名的位置時**要跳過多餘的空格**。測試程式時記得修改宣告為 **char str1[80]="My name is   Jerry.";**

10. 寫一函數 isLetter(char *ptr)，傳入字元指標，若指標所指的字元為英文字母則傳回 1、否則傳回 0。

11. 宣告 **char str1[80]="I love programming! Do you?";**，寫程式印出 str1 中的每個字，一個字一列，且要去除標點符號。提示：可應用第 10 題的 isLetter 函數。

12. 寫一函數 str2No(char *ptr)，傳入字元指標，ptr 會指向字串如："32" 或 "362"。函數傳回其代表的整數值：32 或 362。

13. 寫一函數 no2Str(char *ptr, int no)，傳入字元指標 ptr 指向空的(字元)陣列與整數 no 如 32 或 362，函數會在 ptr 所指向陣列放入"32" 或 "362"。解題的主程式如下：

```
main()
{   char str3[20];
    no2Str(str3,362);
    printf("%s\n",str3);     /*   會印出 362   */
}
```

14. 修改 pr9-23.c 程式，只在螢幕上印出程式名，去除路徑與延伸檔名(exe)。

15. 寫出程式命名為 ex9-15.c，在主控台下執行時可傳入兩個整數參數如：ex9-15 20 30，程式會印出 20, 21, …30，每個數一列。請注意：第一個整數要小於等於第二個。

10 CHAPTER

系統函數

C 語言系統提供了數百個函數，這一章筆者將介紹如何使用系統所提供的函數。首先，讀者要知道：C 語言雖然提供這麼多的函數，但為了增加效率，系統並沒有全部載入這些函數的資料。所以當我們要叫用某個函數時，必須要先知道該函數的資料放在哪個檔案(稱為函數的**標頭檔**、延伸檔名為 h)，再引入所需的標頭檔(header file)，這樣才能使函數正確地工作。

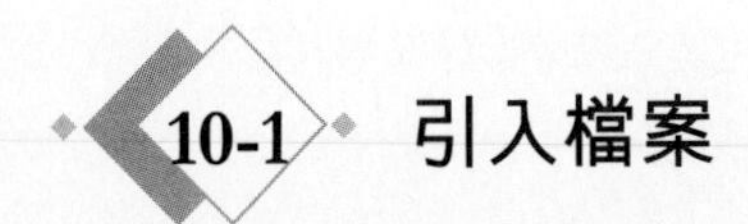

10-1 引入檔案

這一節筆者想用「字串拷貝」的函數來說明如何**引入檔案**，在 9-10 節我們寫過「字串拷貝」的函數，並將函數取名為 **copyStr**，為了方便說明起見，完整的 pr9-21.c 程式如下所示：

◎ pr9-21.c 程式：

```
04:  void copyStr(char *ptr1, char *ptr2)
05:  {   int   i;
06:      i=0;
07:      while(1){
08:          ptr2[i]=ptr1[i];
09:          if (ptr1[i]==0) break;
10:          i++;
11:      }
12:  }
13:
14:  main()
15:  {   char str1[10]="Hello",str2[10];
16:
17:      copyStr(str1,str2);
18:      printf("%s\n",str1);
19:      printf("%s\n",str2);
20:  }
```

為了讓程式簡潔、易讀，我們可以把經過測試「功能無誤的函數」放到其他的檔案。這樣的做法在開發大系統時更是必要，因為我們必須把許多的**函數**與**資料**分門別類地放在**不同的檔案**，這樣才能有效地管理各類程式，進而提昇系統開發速度。

例如我們可以把 pr9-21.c 的 **copyStr** 函數放入 **myLib.h** 檔案，程式在移出 **copyStr** 函數後，只要加上一行「**引入檔案**」的指令，告訴系統把 **myLib.h** 的「檔案內容」引進來即可。「引入檔案」的指令就是 **include**，指令語法如下所示：

1. **#include "檔名"** — 用**雙引號**引住檔名，會**先在**「**程式目錄**」中找「**檔名**」所指定的檔案，將之引入假指令所在的位置。所謂「**程式目錄**」就是存放原始程式的目錄，除了系統內定的目錄位置外，我們也可以使用 IDE 設定任意目錄存放程式，IDE 會逐一到這些目錄找檔案，若找不到，再到系統內定的(引入)目錄找。
2. **#include** <**檔名**> — 用 **<、>** 引住檔名，會在「**引入目錄**」中找到「**檔名**」所指定的檔案，將之引入假指令所在的位置。所謂「引入目錄」就是 IDE 存放所有標頭檔的目錄，一般都是 **IDE 系統所在的目錄**內的 **include 目錄**。

注意

1. 「**include**」指令是用來要求 **C** 的**編譯器**(compiler)執行引入的動作，稱為假指令(pseudo instruction)或**前置處理指令**(pre-processing directive)。
2. 所有的假指令都不是 C 語言的程式指令，所以不會被翻譯成機械碼。
3. 假指令是系統提供給**程式設計者**的**服務指令**，用「#」開頭，而且**不用分號作結束**，故一個指令只能有一列，**若超過一列則要鍵入 \ 表示「接下一列」**。

問題

將 pr9-21.c 的 copyStr 函數放入 myLib.h 檔案，移出 copyStr 函數後，用「引入檔案」的 include 假指令取代之。

由於我們準備移出 **copyStr** 函數到「**程式目錄**」中的 **"myLib.h"** 檔案，所以要用第 1 個語法「**#include "檔名"**」。為了滿足問題的要求，我們需要兩個檔案，一個是包含 **copyStr** 函數的 **myLib.h**，還有一個是**放主函數的程式檔**，依慣例我們將程式檔取名為 pr10-1.c：

◎ pr10-1.c 程式：

```
03:  #include "myLib.h"
04:
05:  main()
06:  {    char str1[10]="Hello",str2[10];
07:
08:       copyStr(str1,str2);
09:       printf("%s\n",str1);
10:       printf("%s\n",str2);
11:  }
```

請特別注意：第 03 列「#include "myLib.h"」的後面**沒有分號**，因為這一列不是 C 語言的敘述，所以不需要用分號。別忘了還有一個包含 **copyStr** 函數的 **myLib.h** 檔：

◎ myLib.h 檔案：

```
01:  void copyStr(char *ptr1, char *ptr2)
02:  {    int   i;
03:       i=0;
04:       while(1){
05:            ptr2[i]=ptr1[i];
06:            if (ptr1[i]==0) break;
07:            i++;
08:       }
09:  }
```

使用 Visual C++的讀者請注意：myLib.h 放在程式檔的上上層目錄，因此檔案路徑必須先加入「"..\\..\\"」再接上檔名，故而光碟範例會與書本範例略有不同。

1. 「**include**」指令可以引入任何檔案，故除了**標頭檔**外也可引入**程式檔**。此外，一般 C 語言的檔案引入習慣是：標頭檔內放置**常數、變數的宣告**與**特殊型態的定義**(參考第 12 章)，程式碼則要放在**程式檔**。
2. 本節的引入檔存放函數的程式碼，故如**改名**為 myLib.c 或 myLib.cpp 就更能符合 C 語言的習慣。

10-2 前置處理

以 pr10-1.c 第 03 列「**#include "myLib.h"**」的假指令為例，讀者應該不難體會，C 語言系統會先按照假指令的要求，依「程式目錄、引入目錄」的順序找尋 **myLib.h** 檔案，將之引入到假指令所在的位置，整個程式檔才能**回復完整的原狀**。接下來系統會啟動 Compiler 翻譯 pr10-1.c，若翻譯無誤再執行之。這些在啟動 Compiler 之前的處理工作稱為**前置處理**(pre-process)，當我們開發的程式愈複雜時，就愈會需要一些假指令來讓系統提供前置處理的服務。

除了 include 這個假指令外，define 也是一個常用的假指令，define 指令可以用來定義**常數**、**運算式**或**巨集**(macro)，指令語法如下所示：

1. **#define 常數名 數值** — 定義常數的「名稱」與其「數值」。
2. **#define 巨集名(參數列) 工作內容** — 定義巨集(macro)的「名稱」與其「工作內容」，其中小括弧裡的「參數列」是用來接受**傳入巨集函數的形式參數**。

舉例說明，當我們寫下假指令「**#define PI 3.1416**」後，程式中的「**PI**」都會以 **3.1416** 取代。因此程式中的敘述「**k=2*PI;**」就會在**前置處理時**被改成「**k=2*3.1416;**」。

同樣的，**巨集**(macro)的定義也可以用**取代**的觀念來理解，例如，我們可以定義計算**平方和**的**巨集函數**為：

```
#define sqrSum(no1,no2)    no1 * no1 + no2 * no2
```

當我們寫下了上述的假指令後，**sqrSum** 就變成系統所認識的**運算式**。叫用巨集時要在 **sqrSum** 之後的小括弧內寫下兩個**傳入的參數**，系統的前置處理會用定義的運算公式「**no1 * no1 + no2 * no2**」取代「**sqrSum(…)**」敘述，例如：「iSum = **sqrSum(2,4)**;」會被系統的前置處理取代為：「iSum = **2*2+4*4**;」，因此，iSum 會被指定為 20。

我們再來看一個很重要的例子，假設程式中有兩個巨集，定義如下所示：

```
#define add(no1,no2)    no1 + no2
#define sub(no1,no2)    no1 − no2
```

執行「jSum = add(2,2)*sub(6,6);」後，jSum 的數值為何?

讀者應該可以很快地算出 add(2,2)的值是 4、sub(6,6)的值是 0，兩數的**乘積為** 0，所以指定給 jSum 的值為 0。pr10-2.c 綜整上述的巨集例子成一完整程式：

◎ pr10-2.c 程式：

```
03:  #define PI 3.1416
04:  #define sqrSum(no1,no2)    no1*no1+no2*no2
05:  #define add(no1,no2)    no1 + no2
06:  #define sub(no1,no2)    no1 - no2
07:
08:  main()
09:  {    float    fSum;
10:       int      jSum;
11:
12:       fSum=sqrSum(2, 4)+PI;
13:       printf("fSum is %f\n",fSum);
14:       jSum=add(2,2)*sub(6,6);
15:       printf("jSum is %d\n", jSum);
16:  }
```

◎ pr10-2.c 程式輸出：

```
fSum is 23.141600
jSum is 8
```

讀者是不是很奇怪：程式正確地算出 fSum 的值($2^2+4^2+3.1416=23.1416$)，但卻把 **jSum** 的值給**算錯了**。其實電腦並沒有算錯，別忘了巨集(macro)是在編譯(compile)之前的**前置處理**，所以編譯之前，程式的第 12、14 列會分別先被**取代**為：

```
12:      fSum=2*2+4*4+3.1416;
14:      jSum=2+2*6-6;
```

電腦沒算錯，jSum 的值應該是 8，不是 0。這個例子告訴我們：**巨集前後的運算符號，可能破壞原始的巨集定義**。因此，定義巨集的安全做法是 ── **用左右小括弧把定義巨集的運算式包起來**。現在，請把三個巨集定義改寫如下，再執行一次 pr10-2.c 程式。

```
04:  #define sqrSum(no1,no2)    (no1*no1+no2*no2)
05:  #define add(no1,no2)    (no1 + no2)
06:  #define sub(no1,no2)    (no1 - no2)
```

注意

巨集(macro)和函數(function)的比較：

1. 巨集使用**取代**的方式，在 10 的地方叫用巨集，就會引入 10 次巨集的程式碼。
2. 函數**不用取代**的方式，在 10 的地方叫用函數，仍只會有一組函數的程式碼。
3. 如果有功能相同的巨集與函數，叫用巨集的程式所佔記憶體會較大，因為巨集的程式碼一直被複製。但程式執行順序沒有轉折(參考 9-1 節有關函數的執行方式)，因此叫用巨集的程式執行速度會比較快。

結論：**敘述少**且需**快速執行**的程式段才用巨集，別忘了巨集的定義是一個假指令，所以跨列(即超過一列)時要在列末**鍵入 \ 表示「接下一列」**，例如：

```
#define sqrSum(no1,no2) (no1*no1+     \
                         no2*no2)
```

功能複雜或敘述多的程式段就比較適合使用函數，其他的考慮因素還有：**叫用位置**與**叫用次數**的多寡，衡量的基準仍然是「執行速度」與「程式碼複製」之間的選擇。總之，不可能又要程式跑得快又要程式省記憶體空間。

10-3 使用系統函數 strcpy 拷貝字串

在 10-1 節我們示範了如何使用 **include** 假指令引入自己開發的「字串拷貝」函數 **copyStr**。讀者是否想過 — C 語言系統提供了數百個函數，難道沒有「拷貝字串」的函數嗎？沒錯！的確有提供拷貝字串的函數，接下來筆者要說明如何使用 C 語言系統提供的函數拷貝字串。

坊間有幾本參考手冊，專門說明 C 語言系統提供的函數，筆者建議想成為 C 語言高手的讀者，可以先借一本 **Turbo C 函數(式)庫參考手冊**或 **Linux C 函數(式)庫參考手冊**來看看。當我們要尋找「字串拷貝」的函數時，可以依手冊中的**功能分類**及**簡要說明**找到所要的函數，例如：字串類的 strcpy 就是系統提供的「字串拷貝」函數。

在函數庫參考手冊裡，讀者可以看到有關 **strcpy** 函數的說明，大致如下所示：

函數說明

strcpy

語　法：char *strcpy(char *dest,const char *src);

標頭檔：string.h

功　能：將 src 所指的字串拷貝到 dest 所指的位置。

傳回值：傳回 dest 的值，即「目的地」的起始位置。

讀者要學會看懂這樣的函數說明，詳述如下：

■ **語　法：char *strcpy(char *dest, const char *src);**

這表示「***strcpy**」是字元，所以 **strcpy** 是**字元指標**函數，也就是說函數會傳回一個字元指標。另外呼叫 strcpy 函數時要傳入兩個字元指標：dest 和 src，其中 src 是個**指標常數**，也就是說系統的函數程式不會更動 **src** 的內容與 **src** 所指的字串內容。

■ **標頭檔：string.h** — 這表示 **strcpy** 函數的相關資料放在 string.h 這個檔案裡，所以我們要在「系統指定的目錄」中引入 **string.h**。要用的假指令是：

```
#include <string.h>
```

而不要用

```
#include "string.h"
```

因為「**#include "string.h"**」會令系統**先在「程式目錄」**中找檔案，結果自然是浪費時間找不到 **string.h**。請注意：系統最後會**在「引入目錄」**中找 **string.h** 檔案。

■ **功　能：將 src 所指的字串拷貝到 dest 所指的位置** — 這裡說明 strcpy 函數的功能為「將字元指標 src 所指的字串拷貝到 dest 所指的位置」。也就是說 src 指向資料的來源(**s**ou**rc**e)，而 dest 則指向目的(**dest**ination)地，這也是為什麼系統的函數程式會**把 src 視為指標常數**。

■ **傳回值**：傳回 dest 的值，即「目的地」的起始位置 — strcpy 函數會傳回「目的字串」的起始位置，也就是 dest 的值。當我們不需要使用函數的傳回值時，就**當函數沒傳回結果**即可。如果要使用傳回值，就需要使用指定敘述把函數傳回的結果**存入變數**中。

使用系統提供的 strcpy 函數改寫 pr10-1.c 程式。

根據先前之說明，改寫 pr10-1.c 程式為 pr10-3.c 如下所示：

◎ pr10-3.c 程式：

```
03:  #include <string.h>
04:
05:  main()
06:  {    char str1[10]="Hello",str2[10];
07:
08:       strcpy(str2,str1);
09:       printf("%s\n",str1);
10:       printf("%s\n",str2);
11:  }
```

請讀者注意：str1 是指向**來源字串**的指標，而 str2 則指向**目的字串**，故呼叫 strcpy 時，傳入的參數是 **(str2, str1)**，這和 10-1 節的 copyStr 函數所規定的順序相反。C 語言系統函數一般會把**目的變數**放在**左邊**，就如同指定敘述「k2=k1;」一樣，目的變數 k2 放在左邊。

10-4 回顧已用過的系統函數

在前面的章節中其實我們已經用過了三個系統提供的函數 ── system、printf 以及 scanf，只是為了避免複雜的(函數)說明，筆者將它們當成 C 語言的指令來用，就如同 for、if 以及指定敘述一樣。其實就把函數當成 C 語言的指令也沒有不對的地方，只要在叫用時依照函數的要求傳入參數並取回函數結果就可以了。

呼叫常用的函數時，雖然有時可以不用引入標頭檔，但是如果遇到 Compiler 的錯誤訊息說：不認識程式中所呼叫的函數，這時就得檢查函數名稱是否打錯，並引入函數所需的標頭檔。因此學會使用函數庫參考手冊，看懂函數的說明是件很重要的事。接下來讓我們來回顧 system、printf 以及 scanf 這三個函數的說明。

函數說明

system

語　法：int system(const char *s);

標頭檔：process.h

功　能：將 s 所指的字串當成 DOS 命令交給主控台執行。

傳回值：執行成功傳回 0、錯誤則傳回 −1 。

system 函數的叫用如：「system("cls");」會清除主控台螢幕訊息、「system("pause");」可暫停電腦目前執行的程式、「system("dir");」則會在螢幕上秀出工作目錄的內容。

函數說明

printf

語　法：int printf(const char *format_string, …);

標頭檔：stdio.h

功　能：如 2-5 節之說明。

傳回值：傳回印出之字元個數，若有錯誤則傳回 −1 (即 EOF)。

函數說明

scanf

語　法：int scanf(const char *format_string, …);

標頭檔：stdio.h

功　能：如 8-11 節之說明。

傳回值：傳回讀入之「**變數**」個數，若有錯誤則傳回 −1 (即 EOF)。

EOF(end of file)是定義在 stdio.h 中的整數常數，數值為 −1 ，這是系統任意選定的數值，但也是大家愛用、通用的數值。因為這個函數在沒有發生錯誤時的「傳回值」為**大於、等於零**的整數，故而選擇 −1 代表有錯誤的狀況。

另外，在大多數的情形下，我們不會需要 printf 及 scanf 函數傳回的結果，如果有此需求，就要用指定敘述來取回函數的結果，例如：

```
no=scanf("%d%d%d",&i,&j,&k);
```

scanf 函數讀完 3 個整數後會**傳回 3**，所以 no 的數值會變成 3。

10-5 數學函數

數學函數的標頭檔是 math.h，C 語言系統提供的數學函數涵蓋三角、對數、次方以及開根號等等。筆者不想在此詳細介紹每個函數的使用，將來有需要時，讀者可以從函數庫參考手冊中查詢所要的函數與相關說明。本節筆者將使用兩個數學函數 —— sin(正弦)和 pow(次方)為例子，解釋函數庫參考手冊中的**函數說明**以及示範**函數的使用**，好讓讀者將來可以輕鬆地使用函數庫參考手冊。

函數說明

sin

語　法：double sin(double x);

標頭檔：math.h

功　能：計算 x 的正弦函數值，x 的單位是弳度。

傳回值：x 的正弦函數值。

從 sin 函數的語法「**double sin (…);**」可知函數**傳回值的型態**是 double，另外傳入函數的參數 x，型態也是 double。例如：

```
double    y;
y=sin(3.1416/2);
```

函數會把 sin (3.1416 / 2) 的結果(1.0)指定給變數 y。另外，如果把 y 宣告為 float 也可以，因為系統會先把函數的結果轉成 float 後再存入 y 內。同理，傳入函數的參數型態也可以是 float，系統會先做型態轉換。

筆者要在此提醒讀者 —— 每次遇到型態轉換時要注意其**範圍限制**及可能**產生的誤差**，否則會碰到程式**語法沒錯**，但**輸出卻大錯特錯**的狀況。

問題

求 y = sin(x) 和 x 軸在 x = 0 到 x = π 所夾的面積。

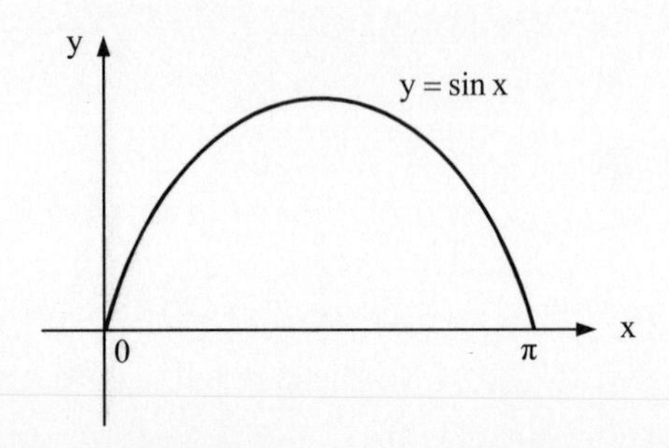

這是以前寫過的程式，所以筆者要用 Top-Down 程式策略來解決這個問題。另外為了算出更精準的答案，這次我們把算面積的區域切成 1000 塊，解題的程式段如下所示：

```
cnt=1000;                 /* 把區域切成 1000 塊 */
dx=3.1416/cnt;
area=0;  x=0;
for(i=1;i<=cnt;i++){
    x=x+dx;               /* 算出小矩形的 x 座標 */
    y=sin(x);             /* 算出小矩形的 y 座標 */
    a=y*dx;               /* 算出小矩形的面積     */
    area=a+area;
}
```

最後，我們把累加的面積用 printf 敘述列印出來，加入主函數標記後即得到完整的 pr10-4.c 程式：

◎ pr10-4.c 程式：

```
03:  #include <math.h>
04:
05:  main()
06:  {   float x,y,a,dx,area;
07:      int i, cnt;
08:
09:      printf("Calculate area:\n");
```

```
10:        cnt=1000;
11:        dx=3.1416/cnt;
12:        area=0; x=0;
13:        for(i=1;i<=cnt;i++){
14:            x=x+dx;
15:            y=sin(x);
16:            a=y*dx;
17:            area=area+a;
18:        }
19:        printf("area is %f\n",area);
20:    }
```

◎ pr10-4.c 程式輸出：

```
Calculate area:
area is 1.999978
```

函數說明

pow

語　法：double pow(double x, double y);

標頭檔：math.h

功　能：計算 x 的 y 次方。

傳回值：傳回 x 的 y 次方。若**溢位**則傳回 **HUGE_VAL**(系統定義的常數)，若 x 和 y 都是 0 或者 x<0 且 y **不是整數**時，則傳回 0。

從 pow 函數的語法「**double pow (…)**」可知函數傳回一個**型態是 double 的結果**，另外函數的傳入參數有兩個 —— x 和 y，其型態也是 double。例如：

```
double   z;
z=pow(2, 3);
```

pow 函數會算出 2 的 3 次方後指定給變數 z，所以 z 的數值變為 8.0。同樣的情形，雖然呼叫 pow 函數時傳入整數 2, 3，系統會自動將之轉成 double 後再行次方的運算。

使用 pow 函數，印出第四章習題第 4 題的次方表。

其他常用的數學函數整理如下表。

函數名	語　　法	功能說明
exp	double exp(double x);	傳回 e^x 值，e 為自然數 2.718282
log	double log(double x);	傳回 x(正數)的自然對數值，即 ln(x)
log10	double log10(double x);	傳回 x(正數)以 10 為底的對數值 $\log_{10}(x)$
sqrt	double sqrt(double x);	傳回 x(正數)的平方根值
fabs	double fabs(double x);	傳回 x 的絕對值
ceil	double ceil(double x);	傳回不小於 x 的最小整數值
floor	double floor(double x);	傳回不大於 x 的最大整數值
cos	double cos(double x);	傳回 x(單位是弳度)的餘弦函數值
tan	double tan(double x);	傳回 x(單位是弳度)的正切函數值
asin	double asin(double x);	傳回 x 的反正弦函數值(弳度)，$-1 \le x \le 1$
acos	double acos(double x);	傳回 x 的反餘弦函數值(弳度)，$-1 \le x \le 1$
atan	double atan(double x);	傳回 x 的反正切函數值(弳度)
atan2	double atan2(double y, double x);	傳回 x/y 的反正切函數值(弳度)

1. 求 y = cos(x) 和 x 軸在 x = 0 到 x = π 所夾的面積。
2. 求 cos(x)與 tan(x)在 x = -π/2 到 x = π/2 的交點座標。
3. 求 y = sin(x)*cos(x) 和 x 軸在 x = 0 到 x = π 所夾的面積。

10-6 亂數

用電腦模擬隨機現象經常需要使用亂數(random number)，產生亂數的函數是 rand，讀者要特別注意：rand 函數產生的亂數是均勻分佈(uniform distribution)而不是常態分佈(normal distribution)。

函數說明

rand

語　法：int rand(void);

標頭檔：stdlib.h

功　能：產生一亂數，數值介於 0~32767 之間。

傳回值：0~32767 之間的整數值。

pr10-5.c 程式用兩個 for 迴圈印出 6 個隨機整數，如下所示：

◎ pr10-5.c 程式：

```
04:   main()
05:   {   int   i;
06:
07:       printf("Print random integers:\n");
08:       for(i=1;i<=3;i++) printf("%d    ",rand());
09:
10:       for(i=1;i<=3;i++) printf("%d    ",rand());
11:   }
```

◎ pr10-5.c 程式輸出：

```
Print random integers:
346 130 10982 1090 11656 7117
```

不同的 IDE 會產生不同的亂數，但每次執行 pr10-5.c 都會產生相同的亂數。

rand 函數產生亂數的公式需要一個整數參數，稱為 **seed**(種子)，當程式沒有指定 seed 的數值時，系統內定會用 1 當作 seed。因此，我們可以把 seed 當成**亂數數列**的「**組別**」，也就是說 pr10-5.c 印出「第 1 組」亂數的前 6 個整數。C 語言用來指定 seed 的函數是 srand。

srand

語　法：void srand(unsigned no);

標頭檔：stdlib.h

功　能：將傳入的無號整數 no 設為產生亂數的 seed。

傳回值：無。

pr10-6.c 程式也是用兩個 for 迴圈印出 6 個隨機整數，但第 09 列設定 seed 為 1，故其後產生的 3 個亂數會和前三個相同，如下所示：

◎ pr10-6.c 程式：

```
04:   main()
05:   {   int   i;
06:
07:         printf("Print random integers:\n");
08:         for(i=1;i<=3;i++) printf("%d    ",rand());
09:         srand(1);
10:         for(i=1;i<=3;i++) printf("%d    ",rand());
11:   }
```

◎ pr10-6.c 程式輸出：

```
Print random integers:
346 130 10982 346 130 10982
```

更改 pr10-6.c 程式第 9 列傳給 srand 的整數，仔細檢視程式輸出的不同。

總之，產生亂數之前可以先叫用 srand 函數設定 seed 的數值，seed 就像亂數數列的「組別」。而後程式叫用 rand 函數就會依序把這一組的亂數產生出來。任何時刻，如果想要再次產生相同(數值與順序)的亂數，只需再叫用 srand 函數設定相同 seed 值即可。

函數說明

randomize

語　法：void randomize(void);

標頭檔：stdlib.h、time.h

功　能：將 time 函數傳回的數值設定為產生亂數的 seed。叫用 randomize 等於呼叫 srand((unsigned) time(NULL))。

傳回值：無。

由於 randomize 會用系統時間來決定亂數的 seed，因此我們無法再製相同(數值與順序)的亂數數列，如果一定要再次使用相同的亂數，筆者建議先把亂數存入陣列或檔案中。當然別忘了最方便的方式還是叫用 srand，設定我們所指定的 seed。

random

語　法：int random(int no);

標頭檔：stdlib.h

功　能：產生一亂數，數值介於 0 ~ no-1 之間。random 就等於 rand() % no。

傳回值：介於 0~no-1 之間的一個整數。

random 與 randomize 並非標準的 C 函數，因此不是每個 IDE 都會提供。

請讀者使用 random 與 randomize 產生 5 個亂數，以確認所使用的 IDE 是否提供這兩個函數。

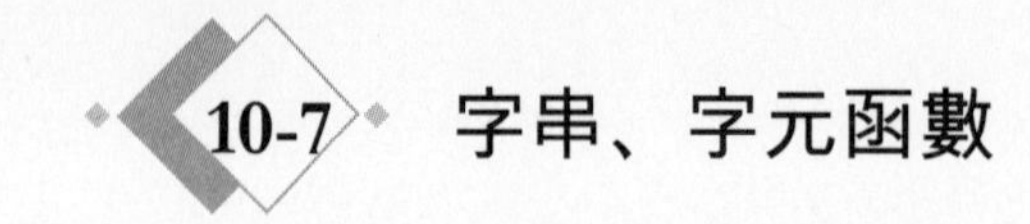

10-7 字串、字元函數

有關字串處理的函數，在 10-3 節已介紹過用來拷貝字串的 **strcpy** 函數。這一節筆者想再介紹兩個常用的字串函數 — **strcat**(字串**連接**)和 **strcmp**(字串**比較**)。同樣的我們無法詳細介紹每個字串、字元函數，將來有需要時，讀者可以從函數庫參考手冊中查詢所要的函數與相關說明。

函數說明

strcat

語　法：char *strcat(char *dest, const char *src);

標頭檔：string.h

功　能：將 src 所指的字串附加到 dest 所指的字串的尾端。

傳回值：傳回 dest 的值，即「目的字串」的起始位置。

從函數的**語法**：**char *strcat(char *dest, const char *src);** 可知 ***strcat** 是字元，所以 **strcat** 是**字元指標**函數，也就是說函數會傳回一個「字元指標」。再從「傳回值」的說明可知函數會傳回 dest 的值，亦即「目的字串」的起始位置。

另外，呼叫 strcat 函數時要傳入兩個字元指標 **dest** 和 **src**，其中 **src** 是指向來源字串的**指標常數**，因此系統的函數程式不會更動 **src** 的內容與 **src** 所指的字串內容。最後是 **strcat** 函數的**功能** — 將 src 所指的字串附加到 dest 所指的字串尾端，換句話說 **dest** 所指的字串會**因為字串連接而變長**。例如：

```
char str1[10]="Hi", str2[10]="Hello";
strcat(str1,str2);
```

strcat 函數會把 str2 的 "Hello" **附加在** str1 的 "Hi" 後面，所以 str1 所指的字串內容會變成 "HiHello"。另外，strcat 會傳回 str1 的值，即「目的字串」的起始位置。同樣的，在實際應用上我們不需要用到這個「傳回值」，因此不需要使用**指定敘述**來取入函數的傳回值。

注意

進行字串的拷貝(strcpy)或連接(strcat)，一定要注意「目的字串」的長度是否足夠，如果目的字串的長度不足(也就儲存空間不夠)，極可能會產生錯誤。亦即放在「目的字串」之後的變數內容極可能會被毀掉。筆者測試過本書使用的三個IDE，全部都會產生錯誤或主控台視窗當掉。請讀者務必小心！

函數說明

strcmp

語　法：int strcmp(const char *dest,const char *src);

標頭檔：string.h

功　能：比較 dest 及 src 所指字串的字典排列順序。

傳回值：**1.** 若 dest 的字串<src 的字串則傳回**負整數**。

2. 若 dest 的字串>src 的字串則傳回**正整數**。

3. 若 dest 的字串和 src 的字串**相同**則傳回**整數 0**。

讀者是否已經漸漸習慣閱讀函數說明，從函數的**語法**：**int strcmp(cont char *dest, const char *src);** 可知 strcmp 是個**整數**函數，也就是說函數會傳回一個整數。另外呼叫 strcmp 函數時要傳入兩個**指標常數 dest** 和 **src**。現在我們來看一個簡單的例子：

```
char str1[10]="Hi", str2[10]="He", str3[10]="Hi";
if ( strcmp(str1,str2) > 0 ) printf("Why?");
if ( strcmp(str1,str3) == 0 ) printf("Why not?");
```

因為 **str1** 所指的 **"Hi"** 比 **str2** 的 **"He"** **還大**，所以 **strcmp(str1,str2)** 會得到正整數，因此**第一個 if** 敘述的條件**成立**，故會印出字串 **"Why?"**。另外，由於 **str1** 和 **str3** 所指的字串都是 **"Hi"**，所以 **strcmp(str1,str3)** 會得到 0。因此，**第二個 if** 敘述的條件也**成立**，所以也會印出字串 **"Why not?"**。

從 strcmp 傳回值的說明我們可推知函數會**傳回**「**dest 的字串代碼減掉 src 的字串代碼**」。雖然函數庫參考手冊並沒有明確地說明傳回值的計算方式，但是請讀者想想 — 如果要寫出這樣的字串比較函數，直覺上是不是會想到把 **dest 字串的**(ASCII code)**代碼減掉 src 字串的代碼**，當成函數的運算結果。例如：

```
char str1[10]="Hi", str2[10]="He";
int ans;
ans=strcmp(str1,str2);
```

strcmp 函數會傳回 **str1** 字串的代碼減掉 **str2** 字串的代碼，其結果為 4。因為字元 i 是排在字元 e 之後的第 4 個字母，所以字元 i 的 ASCII code 會比字元 e 大 4。

另外，請讀者特別注意：由於 **strcmp** 函數是用 ASCII code 比大小，所以**大寫字母**的 ASCII code 一定**小於小寫字母**。再看一個較難的例子：

```
char str1[10]="Zb", str2[10]="aB";
ans=strcmp(str1,str2);
printf("%d\n",ans);
```

因為 **"Zb"** 的第一個字母是大寫 **'Z'**，所以小於 **"aB"** 的第一個字母 **'a'**。請注意：**兩字串在某個位置一旦分出大小，剩下的字元就不用再比了**，是故 **ans** 的值為負。筆者請問喜歡打破沙鍋問到底的讀者：「**ans** 的數值到底會是多少？為什麼呢？」，還有「strcmp 比較 **"abc"** 和 **"ab"** 的結果會是多少呢？為什麼？」

牛刀小試 在上述的程式段末加入「printf("%d",'Z'-'a');」，測試、說明程式輸出值的原因。

其他常用的字串與字元函數整理如下表，請注意：字元函數需引入 ctype.h 檔。

函數名	語　　法	功能說明
strlen	size_t strlen(const char *s);	傳回 s 所指字串的長度，size_t 即為 int
strlwr	char* strlwr(char *s);	將 s 所指字串中的所有大寫字母改為小寫
strupr	char* strupr(char *s);	將 s 所指字串中的所有小寫字母改為大寫
strchr	char* strchr(const char *s, int c);	傳回字元 c 在 s 字串中第一次出現的地址，如果找不到則傳回 NULL(空地址，即 0)
isdigit	int isdigit(int c);	如果 c 是'0'-'9'之一則傳回真(非 0)，否則傳回假(0)
isprint	int isprint(int c);	若 c 代表可列印的符號則傳回真(非 0)，否則傳回 0

ispunct	int ispunct(int c);	若 c 代表標點符號則傳回真(非 0)，否則傳回 0
islower	int islower(int c);	若 c 代表小寫英文字母則傳回真(非 0)，否則傳回 0
isupper	int isupper(int c);	若 c 代表大寫英文字母則傳回真(非 0)，否則傳回 0

10-8 字串陣列查詢

7-7 節介紹過查詢陣列元素的程式，它是資料庫程式的基礎，所以是**很簡單**但又**很重要**的程式。例如：網頁程式經常需要根據使用者輸入的「人名」或「帳號」，查詢其相關的資料，說穿了這就是一個(字串)**陣列**查詢的程式。

問題

宣告 name 為具有 4 個字串的陣列，每一字串的長度為 10 個字元，並將內容設定為"John","Jerry","Mary","Jack"。另外，宣告字串變數 query，將要查詢的名字放入 query 中，找出第一個和 query 內容相同的陣列**元素註標**。

如何宣告字串陣列 name 呢？讀者可先回顧 7-10 節多維陣列的內容。因為 **name 是個具有 4 個字串的陣列**，所以共有 name[0]、name[1]、name[2]、name[3]四個元素。另外 name[?] (? 為 0, 1, 2, 3)分別是**長度為 10 的字串**(字元陣列)，所以其宣告方式為：

```
char name[?][10];    /*   ? 為 0, 1, 2, 3    */
```

這就是所謂的二維陣列(二維矩陣)，其中「**?**」**為 0, 1, 2, 3 共有 4 個元素**，根據 C 語言的規則「**?**」要放入 **4**，所以陣列 **name** 的完整宣告為：

```
char name[4][10];
```

總而言之，**name** 是個 **4 列**(row)、**10 行**(colomn)的二維陣列，因此，宣告 name 為字串陣列，並將內容設定為 **"John", "Jerry", "Mary", "Jack"** 的 C 語言敘述為：

```
char name[4][10]={"John","Jerry","Mary","Jack"};
```

假設要找出名字為 **"Mary"** 的元素註標，根據題目的要求，我們要先把字串 **"Mary" 拷貝到變數** query 內，所以解題的演算法就變成：

```
strcpy(query,"Mary");
for(pos=0;pos<4;pos++)
    if (query 和 name[pos])內容相同) 不要再往下找;
```

把「**query** 和 **name[pos]**內容相同」翻譯成 C 語言就是「**strcmp(query,name[pos])==0**」，完整的程式如 pr10-7.c 所示：

◎pr10-7.c 程式：

```
03:  #include <string.h>
04:
05:  main()
06:  {   char name[4][10]={"John","Jerry","Mary","Jack"};
07:      char query[10];
08:      int pos;
09:                                  /* 要查詢的名字放入 query 中  */
10:      strcpy(query,"Mary");
11:      for(pos=0;pos<4;pos++)
12:          if (strcmp(query, name[pos])==0) break;
13:      printf("Index of %s is %d\n", query, pos);
14:  }
```

◎ pr10-7.c 程式輸出：

```
Index of Mary is 2
```

找到了 **"Mary"** 的**註標**就等於找到 **"Mary"** 的相關資料，第 12 章就會學到這些程式應用。另外，在測試程式時請記得輸入其他的人名，檢查程式印出的註標是否正確。

如果輸入的「人名」**不在陣列中**，程式會印出的註標是多少？在應用上我們只要知道總人數和程式搜出的註標，就可以判斷要找的「人名」是否在陣列中。為什麼？

改寫 pr10-7.c 程式，自鍵盤讀入查詢的人名存入變數 query，再印出查詢結果。

10-9 其他常用的函數

使用函數時讀者還必須注意到：不同的 IDE 因為使用環境不同可能會提供少許專屬的函數。例如，Turbo C 提供 **clrscr** 函數，用來**清除(clear)主控台螢幕(screen)**的內容，並將游標移至左上角。然而 clrscr 並不是標準的 C 語言(ANSI C)函數，故 Dev-C++與 Visual C++並不支援這個函數。這就是為什麼本書改用「system("cls")」函數去執行 DOS 的 cls 指令來清除主控台的視窗內容。無論如何，一旦主控台的螢幕訊息被清除後，接下來輸出到螢幕的資料就會依序自螢幕左上角開始印出。

主控台文字視窗的座標是以**視窗的左上角為原點，座標值為 (1,1)**。向右是 x 軸的正向，而向下則是 y 軸的正向，這樣規定的目的無非是要讓視窗的 **x** 及 **y 座標值都是正整數**。文字視窗共有**橫向 80 行** (x 座標值為 1～80)、**縱向 25 列** (y 座標值為 1～25)，視窗四個角落的座標如下所示：

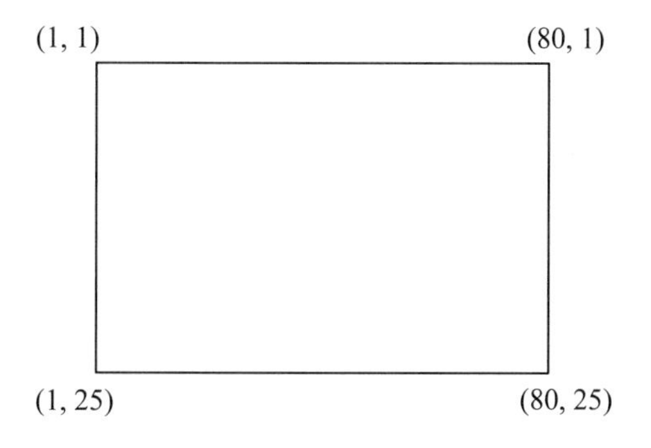

1. 輸出到螢幕的資料若**超過** 80 **行**，游標會自動跳至下一列**起點**印出資料。
2. 輸出到螢幕的資料若**超過** 25 **列**，螢幕會自動產生捲動，把第 1 列的資料捲出螢幕，所以第 2～26 列的螢幕資料會移到螢幕的第 1～25 列來。

讀者是否感覺到，清除主控台文字視窗後，顯示在視窗左上角的訊息，會在視覺上產生不平衡的感覺。為了美化螢幕資料的視覺效果，我們經常需要控制「資料在螢幕上的**顯示位置**」，Turbo C 專用的 gotoxy 函數就提供這樣的功能。

函數說明

gotoxy

語　法：void gotoxy(int x, int y);

標頭檔：conio.h

功　能：將主控台文字視窗的游標移到座標(x, y)的位置，若座標錯誤則不處理。

傳回值：無。

游標所移到的位置就是下次螢幕列印資料或訊息的起始位置，但很遺憾 gotoxy 不是個標準 C 函數，所以我們得寫一個類似的函數，讓後續章節的程式能控制螢幕的訊息位置。

問題

寫一函數「void skipxy(int x, int y);」能使螢幕游標往下跳 y 列，再往右印出 x 個「空白」。最後再將函數搬到標頭檔 myLib.h 中。

這是個簡單的函數，內容如下所示：

```
void skipxy(int x, int y)
{   int i;
    for(i=0;i<y;i++) printf("\n");
    for(i=0;i<x;i++) printf(" ");
}
```

問題

先清除文字視窗，在座標 (10, 5) 處顯示訊息「What’s your name?」後立即讀取使用者鍵入的名字 (如: Jerry) 放入變數 query 內。接下來，在座標 (10, 7) 處顯示訊息「Hello, Jerry!」。

這是個很單純的程式，由於要用變數 query 來存放人名，所以可將之宣告成「長度為 20 的字元陣列」。另外，為了讓訊息顯示在座標 (10, 5)，程式得在清除螢幕後，執行「skipxy(9, 4);」(第 08 列)將游標往下移動 4 列 9 行，完整的程式如 pr10-8.c 所示：

◎ pr10-8.c 程式：

```
03:  #include "myLib.h"
04:
05:  main()
06:  {   char query[20];
07:
08:      skipxy(9, 4);
09:      printf("What's your name? ");
10:      scanf("%s",query);
11:      skipxy(9,1);
12:      printf("Hello, %s.\n",query);
13:  }
```

由於 query 是字元陣列名，為字元指標，因此第 **10** 列「**scanf("%s",query);**」中的 query 前面不可以再加上 **&** 符號。測試程式時可在螢幕秀出「**What's your name?**」後鍵入「**Jerry**【Enter】」，接下來整個螢幕的輸出如下所示

```
What's your name? Jerry

Hello, Jerry.
```

最後，請注意：由於鍵入 **Jerry** 後要按【Enter】鍵，這會讓游標跳下一列，游標的座標變為(1, 6)，所以程式第 11 列的「skipxy(9, 1);」會讓游標跳到螢幕座標 (10, 7)的位置。

請讀者重新執行程式，看到「**What's your name?**」後鍵入「**Jerry Lin**【Enter】」，這回的螢幕輸出有何不同？標準答案是 ── **沒有什麼不同**！雖然我們這次輸入的人名是「**Jerry Lin**」，但是程式還是只有讀到「**Jerry**」。為什麼呢？

原因是：scanf 在讀取資料時，把**空白鍵**或【**Enter**】**鍵**當成資料間的**分隔記號**。而「**Jerry Lin**」的 **Jerry** 和 **Lin** 之間有空白鍵，故只有「**Jerry**」會被讀入變數 query 內。

結論：scanf 函數無法正確地讀取「含有空白的字串」。然而在實際應用上我們經常需要讀入「含有空白的資料」，解決這個問題的方法就是改用 **gets** 函數。**gets** 函數**不把「空白鍵」當成資料間的分隔記號**，只把【**Enter**】**鍵**當成分隔記號。

函數說明

gets

語　法：char *gets(char *s);

標頭檔：stdio.h

功　能：從鍵盤讀入字串放在 s 所指的位置直到「Enter 鍵」為止。

傳回值：傳回 s 的值(字串的起始位置)，若失敗則傳回 NULL。

把 pr10-8.c 中第 10 列的 **scanf** 敘述改為 **gets** 敘述即可讀入「含有空白的字串」，完整的程式如 pr10-9.c 所示，這次再輸入人名「**Jerry Lin**」，就會有正確的輸出。

◎ pr10-9.c 程式：

```
03:  #include "myLib.h"
04:
05:  main()
06:  {    char query[20];
07:
08:       skipxy(9,4);
09:       printf("What's your name? ");
10:       gets(query);
11:       skipxy(9,1);
12:       printf("Hello, %s.\n",query);
13:  }
```

使用電腦時，我們經常在看到程式秀出問題後，須要回達 **y/n** (yes 或 no)。這時**只要鍵入一個字元** (y 或 n) 即可，連【Enter】鍵都不需要碰到。這個只讀入一個字元的函數就是 getche：

函數說明

getche

語　法：int getche(void);

標頭檔：conio.h

功　能：從鍵盤讀入一個字元，並將字元秀出。

傳回值：傳回讀入之字元的 ASCII code。

問題

首先清除文字視窗，在座標 (10,5) 處顯示訊息「Want to go home? (y/n)」後即讀取使用者鍵入的字元。若是字元 'y'，則在座標 (10,7) 處顯示訊息「OK, let's go!」，否則顯示「Why not?」。

這是個很單純的程式，完整的解題程式如 pr10-10.c 所示：

◎ pr10-10.c 程式：

```
03:  #include <conio.h>
04:  #include "myLib.h"
05:
06:  main()
07:  {    int ans;
08:
09:       skipxy(9, 4);
10:       printf("Want to go home?(y/n) ");
11:       ans=getche();
12:       skipxy(9, 2);
13:       if (ans=='y')
14:            printf("OK, let's go\n");
15:       else
16:            printf("Why not?\n");
17:  }
```

請注意：程式第 06 列的 **ans** 被刻意宣告為**整數**，但第 12 列的「**if (ans=='y')**」中，**ans** 卻和字元 **'y'** 作比較運算。這兩種不同的型態，在 C 語言中被視為相似且**可比較**的資料型態。因為字元是以 ASCII code 存入電腦中，而 ASCII code 是 8 位元的整數，所以使用 C 語言寫程式，字元和整數是可以進行比較運算的。

另外，程式的第 10 列「getche();」只須鍵入 y 或 n 即可，**無須按【Enter】鍵**，所以程式第 11 列的「skipxy(9, 2);」會讓游標跳到座標(10,7)的位置。因為「skipxy(9, 2);」會讓游標先往下跳兩列，座標變成(1,7)，接著再向右跳 9 格，故座標變成(10,7)。

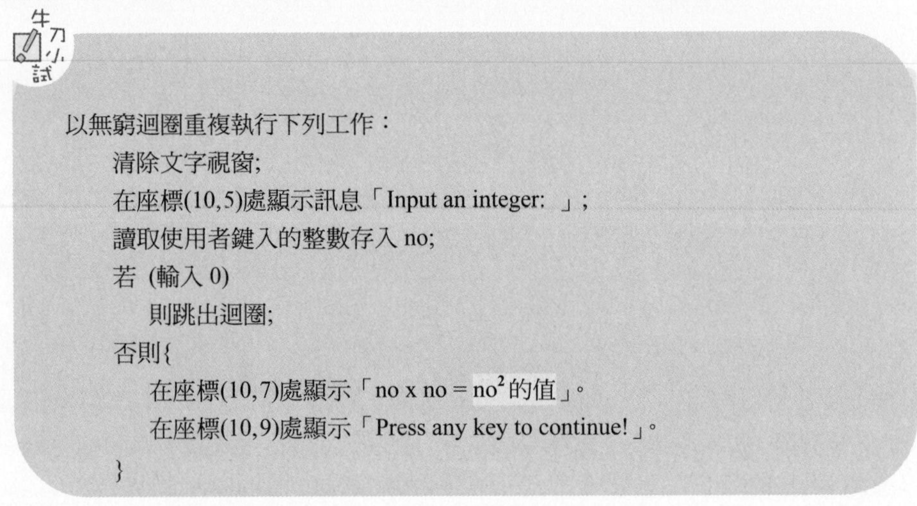

以無窮迴圈重複執行下列工作：

清除文字視窗;
在座標(10,5)處顯示訊息「Input an integer: 」;
讀取使用者鍵入的整數存入 no;
若 (輸入 0)
　則跳出迴圈;
否則{
　在座標(10,7)處顯示「no x no = no^2 的值」。
　在座標(10,9)處顯示「Press any key to continue!」。
}

10-10 假指令補述

本節內容僅供進階參考，初學的讀者可先跳過。C 語言常用的前置處理假指令還包括條件(conditional)指令、取消定義(undefined)等，如下所示：

假指定	用　　途
#undef	取消#define 所定義的常數或巨集
#if 條件式	功能如同 C 語言的 if
#elif 條件式	功能如同 C 語言的 else if
#else 條件式	功能如同 C 語言的 else
#endif	用於標示#if 指令的結束

#ifdef 名稱	如果有定義過「名稱」則條件為真 也可寫成「#if defined 名稱」
#ifndef 名稱	如果未定義過「名稱」則條件為真 也可寫成「#if !defined 名稱」

pr10-11.c 程式示範假指令的使用：

◎ pr10-11.c 程式：

```
03:  #define PI 3.1416
04:  #define STEP 2
05:
06:  main()
07:  {
08:      #ifdef PI
09:          printf("PI is defined as %f.\n",PI);
10:      #else
11:          printf("PI is NOT defined.\n");
12:      #endif
13:
14:      #undef PI           /* 取消 PI 的定義   */
15:      #if defined PI
16:          printf("PI is defined as %f.\n",PI);
17:      #else
18:          printf("PI is NOT defined.\n");
19:      #endif
20:
21:      #if  STEP==1
22:          printf("It is step 1.\n");
23:      #elif  STEP==2
24:          printf("It is step 2.\n");
25:      #else
26:          printf("What step is it?\n");
27:      #endif
28:  }
```

◎ pr10-11.c 程式輸出：

```
PI is defined as 3.141600
PI is NOT defined.
It is step 2.
```

10-11 習　題

1. 寫出 compStr 函數，進行字串比較，其定義為：

    int compStr(char *dest, char *src) ── 函數會傳回整數如下所示：

    0　：如果 dest 所指的字串代碼等於 src 的字串代碼。

    正數：如果 dest 所指的字串代碼大於 src 的字串代碼。

    負數：如果 dest 所指的字串代碼小於 src 的字串代碼。

    解題的演算法如下：

```
int compStr(char * dest,char * src)
{   結果=0;
    while(還沒比完){
        結果=*dest - *src;
        if (結果!=0)  不用再比了;
        dest++;   src++;
    }
    return  結果;
}

main()
{   int ans;
    char str1[10]= "Hello", str2[10]= "Hell";
    ans=compStr(str1,str2);
    印出 ans 值;
}
```

    注意：測試程式時要變動 **str1, str2** 的內容，讓 **str1, str2** 間產生**大於**、**小於**、**等於**的關係。另外，請不要漏掉測試字串長度不一的狀況。

2. 將上題的 compStr 函數放入 myLib.h 檔案，程式檔在移出 compStr 函數後用「引入檔案」的 include 假指令取代之。

3. 比較上題之 compStr 和系統提供的 strcmp 函數之異同。

4. 以無窮迴圈重複執行下列工作：

```
清除文字視窗;
在座標(10,5)處顯示訊息「Input a prime: 」;
讀取使用者鍵入的整數存入 no;
若 (no 為質數)
    則跳出迴圈;
否則{
    在座標(10,7)處顯示「no is NOT a prime.」。
    在座標(10,9)處顯示「Press any key to continue!」。
}
```

注意：這就是一般應用程式**秀出主功能表**的程式結構。

5. 猜亂數的遊戲：產生一小於 10000 的整數亂數，讓使用者猜猜該亂數為何？解題程式是在產生亂數後以無窮迴圈重複執行下列工作：

```
清除文字視窗;
在座標(10,5)處顯示訊息「Guess my integer: 」;
讀取使用者鍵入的整數存入 no;
若 (no 等於產生的亂數){
    在座標(10,7)處顯示訊息「You got it !」。
    跳出迴圈";
}
否則{
    依 no 與亂數的大小狀況在座標(10,7)處顯示提示訊息。
    在座標(10,9)處顯示「Press any key to continue!」。
}
```

注意：**提示訊息**如 bigger、smaller 要使用者猜大點的數或猜小點的數。

6. 產生範圍為 0~49 的亂數 10000 個，統計各數出現的次數，印出次數時每列 10 個數。提示：宣告 50 元素的整數陣列存放 0~49 各數出現的次數。另外，藉由檢視這些次數我們可以判斷亂數是否為均勻分配。

7. 產生範圍為 0~999 的亂數 10000 個，統計這些亂數在 0~99, 100~199, 200~299⋯ 900~999 各範圍出現的次數，印出次數時每列 10 個數。

8. 求 $y=\sin(x)$ 和 x 軸在 $x = 0$ 到 $x = 2\pi$ 所夾的面積。(答案是 4)

9. 宣告 name 為具有 7 個字串的陣列，每一字串的長度為 **20** 個字元，寫程式自鍵盤讀入 7 個人名(如：Mary、Jack…)存入 name 後依序印出。

10. 同上題，但將 7 個人名依「**字典排列順序**」由小到大排序，印出排序前、排序後的陣列內容。

11. 宣告 char str1[50] = "Mary lives in Maryland. Do you know Mary?"，寫程式算出 str1 字串中有**幾個字**含有 Mary。(答案是 3)

12. 宣告字元陣列 str1[80]= "I love C! Do you?"，寫程式算出 str1 中有幾個英文字母。

11

CHAPTER

檔案程式設計

雖然我們可以在程式中宣告「**陣列變數**」來存放較多的資料，但是如果資料多到幾千、幾萬筆，且要把資料放入程式的陣列中，則資料的**輸入**與程式的**維護**就會變得極端困難而且沒有效率。一般的做法是：

1. 先用編修器(editor)將資料整齊地鍵入**文字檔**(text file)。
2. 再用程式讀取文字檔內的資料到**陣列變數**中。
3. 接著再處理陣列變數內的資料，產生程式輸出。

這樣的做法高明許多，首先是程式中不會有龐大的資料，其次，不同單位或不同來源的資料可以放在不同的檔案，這讓資料的建立、修改與管理都會比較方便，連帶地也讓程式簡化許多。

11-1 讀、寫檔案的步驟

一般而言，作業系統(DOS、Windows 或 Linux)負責檔案的管理，所以程式要讀、寫檔案時，先要向作業系統申請**檔案的使用權**。作業系統會依據檔案**是否存在**、**是否正被獨佔使用**、**申請者是否具有使用權限**…等等因素決定是否同意該項申請。一旦申請獲得同意，作業系統就會允許程式**依序進行讀**、**寫檔案的動作**，上述的申請過程，程式語言的術語稱之為**開檔**(open file)。

程式執行讀、寫檔案的敘述時，**並非直接讀**、**寫磁碟**上的檔案內容。若是如此，每要讀、寫一次資料，都要花掉很多的時間等待磁碟上的「資料」轉到磁碟機的「讀寫頭」。因此一旦開檔完成、程式開始進行讀檔的動作，作業系統就會把(部份的)檔案內容自磁碟讀入記憶體內，好讓程式可以快速的依序讀取檔案。這段記憶體稱為檔案的**緩衝區**(buffer)，大小約數十 Kbytes～數百 Kbytes 不等。當緩衝區的資料被讀完時，後續的檔案資料會自磁碟再被讀入緩衝區。同理，程式寫資料到檔案，也是經由緩衝區來進行的。

在程式完成讀、寫檔案的工作後，程式就要通知作業系統「檔案使用結束」，這個動作稱為**關閉檔案**(close file)。我們可以推斷作業系統至少要做兩件事情：

1. 確認在緩衝區內的檔案內容**是否需要寫回磁碟**，若有需要則立刻進行寫回的動作。
2. 更動檔案管理記錄，將關閉的檔案標記為「非使用中」。

總而言之，程式讀、寫檔案的步驟有三：

1. **開啟**檔案 — 向作業系統申請使用檔案。
2. **讀寫**檔案 — 依序讀、寫已開啟之檔案。
3. **關閉**檔案 — 通知作業系統「檔案使用結束」。

現在的系統比較聰明，程式結束時會**自動關閉**所有未關閉的檔案，因此，不關閉檔案也不會產生錯誤。但這不是好的程式習慣，因為檔案開著不用，除了浪費系統資源外，也容易因為程式的錯誤破壞檔案內容。

11-2 讀取檔案的資料

這一節我們要示範一個「讀取檔案資料」的程式，假設我們已經建好一個文字檔，檔名為 in.txt，內容如下：

◎ in.txt:

```
John    Mary
Jerry    Daniel Alex
Jessie
```

請注意：**in.txt** 檔案內的人名(字串)間一定要用**一個以上的空白**或用【Enter】**鍵**(換列)來分隔，至於一列要放幾個名字或是一個名字要佔幾格都沒有關係，因為我們將要使用的「檔案資料**讀取敘述**」是靠**空白**或【Enter】**鍵**來分隔字串。

寫程式逐一讀取 in.txt 檔案中的人名存入字串變數 name，再將人名印在螢幕上，一個名字一列。

現在我們開始著手解題的程式，**第一步**要做的是 — **開啟**檔案，開檔所需的函數是 fopen，函數說明如下。

函數說明

fopen

語　　法：FILE *fopen(char *filename, char *type);

引 入 檔：stdio.h

功　　能：向作業系統申請開檔，檔名放在 filename 所指的字串、**開檔模式**則放在 type 所指的字串。

傳 回 值：FILE(型態)的指標 ── 指向所開啟的檔案內容。若開檔失敗則傳回 NULL (即 0)。

開檔模式：**r** ── 讀檔、**w** ── 寫檔。

簡單地說，**fopen** 的用法可以表示為：

檔案指標變數 = fopen("檔名","開檔模式");

從函數的語法可知 ***fopen** 是 **FILE**(檔案)，所以 **fopen** 是 **FILE 指標**，亦即 **fopen** 是**檔案指標**函數，也就是說 fopen 會傳回一個檔案指標 ── **指向所開啟的檔案內容**。也因為如此，我們要宣告一個檔案指標變數來存放 fopen 的傳回值。有關檔案的開啟模式，本節只介紹讀(read)、寫(write)兩種，至於其他的開檔模式請參考 11-9 節。

由於題目要求讀取檔案內容，我們可將「檔案指標變數」取名為 **inf** (input file 的縮寫)。另外，開檔模式應為 **r** ── **讀檔**，因此變數宣告和開檔敘述為：

```
FILE *inf;
inf=fopen("in.txt","r");
```

注意

1. **FILE** 是型態名，就像 **int**、**char**、**float** 一樣，唯一的不同是：**FILE 的型態定義**放在 **stdio.h** 內，因此程式檔的開頭一定要有假指令「#include <stdio.h>」。
2. 被開啟的檔名可以加上檔案所在的路徑(path)，沒有寫入檔案的路徑代表**被開啟的檔案**和**程式檔**是**放在同一個子目錄下**。

開檔成功時表示作業系統已完成下圖所示的工作：

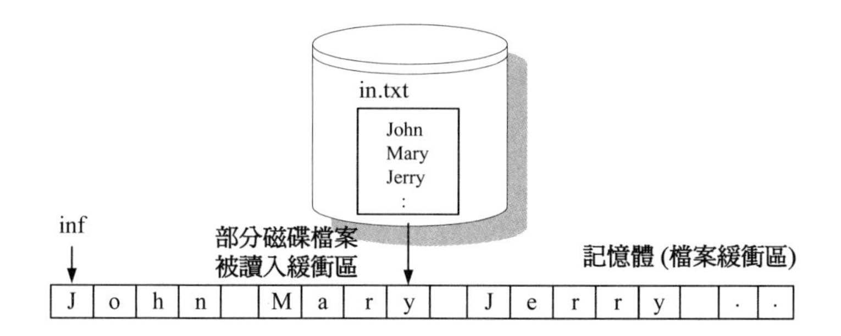

請讀者特別注意：**開檔**就是把磁碟上的**檔案內容搬到記憶體**(檔案緩衝區)內，再用檔案指標**(inf)**指到。磁碟上的檔案資料依序進入記憶體後，視覺上(實際上也是)有成串的感覺，正式的術語稱為**資料串**(stream)。

程式**第二步**要做的是 ── **依序讀**、**寫**已開啟之檔案，所需的函數是 **fscanf**。

函數說明

fscanf

語　法：int *fscanf(FILE *stream,const *format_string, …);

引入檔：stdio.h

功　能：讀取 stream 所指的檔案內容，其餘同 8-11 節 scanf 之說明。

傳回值：傳回讀入之變數個數，若有錯誤則傳回－1 (即 EOF)。

簡單地說，fscanf 的用法可以表示為：

fscanf(檔案指標,"控制字串",變數列);

fscanf 的語法幾乎和 **scanf** 相同，主要的差異在於：fscanf 是用來**讀取檔案**的內容，所以使用 fscanf 時要傳入「已開啟之檔案」的**指標** ─ 目前的例子就是 **inf**。

想要逐一讀取檔案內的 6 個名字將之印到螢幕，就要執行 **6** 次「下列的兩個敘述」：

```
fscanf(inf,"%s",name);
printf("%s\n",name);
```

「**fscanf(inf,"%s",name);**」這個敘述的中文翻譯是 ── 從 **inf** 所指的地方以**字串(%s)**的形式讀入一筆資料存入變數 **name** 中。由於每讀入一筆資料，**inf** 指標會**自動指向下一筆**，所以我們不用擔心任何名字(或資料)會被重複讀取，這就是所謂檔案資料的**依序存取**(sequential access)。

對於檔案緩衝區的觀念無法輕鬆接受的讀者，大可認為：指標 inf 就是**指向檔案**的內容，依序讀出資料如下圖所示。

in.txt
inf → John
Mary
Jerry
.

程式**第三步**要做的是 ── **關閉**檔案，所需的函數是 **fclose**，函數說明如下。

函數說明

fclose

語　法：int *fclose(FILE *stream);

引入檔：stdio.h

功　能：關閉 stream 所指的檔案。

傳回值：傳回 0，若有錯誤則傳回 −1(即 EOF)。

最後這一步工作很簡單，因為 **inf** 指向要**被關閉的檔案**，所以關閉檔案的敘述是：

```
fclose(inf);
```

整合上述三項工作的完整程式如 pr11-1.c 所示：

◎ pr11-1.c 程式：

```
04:  main()
05:  {   int i;
06:      FILE *inf;
07:      char name[20];
```

```
08:
09:     inf=fopen("in.txt","r");
10:     for(i=0;i<6;i++){
11:         fscanf(inf,"%s",name);
12:         printf("%s\n",name);
13:     }
14:     fclose(inf);
15: }
```

使用 Visual C++的讀者請注意：in.txt 放在程式檔的上上層目錄，因此檔案路徑必須先加入「"..\\..\\"」再接上檔名，故而光碟範例會與書本範例略有不同。

11-3 將資料寫入檔案

這一節筆者要示範「將資料寫入檔案」的程式，它的步驟和「讀取檔案資料」完全相同，唯一的不同是現在要**寫資料入檔案**。

宣告 ar 為五個元素的整數陣列，並將內容設定為 6, 15, 95, 98, 23。寫程式將陣列元素寫入文字檔 out.txt，一個數一列。

程式**第一步**要做的是 — **開啟**檔案。由於題目要求寫資料入檔案，我們可以將「檔案指標變數」取名為 **outf** (output file 的縮寫)。另外，由於要將資料**寫入 out.txt 檔**，所以開檔模式為 **w**，因此變數宣告和開檔敘述為：

```
FILE *outf;
outf=fopen("out.txt","w");
```

請注意：檔名之前可以加上檔案所在的路徑(path)，沒有寫入路徑表示 **out.txt** 要和**程式檔**放在**同一個子目錄下**。開檔成功後作業系統會在磁碟上新增 **out.txt** 檔，並且用 **outf** 指向檔案緩衝區，等待程式寫入資料，作業系統完成的工作如下圖所示：

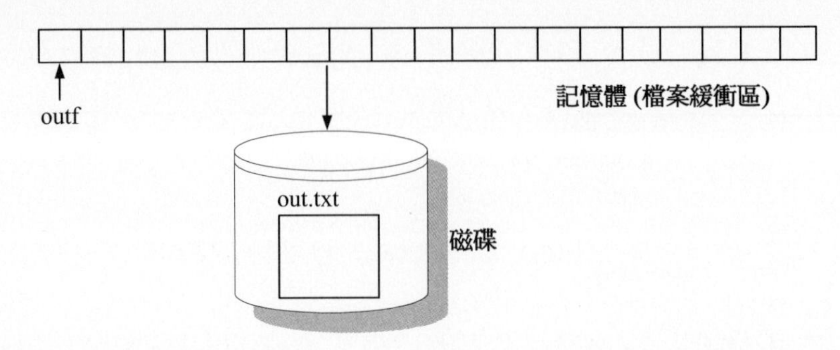

注意

對於檔案緩衝區的觀念無法輕鬆接受的讀者，大可認為：指標 outf 就是**指向磁碟檔案** out.txt，依序寫資料進檔案。

程式**第二步**要做的是 ── **依序讀、寫**已開啟之檔案，寫資料存入文字檔所需的函數是 **fprintf**，函數說明如下所示。

函數說明

fprintf

語　法：int *fprintf(FILE *stream,const *format_string, …);

引入檔：stdio.h

功　能：將資料寫入 stream 所指的檔案，其餘同 2-5 節之 printf 說明。

傳回值：傳回印出之字元個數，若有錯誤則傳回 – 1(即 EOF)。

簡單地說，fprintf 的用法可以表示為：

fprintf(檔案指標,"控制字串",變數列);

fprintf 的語法幾乎和 **printf** 相同，主要的差異在於：fprintf 是用來將資料**寫入檔案**的敘述。也因為如此，呼叫 fprintf 時要放入「已開啟之檔案」的指標 ── 也就是 **outf**。

要將 **ar** 陣列的 5 個整數元素逐一寫入 **outf** 所指的檔案，就要執行下列五個敘述：

```
fprintf(outf,"%d\n",ar[0]);
      .
fprintf(outf,"%d\n",ar[4]);
```

請注意：程式寫出資料是**先寫到記憶體**(檔案緩衝區)，在填滿緩衝區後才(由作業系統負責)存入磁碟，這樣才能加快寫檔的速度。此外，當程式寫入第一筆資料後，指標 outf 會自動移向下一筆資料的位置，同理，這就是所謂的檔案**依序存取**(sequential access)。

程式**第三步**要做的是 — **關閉**檔案，因為 **outf** 指向要**被關閉的檔案**，所以關檔的敘述是：

```
fclose(outf);
```

關閉檔案時，作業系統會**把緩衝區的資料寫回磁碟**，再更動檔案管理記錄，將被關閉的檔案(out.txt)標記為「非使用中」。整合上述三項工作的完整程式如 pr11-2.c 所示：

◎ pr11-2.c 程式：

```
04:  main()
05:  {   int i;
06:      FILE *outf;
07:      int ar[5]={6,15,95,98,23};
08:
09:      outf=fopen("out.txt","w");
10:      for(i=0;i<5;i++)
11:          fprintf(outf,"%d\n",ar[i]);
12:      fclose(outf);
13:  }
```

最後，請注意：程式執行後並**不會在螢幕上有任何輸出**，讀者要開啟 out.txt 檔案，裡面會有 **ar** 陣列的 5 個整數：6, 15, 95, 98, 23，一個數一列。另外，輸出檔 out.txt 會和程式檔放在同一個目錄下，各 IDE 放置輸出檔的目錄如下所示：

IDE	DOS 工作目錄
Turbo C	\TurboC
Dev-C++	\Ex4DevCpp
Visual C++	\Ex4VisualC\pr11-2\pr11-2

11-4 查驗開檔結果

當程式執行 **fopen** 函數向作業系統申請開檔後，作業系統會依據檔案**是否存在**、**是否正被獨佔使用**、**申請者是否具有使用權限**…等因素決定是否同意該項申請。譬如說：

1. 打錯檔名(或路徑)造成要開啟的**檔案找不到**。
2. 要開啟的檔案正被**獨佔使用**。
3. 申請開檔的程式(執行者)**無權使用**該檔案。
4. 要用**寫檔模式**開啟**唯讀**(read only)檔案。

這些理由只要有一個成立，就會造成開檔失敗，所以在開檔後**檢查是否開檔成功**有其必要性。怎麼檢查呢？從 **fopen** 的函數說明可知：fopen 會傳回「檔案指標」— 指向所開啟的檔案內容，若**開檔失敗則傳回 0** (即 NULL)。

我們以 11-2 節的讀檔程式 pr11-1.c 為例，開啟文字檔 **in.txt** 並用檔案指標變數 **inf** 指到，其變數宣告、**開檔**與**查驗**的敘述應為：

```
FILE *inf;
inf=fopen("in.txt","r");
if (inf==NULL) {       /* 開檔失敗 */
    printf("開檔錯誤的訊息");
    結束程式;
}
```

處理「開檔失敗」的程式段通常包括：在螢幕上秀出**開檔失敗的訊息**、善後處理，如有需要隨即**結束程式**。結束程式所需的函數是 **exit**，說明如下。

函數說明

exit

語　法：void exit(int status);

引入檔：process.h

功　能：**結束程式**並將 status 傳回作業系統或上級主管程式。

傳回值：無。

簡單地說，exit 的用法可以表示為：

exit(原因代碼);

呼叫 **exit** 函數時要傳入一個整數，這個整數代表程式的「**結束原因**」代碼，由**程式**和**作業系統**或**上級主管程式**(即 Linux 或 unix 裡的 parent process)所約定的，目的是讓作業系統或上級主管程式依據「**結束原因**」來進行後續的處理。這樣的機制在開發複雜的大程式(或系統)比較會有需要用到，在初學的階段可以把「原因代碼」設為 0。一般我們會用 0 表示「只須把程式結束掉，**不要執行任何錯誤處理**」。

我們改寫 pr11-1.c 程式，放入**檔案開啟檢查、開檔失敗處理**。修改後的完整程式如 pr11-3.c 所示：

◎ pr11-3.c 程式：

```
03:  #<include process.h>
04:
05:  main()
06:  {    int i;
07:       FILE *inf;
08:       char name[20];
09:
10:       inf=fopen("in.txt","r");
11:       if (inf==NULL){
12:            printf("Failed to open in.txt");
13:            exit(0);
14:       }
15:       for(i=0;i<6;i++){
16:            fscanf(inf,"%s",name);
17:            printf("%s\n",name);
18:       }
19:       fclose(inf);
20:  }
```

測試程式時，請讀者故意把檔名打錯(如：in.dat 或 dat.in)，再查看程式執行後螢幕是否有錯誤訊息「Failed to open in.txt」。同樣的！請讀者找出 **11-2** 節所介紹的 pr11-1.c

程式，執行前再刻意把檔名打錯，並查看程式執行後的螢幕輸出是什麼？看完螢幕上的輸出，讀者同不同意我們真的有必要「檢查開檔是否成功」。

有些作者會把第 10 列和 11 列的敘述組合在一起，變成：

```
if ( (inf=fopen("in.txt","r")) == NULL ) {
    錯誤處理;
}
```

意思是說：**先執行開檔敘述**「**(inf**=fopen("in.txt","r"))」，再來**比較** inf **和** NULL **是否相同**「**(inf**==**NULL)**」。這樣的寫法**可讀性**較差，讀者可依照自己對 C 語言的熟練程度，決定是否採用。

1. 將九九乘法寫入檔案 times.txt 中。
2. 將「從 2 開始的前 20 個質數」寫入檔案 prime.txt 中，每三個數一列。

11-5 資料量未知的檔案處理

寫程式時經常無法事先知道要開啟的檔案**有多少筆資料**，最常出現的情況是：當程式需要使用迴圈敘述**逐一處理多個檔案**的時候。例如：處理 10 個班級的成績檔，由於每班人數不可能完全相同，所以實際上每個檔案的資料筆數不可能一樣。因此，讀檔的程式就必須能處理**資料量未知**的狀況。

怎麼處理呢？從 fscanf 的函數說明可知：**fscanf** 會在**讀檔錯誤時傳回** – 1(即 EOF)，所謂 **EOF** 就是 End Of File(檔案結束)的意思。我們以 11-2 節的讀檔程式為例，要逐一讀取 **inf** 所指的檔案內容**直到 EOF 為止**，就要執行下列的迴圈敘述：

```
while ( (fscanf(inf,"%s",name)) != EOF)
    printf("%s\n",name);
```

(**(fscanf(inf,"%s",name)) != EOF**) 意思是說：**先執行**「**!=**」之前的**讀檔敘述**，再將其**傳回值**和 **EOF** 比較。請注意：當**傳回值**不等於 **EOF** 時，表示 fscanf 有讀到資料，會執行緊跟在後的敘述「**printf("%s\n",name);**」。現在筆者把這兩列程式翻譯成中文：

```
當 (成功地讀取 inf 所指的資料存入變數 name 時)
    以字串格式印出變數 name;
```

結論：這個 while 迴圈會自 **inf** 所指的檔案，**不斷地**讀入一筆資料、印出一筆資料，**直到檔案結束**(EOF)**為止**。

我們改寫 pr11-3.c 程式，加入處理**資料量未知**的功能，完整程式如 pr11-4.c 所示：

◎ pr11-4.c 程式：

```
04:  main()
05:  {   int i;
06:      FILE *inf;
07:      char name[20];
08:
09:      inf=fopen("in.txt","r");
10:      if (inf==NULL){
11:          printf("Failed to open in.txt\n");
12:          exit(0);
13:      }
14:      while( (fscanf(inf,"%s",name)) != EOF)
15:          printf("%s\n",name);
16:      fclose(inf);
17:  }
```

測試程式時，請讀者變更輸入檔 in.txt 內的人名個數(如：多鍵入幾個人名)，執行程式後查看螢幕是否印出所有的名字。最後筆者要舉出一個程式初學者常犯的要命錯誤，那就是把第 14、15 列寫成：

```
while( (fscanf(inf,"%s",name)) != EOF);    /* 多了分號 */
    printf("%s\n",name);
```

多了這一個分號**會使得 while 敘述在此結束**，也就是要**被 while 重複執行**的敘述變成「**空敘述**」。說得更明白點 ── while 迴圈重複執行「空敘述」，因此沒印出資料，反而在**讀完檔案後**才由緊接在後的 printf 敘述印出一筆資料。讀者不妨把分號加上去，看看程式的輸出結果。

當迴圈敘述的執行次數或執行結果產生錯誤時，一般的原因有二：

1. 被迴圈重複執行的敘述變成「**空敘述**」，如同上述例子。
2. 寫錯迴圈**重複執行的條件**，造成重複次數錯誤。

1. 改寫 pr11-4.c 程式，印出人名時須依字典排列順序印出。
2. 改寫 pr11-4.c 程式，印出人名時須剔除重複的名字。in.txt 內容設定如下：

◎ in.txt:

```
John    Mary
Jerry   Daniel Alex
Jessie  John   Jerry Mary
```

11-6 讀檔、處理、寫檔

成績處理程式是個簡單的入門程式，其作業流程是：先建好存放**成績**資料的**文字檔**，寫程式讀入**成績檔**，再將處理結果印在螢幕上或輸出到另一個文字檔(輸出檔)。

某班級的成績放在檔案 class1.in 中，寫程式讀取其中的學號及英文、數學成績，在螢幕上以一人一列的方式印出學號、英文、數學及個人平均成績。

首先我們任意決定班級人數(如：5 人)，在 **class1.in** 檔案中鍵入 5 人的成績資料，如下所示：

◎ class1.in:

```
2010A01   70  80
2010A02   95  90
2010A03   80  86
2010A04   86  90
2010A05   95  96
```

就如上一節的說明，一般而言我們不能要求檔案中的**人數**(資料筆數)**固定**，但卻可以假設每個人的資料都齊全(一個字串當學號、兩個整數當英文、數學成績)，因為資料是用人工鍵入的，所以可以輕易地鍵入齊全的資料。如果是用程式產生資料檔案，那不但資料齊全而且正確，除非是程式有錯誤，或是程式原先處理的輸入檔就有問題。

由於每個人的資料(或叫每筆資料)都有三個欄位(field)，所以程式可以宣告**字串**變數 **idNo** 及**整數**變數 **eng**、**math** 來存放三欄資料。最後再宣告**浮點**變數 **avg** 存放平均成績。**讀取資料**、**計算平均**及**資料列印**的演算法為：

```
當 (成功地讀取學號存入變數 idNo 時) {
    讀英文、數學成績存入變數 eng、math;
    計算平均存入變數 avg;
    印出 idNo,eng,math,avg 後換列;
}
```

假設輸入檔 **class1.in** 是用檔案指標 **inf** 指到，則上述之演算法用 C 語言表示，就變成：

```
while ( (fscanf(inf,"%s", idNo)) != EOF){
    fscanf(inf,"%d%d", &eng, &math);
    avg=(float)(eng+math)/2;
    printf("%s %d %d %f\n", idNo, eng, math, avg);
}
```

別忘了「**fscanf(inf,"%d%d", &eng, &math);**」敘述中的 **eng** 及 **math** 前面要加上 **&** 符號。程式段加上 printf 的輸出格數控制，完整程式如 pr11-5.c 所示：

◎ pr11-5.c 程式：

```
04:  main()
05:  {    int eng,math;
06:       float avg;
07:       FILE *inf;
08:       char idNo[20];
09:
10:       inf=fopen("class1.in","r");
11:       while( (fscanf(inf,"%s",idNo)) != EOF){
12:            fscanf(inf,"%d%d",&eng,&math);
13:            avg=(float)(eng+math)/2;
14:              printf("%5s  %4d  %4d  %5.1f\n",idNo,eng,math,avg);
15:       }
16:       fclose(inf);
17:  }
```

請注意：為了讓程式精簡、易讀，在 pr11-5.c 程式中，筆者刪去檢查「開檔是否成功」的敘述，在讀者熟悉這一章的所有內容後，遇到開檔的時候，記得要**加入檢查「開檔是否成功」**的敘述。

程式的輸出可以秀在螢幕上，當然也可以輕易地寫到**輸出檔**。所需的步驟有：

1. (寫檔之前必須)**開啟**輸出檔。
2. 將 **printf** 敘述改為 **fprinf** 敘述。
3. (寫檔之後還要)**關閉**輸出檔。

某班級成績放在檔案 class1.in 中，寫程式讀取其中的學號及英文、數學成績，以「一人一列」輸出學號、英文、數學及個人平均成績到輸出檔 class1.out 和螢幕。

依據題目要求，這次我們得同時開啟**輸入檔**(class1.in)以及**輸出檔**(class1.out)，且依照本章慣例，我們用 **inf** 指標指向輸入檔(class1.in)，以及用 **outf** 指標指向輸出檔 (class1.out)。修改

pr11-5.c 後的程式如 pr11-6.c 所示：

◎ pr11-6.c 程式：

```
04:  main()
05:  {   int eng,math;
06:      float avg;
07:      FILE *inf,*outf;
08:      char idNo[20];
09:
10:      inf=fopen("class1.in","r");
11:      outf=fopen("class1.out","w");
12:      while( (fscanf(inf,"%s",idNo)) != EOF){
13:          fscanf(inf,"%d%d",&eng,&math);
14:          avg=(float)(eng+math)/2;
15:          printf("%s %d %d %f\n",idNo, eng, math, avg);
16:          fprintf(outf,"%s  %d  %d  %f\n",idNo,eng,math,avg);
17:      }
18:      fclose(inf);
19:      fclose(outf);
20:  }
```

為了使程式的每個敘述不至於過長，導致可讀性降低，在 pr11-6.c 的 printf 及 fprintf 敘述(15、16 列)中沒有寫入**輸出格數控制**。但是在本書所附的範例程式檔，第 15、16 列的敘述有加上輸出格數控制，例如：第 15 列的敘述加上輸出格數控制後變成：

```
printf("%5s %4d %4d %5.1f\n",idNo,eng,math,avg);
```

執行程式時請讀者檢查輸出是否對齊，另外，除了秀在螢幕的成績資料外，請再檢查是否多了一個輸出檔 class1.out，其內應該和螢幕相同如下所示：

◎ class1.out 檔案：

```
2010A01   70   80   75.0
2010A02   95   90   92.5
2010A03   80   86   83.0
2010A04   86   90   88.0
2010A05   95   96   95.5
```

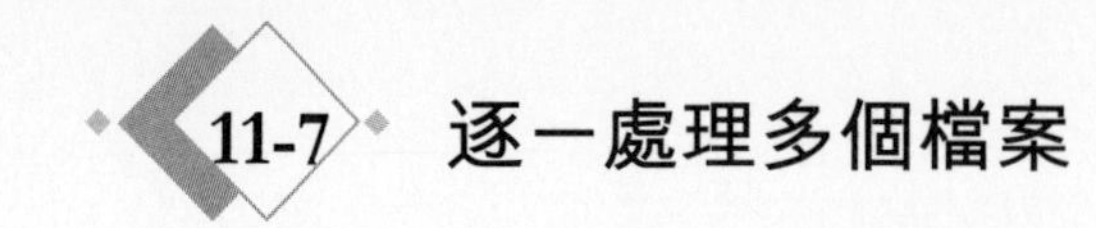

11-7 逐一處理多個檔案

要正確地「逐一處理」多個檔案的先決條件是**檔案要適當取名**，因為我們必須先使用迴圈敘述「**逐一產生檔名**」後，再**逐一**依據**檔名**進行後續的**檔案處理**。怎樣的檔名才適合用迴圈敘述產生呢？筆者建議如下：

1. 用**英文字**串代表檔案資料的**性質**(如：所有者、單位名、年度)。
2. 再加**數字字元**(代表順序)。
3. 最後再補上「延伸檔名」(如：".txt"、".out")。

譬如說要處理兩個班級的成績資料，成績資料分別放在兩個檔案，則我們可將這兩個檔案取名為 ── class1.in 和 class2.in 諸如此類。問題是我們如何使用程式依序產生這兩個檔名呢？方法如下：

```
char fileName[20]= "class?.in";
i=2;
fileName[5]= '0'+i;
```

fileName 是個**字串變數**，宣告時就設定為 **"class?.in"**，當整數 **i** 的數值為 **2** 時，「**fileName[5]= '0'+i;**」的右側運算式 **'0'+i** 會產生字元 **'2'**。因此 fileName 的第 6 個字元(即 **'?'**，其註標為 5)會被改為字元 **'2'**，也就是說 fileName 的內容變成 **"class2.in"**。

運用這個技巧，如果**用迴圈敘述讓 i 的數值從 1, 2 逐一變到 9**，那麼程式就可以輕易產生 "class1.in" 到 "class9.in" 的**檔名**字串。好了！現在我們可以鍵入另一個成績檔 class2.in，為了方便起見，任意設定 class2.in 的人數為 4 人，檔案內容如下所示：

◎ class2.in:

```
2010B01    75   80
2010B02    90   89
2010B03    91   80
2010B04    95   90
```

請讀者回顧先前可以正確的處理輸入檔 **class1.in** 的 pr11-5.c 程式。接下來筆者要示範如何修改 pr11-5.c 程式，使之可以正確的處理輸入檔 class1.in 和 class2.in。為了方便說明程式起見，我們重列 pr11-5.c 於下：

pr11-5.c 程式：

```
04:  main()
05:  {   int eng,math;
06:      float avg;
07:      FILE *inf;
08:      char idNo[20];
09:
10:      inf=fopen("class1.in","r");
11:      while( (fscanf(inf,"%s",idNo)) != EOF){
12:          fscanf(inf,"%d%d",&eng,&math);
13:          avg=(float)(eng+math)/2;
14:          printf("%5s%4d%4d%5.1f\n",idNo,eng,math,avg);
15:      }
16:      fclose(inf);
17:  }
```

要修改 pr11-5.c 程式的哪些敘述，才能處理 class2.in 輸入檔？

讀者應該不難看出是第 **10 列**的：

```
inf= fopen("class1.in","r");
```

要改為：

```
inf= fopen("class2.in","r");
```

經過了 Bottom-Up 程式策略的洗禮，想必讀者可以輕易地想到：如果程式要**用迴圈執行這兩個敘述**，我們必須**使用變數取代其不同之處**。也就是說 **fopen** 函數小括弧裡的「**檔名參數**」要放入變數。解決問題的程式段如下所示：

```
char fileName[20]= "class?.in";
i=2;
fileName[5]= '0'+i;
inf=fopen(fileName,"r");
```

這段程式等同於「**inf=fopen("class2.in","r");**」。另外，如果 **i** 的數值是 1，就會等效於「**inf=fopen("class1.in","r");**」。現在我們把這段程式加入 pr11-5.c 並修改其中的主函數，完整的程式如 pr11-7.c 所示：

◎ **pr11-7.c 程式：**

```
04:  main()
05:  {   int eng,math,i;
06:      float avg;
07:      FILE *inf;
08:      char idNo[20],fileName[20]="class?.in";
09:
10:      i=2;
11:      fileName[5]='0'+i;
12:      inf=fopen(fileName,"r");
13:      while( (fscanf(inf,"%s",idNo)) != EOF){
14:          fscanf(inf,"%d%d",&eng,&math);
15:          avg=(float)(eng+math)/2;
16:          printf("%5s %4d %4d %5.1f\n",idNo,eng,math,avg);
17:      }
18:      fclose(inf);
19:  }
```

測試程式時，請變更變數 **i** 的數值(如：將 2 改成 1)，執行程式後，請檢查：不同的 **i** 值是否開啟不同的輸入檔。

要處理多個檔案就要先會處理一個檔案，當可以正確地處理一個檔案後，接下來就要把能正確「處理**一個檔案**的程式段」改寫成**函數**，供後續的處理程式叫用。這麼做可以增加程式的結構性與可讀性，這也是 **Bottom-Up** 程式策略的精神。

將 pr11-7.c 的主函數改為 compute 函數。

讀者習不習慣這種精簡(專業)的問題描述，題目只要求將函數命名為 compute，也就是說函數的**輸入參數**(形式參數)以及是否**傳回任何結果**，完全要自行設計。其實隨著程式能力的增強，程式愈寫愈大，讀者會越來越需要這樣的規劃能力。

注意

怎樣決定函數的輸入參數(形式參數)呢？一段程式要轉為函數，就是準備讓後續的處理程式叫用，如果每次叫用時，因處理的狀況不同而需要修正一部份的變數值，那麼這些「**要修正的變數**」就是函數所需的「**輸入參數**」。

例如 pr11-7.c 的**變數 i** — 因為處理**不同的輸入檔**時，我們就要改變 **i** 的**數值**。

注意

怎樣決定函數的傳回值呢？我們要考慮的是：在每次函數「**完成任務**」後，還需不需要主程式(或叫用函數)做不同的「**後續處理**」。如果要，就得要一個「**傳回值**」，好讓主程式根據「傳回值」的不同來執行不同的「後續處理」。

以 pr11-7.c 為例，目前我們不需要函數傳回任何數值。

現在我們把 pr11-7.c 的主函數改為 compute 函數，請注意：因為「形式參數」為變數 **i**，故要剔除區域變數 i 的宣告。另外，compute 函數不傳回任何結果，所以函數型態為 **void**。修改後的程式如 pr11-8.c 所示：

◎ pr11-8.c 程式：

```
04:   void compute(int i)
05:   {   int eng,math;
06:       float avg;
07:       FILE *inf;
08:       char idNo[20],fileName[20]="class?.in";
09:
10:       fileName[5]='0'+i;
11:       inf=fopen(fileName,"r");
12:       while( (fscanf(inf,"%s",idNo)) != EOF){
13:           fscanf(inf,"%d%d",&eng,&math);
14:           avg=(float)(eng+math)/2;
15:           printf("%5s %4d %4d %5.1f\n",idNo,eng,math,avg);
16:       }
17:       fclose(inf);
18:   }
19:
```

```
20:   main()
21:   {
22:        compute(1);
23:        printf("----------------------------\n");
24:        compute(2);
25:   }
```

如果有 9 個輸入檔(class1.in～class9.in)要處理，則主程式就要執行「compute(1);」到「compute(9)」，想必讀者可以輕易地用**迴圈敘述**取代主程式裡的**重複敘述**吧！

11-8 非文字檔案

截至目前為止，我們處理的都是文字檔(text file)，也就是由 **ASCII code** 所組成的「**字元代碼**」檔案。對於一個程式初學者來說，學會讀、寫文字檔(text file)的程式就足夠了，這一節有關「**非文字檔案**」的內容僅供有興趣的讀者參考。

"321" 是整數還是字串？

如果讀者的答案是「整數」。那下一個問題是 ── "M321" 是整數還是字串？讀者應該會同意，因為有個字元 **'M'** 擺在前頭，所以 **"M321"** 應該是字串。如果 **"M321"** 是字串，哪為什麼 **"321"** 不是字串呢？

請讀者特別注意：在 C 語言，321+567 等於 888，因為它們是整數。但是 **"321" 不能和 "567" 相加**，因為它們是字串。

字串"321"和整數 321 存放在電腦的記憶體中，有何不同呢？

"321" 是字串，所以存入電腦時是以 **ASCII code** 代碼代表字串中的每個字元。**"321" 的 ASCII code 是**：**33H, 32H, 31H**，一共有 3 個 bytes。請注意 **31H** 的 **H 代表十六進位**(Hexadecimal)，換句話說 31H 等於**二進位**的 0011 0001。

整數 321 又是怎麼存入電腦的呢？如果使用 short 整數的形式，IDE 會使用 **2 bytes**

(即 16 位元)的記憶體來存放，亦即電腦會將**十進位 321 轉成二進位**存放在記憶體，以**十六進位**寫出則為「0141H」，一共 2 個 bytes。至此，我們可以得到一個結論：

1. 在電腦中「**字串**」是以 ASCII code 代表字串的每一個字元，所以儲存 **"321"** 會用掉 **3 個 bytes** 的記憶體，而儲存 **"4321"** 則會用掉 **4 個 bytes**。
2. 電腦儲存 short **整數**，不管是 **321** 或是 **4321 卻都一樣用掉 2 個 bytes** 的記憶體。因為依據上述的「整數儲存規則」，321 是「0141H」，而 **4321 則是「10E1H」**，因此，321 或 4321 都會用掉 2 個 bytes 的記憶體。

鍵盤上的**每個符號**都用 8 個位元的代碼表示，這套統一的代碼就是所謂的 **ASCII code**。因此，當我們在**鍵盤**按下「A」鍵時，螢幕上會同步秀出字母 A 是因為其 ASCII code「41H」被傳到**螢幕**處理系統，再由它負責秀出符號「A」。重要結論：**螢幕的功能**是接受送來的 ASCII code，再秀出其對應的符號。筆者再用下列程式段來說明：

```
short i;          /* 系統準備 2 個 bytes 記憶體給變數 i   */
i = 321;          /* 變數 i 的記憶體存入 — 0141H          */
printf("%d",i);   /* 將 0141H 轉成 33H, 32H, 31H          */
                  /* 傳到螢幕，螢幕會顯示 321             */
```

「**printf("%d", i);**」敘述會先將 **i** 的記憶體內容「**0141H**」**轉成 33H, 32H, 31H**。再把 33H, 32H, 31H 傳到螢幕，它們會被螢幕系統當成 **ASCII code** 找到其各自代表的符號 — 3, 2, 1，最後把這三個符號秀在螢幕上，所以螢幕上會出現我們所看到的 — **321**。

已知 short 整數 i 的值是 4321，把整數 i 存入檔案中，有幾種方式？

根據前段的說明，short 整數 **i** 的值是 **4321**(即 **10E1H**)，將整數 **i** 存入檔案中可用兩種方式：

1. 將 **i** 的記憶體內容「**10E1H**」**轉成 34H,33H,32H,31H** 再存檔，稱為**文字檔**(text file)。
2. 直接把 **i** 的記憶體內容「**10E1H**」存入檔案，稱為**二進位檔**(binary file)。

我們一直在使用的是**第一種**方式，例如：用「**printf("%d", i);**」送資料到**螢幕**或者用「**fprintf(out,"%d", i);**」寫資料到**輸出檔**，都是這種**輸出文字**(text)**資料**的敘述。這種形式的資料適合秀在螢幕上給人閱讀或者送到列表機列印。

至於 printf 或 fprintf 控制字串的意義，更精確的說法如下：

1. **"%d"** 代表 — 將 **i** 的數值「**10E1H**」轉換成十進位整數(4321)，再輸出每位數字的 ASCII code (即 34H, 33H, 32H, 31H)到螢幕。
2. **"%x"** 代表 — 將 **i** 的數值「**10E1H**」以**十六進位**整數解讀，輸出每位數字所對應的 ASCII code (即 31H, 30H, **45H**, 31H)到螢幕。

每個 ASCII code 的長度是 8 位元，共有 2^8 (＝256) 個代碼。大、小寫英文字母共 52 個，0～9 用掉 10 個，再加上標點符號，總共用掉一百多個，剩下的則用來代表特殊符號，例如：├、┐。

第二種方式直接送出 **i** 的**記憶體內容「10E1H」**：用 C 語言的術語來說，這樣的輸出稱為「**binary 輸出**」 — 意思是**把記憶體的內容原封不動地輸出**。因為送出來的內容不是 ASCII code，如果硬是把它當成 ASCII code 來解釋，則對應的符號就會是亂七八糟的符號組合。

讀者可以使用 DOS 的 type 指令來列印執行檔(.exe 或.com 檔)的內容於螢幕上，在螢幕上看到的結果就是一堆亂七八糟的符號。原因就是：螢幕把**執行檔**內的**機械碼**當成 **ASCII code** 來解釋，故會對應到亂七八糟的符號。

如何將「i 的記憶體內容」**直接寫入檔案**呢？所需的函數是 **fwrite**，說明如下。

fwrite

語　法：size_t fwrite(void *ptr, size_t size, size_t no, FILE *stream);

引入檔：stdio.h

功　能：將 ptr 所指的資料寫入 stream 所指的檔案，一共寫入 no 次，資料的長度由 size 指定。

傳回值：傳回寫入的次數。

簡單地說，fwrite 的用法可以表示為：

```
fwrite(輸出變數的指標, 資料大小, 次數, 輸出檔的指標);
```

例如，要把整數 **i** 的**記憶體內容**寫到檔案指標 **outf** 所指的檔案內**一次**，所要的敘述是：

```
fwrite(&i, 2, 1, outf);
```

fwrite 的語法複雜許多，首先，讀者可將語法中的 **size_t** 視為 **int** 整數。另外，除了要用 **no** 指定資料的**寫出次數**外，最大的麻煩是我們還要事先知道**資料的大小**(即變數 i 所佔記憶體的大小)，再用參數 **size** 指定。

請注意：不同的 IDE 會用**大小不等**的記憶體來儲存某型態(如：int)的變數，如果每次更換 IDE 時，都要更改程式指定不同的記憶體大小，那就遜斃了！高竿的做法是使用 **sizeof** 函數向系統詢問**變數**或**型態的大小**，**sizeof** 函數的用法是：

```
大小=sizeof(變數或型態);
```

假設變數 i 被宣告為 int，不管使用甚麼 IDE，函數 **sizeof(i)**或 **sizeof(int)**都會傳回該系統用來存放 int 整數的**記憶體大小**(單位為 byte)。再來看上一個例子 ── 要把整數 **i** 的**記憶體內容**寫到檔案指標 **outf** 所指的檔案內**一次**，適合跨平台使用的敘述是：

```
fwrite(&i, sizeof(i), 1, outf);
```

整合本節的內容，筆者用 pr11-9.c 示範各項細節：

◎ pr11-9.c 程式：

```
04: main()
05: {   short i;
06:     FILE *outf;
07:
08:     i=4321;
09:     outf=fopen("ascii.dat","w");
10:     fprintf(outf,"%d",i);
11:     fclose(outf);
12:
```

```
13:      outf=fopen("binary.dat","wb");
14:      fwrite(&i,sizeof(i),1,outf);
15:      fclose(outf);
16:  }
```

程式的第 **09～11** 列，把整數 **i** 的十進位數值(4321)**轉換成對應的 ASCII code** 後，**寫到文字檔 ascii.dat** 內，所以 **ascii.dat** 的檔案大小為 **4**。第 **13～15** 列，把整數 **i** 的記憶體內容「10E1H」**直接寫到檔案 binary.dat** 內，所以 **binary.dat 的檔案大小將會是 2**。

另外，第 **13** 列「**outf=fopen("binary.dat","wb");**」敘述中的開檔模式是 **wb** — 意思是 write **b**inary data (寫出二進位資料)。**C** 語言系統**似乎用 binary 這個字暗示記憶體內容**，其實這裡的開檔模式光寫 **w** 也是可以的！

執行完程式後，請讀者在 DOS 環境下用 dir 與 debug 指令檢查程式的輸出檔案。開啟主控台後，首先須調整工作目錄，請依所使用的 IDE 調整工作目錄，如下所示。其實這就是程式檔所在的目錄，因為輸出檔會放在這個目錄裡。

IDE	DOS 工作目錄
Turbo C	\TurboC
Dev-C++	\Ex4DevCpp
Visual C++	\Ex4VisualC\pr11-9\pr11-9

調整好工作目錄，接著執行 dir 與 debug 指令。以 Visual C++為例，依序鍵入所需之指令後可看到輸出如下所示，使用其他 IDE 的讀者也會看到相同的結果，只有工作目錄不同而已。

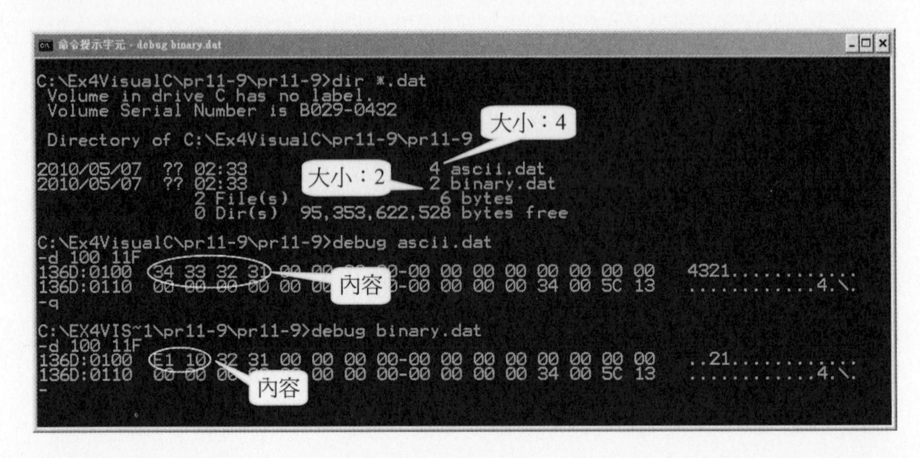

從上圖可以看出 ascii.dat 的檔案大小是 4 bytes，而 binary.dat 則是 2 bytes。執行 debug 後，用 debug 的「**d 100 11F**」指令查看 ascii.dat 檔案，可以確定其內容是 ── 34H, 33H, 32H, 31H，這就是 **"4321"** 的 ASCII code。另外，binary.dat 的檔案內容是 ── **E1H, 10H**。

問題

變數 i 的值是 4321，且記憶體內容是 10E1H，但是把 i 存入 binary.dat 檔案內怎麼會變成 E1H, 10H 呢？

理由是這樣：雖然變數 **i** 的**十六進位**內容是 **10E1H**，但是 Intel x86 CPU 在存取記憶體資料時，資料的**低位元組**(E1H)**會先擺在前頭**，接著才放**高位元組**(10H)，所以 **binary.dat** 的檔案內容變成 **E1H, 10H**。

注意

這種儲存**每筆資料**都**先低、後高**的方式稱為 **Little Endian**。反之，則稱為 Big Endian。請注意：**ascii.dat 的內容沒有反轉**，因其**每筆資料**都是 1 byte 的 ASCII Code。但 binary.dat 的每筆資料佔 2 bytes，所以先低、後高變成反轉的樣子。

怎麼讀取 fwrite 函數所產生的**二進位檔**(binary file)呢？所需要的函數是 fread，函數說明如下。

函數說明

fread

語　法：size_t　fread(void *ptr, size_t size, size_t no, FILE *stream);

引入檔：stdio.h

功　能：自 stream 所指的檔案中，讀入資料到 ptr 所指的位置，一共讀入 no 次，資料的長度由 size 指定。

傳回值：傳回讀入的次數。

下列 pr11-10.c 程式示範如何讀取 binary 檔案：

pr11-10.c 程式：

```
04:  main()
05:  {   short i;
06:      FILE *inf;
07:
08:      inf=fopen("binary.dat","rb");
09:      fread(&i,sizeof(i),1,inf);
10:      fclose(inf);
11:      printf("Value of i is %d.\n", i);
12:  }
```

請注意：第 08 列的「**inf=fopen("binary.dat","rb");**」敘述中的開檔模式是 **rb** ── 意思是 **r**ead **b**inary data。同樣的，這裡的開檔模式光寫 **r** 也是可以的！

◎ pr11-10.c 程式輸出：

```
Value of i is 4321.
```

11-9 檔案函數

程式在讀、寫陣列的內容時，藉由元素的註標(index)可以**隨意存取**任何一個元素。但讀、寫檔案資料時就必須依靠檔案指標，因為檔案指標會自動依序指向待讀取(或待寫入)的檔案位置，因此**依序存取**(sequential access)檔案是最方便且最直接的方式。為能讓檔案的讀、寫更加靈活、方便，C 語言還提供下列函數，讓程式叫用：

函數名	語　　法	功能說明
fgetc	int fgetc(FILE *inf);	自 inf 所指的檔案讀入一個字元，傳回該字元
fputc	int fputc(int c, FILE *outf);	將字元 c 寫入 outf 所指的檔案，傳回字元 c
fgets	char* fgets(char *s, int n, FILE *inf);	自 inf 所指的檔案讀入 n 個字元存入 s 所指的位置
fputs	int fputs(char *s, FILE *outf);	將 s 所指的字串寫入 outf 所指的檔案

fseek	int fseek(FILE *fp, long n, int mode);	依據 mode 所指定的模式將 fp 移動 n 個 bytes mode=0：自檔案起點 、mode=1：自目前位置 mode=2：自檔案終點 傳回 0 表正確、非 0 表錯誤
rewind	int rewind(FILE *fp)	將 fp 移到檔案開頭，傳回 0 表正確、非 0 表錯誤
ftell	long ftell(FILE *fp)	傳回 fp 目前所指的檔案位置，即自起點算起的位移(單位為 byte)

下列 pr11-11.c 程式，先將 short 整數陣列 ar 的 10 個元素以 binary 形式寫到檔案 short10.bin，接著移動檔案指標，自檔案末端反向讀取整數值：

pr11-11.c 程式：

```
04:  main()
05:  {   short i,ar[10]={0,10,20,30,40,50,60,70,80,90};
06:      FILE *fp;
07:                  /* 開啟 short10.bin、寫入 ar 陣列 10 個元素 */
08:      fp=fopen("short10.bin","wb");
09:      for(i=0;i<10;i++) fwrite(&ar[i],sizeof(short),1,fp);
10:      fclose(fp);
11:
12:      fp=fopen("short10.bin","rb");   /* fp 指向第一個整數 */
13:      fseek(fp,-2,2);              /* 移動 fp 指向最後一個整數 */
14:      fread(&i,sizeof(short),1,fp);    /*讀入 fp 所指的整數 */
15:      printf("%d\n",i);           /* 存入變數 i 後印出 i 的內容 */
16:                                  /* 目前 pf 指向 EOF  */
17:      fseek(fp,-4,1);          /* 移動 fp 指向倒數第二個整數  */
18:      fread(&i,sizeof(short),1,fp);    /*讀入 fp 所指的整數  */
19:      printf("%d\n",i);           /* 存入變數 i 後印出 i 的內容 */
20:
21:      fseek(fp,-4,1);          /* 移動 fp 指向倒數第三個整數  */
22:      fread(&i,sizeof(short),1,fp);
23:      printf("%d\n",i);
24:      fclose(fp);
25:  }
```

請注意：每個 short 整數使用 2 bytes 的記憶體，pr11-11.c 之重要指令說明如下：

第 09 列：以 binary 形式將陣列 ar 的 10 個元素寫到檔案 short10.bin，。

第 13 列：將 fp 自**檔案末端**(EOF)**倒移** 2 bytes，故 fp 指向**最後 1 個**整數。

第 14 列：讀入 fp 所指的整數(即最後 1 個整數)入變數 i，讀完整數後 fp 即指向 EOF。

第 17 列：將 fp 自目前所指位置(即 EOF)倒移 4 bytes，故 fp 指向**倒數第 2 個**整數。

第 18 列：讀入 fp 所指的整數(即倒數第 2 個整數)入變數 i，讀完整數後 fp 即指向最後 1 個整數。

第 21 列：將 fp 自目前所指位置(即最後 1 個整數)倒移 4 bytes，故 fp 指向**倒數第 3 個**整數。

1. 修改 pr11-11.c 程式，將檔案內容反向列印出來，結果同 ar[9]、ar[8]印到 ar[0]。
   提示：請注意 17~19 列與 21~23 列是完全相同的敘述。
2. 寫程式將 short10.bin 檔案的內容依序正向列印出來，結果同 ar[0]、ar[1]印到 ar[9]。

上述的例子如果是**正向依序**列印檔案內容，則程式變的簡單、快速。這說明檔案適合**依序存取**(sequential access)，任意存取(random access)檔案則相當困難，因此需要多次任意存取檔案資料時，先將檔案讀入陣列才是好的選擇。

至於檔案的開啟模式，除了介紹過的 r(讀)、w(寫)外，尚有其他的模式如下所式：

模式	功　能	檔 案 存 在	檔案不存在
r	讀	OK	錯誤
w	寫	覆寫原檔	建立新檔
a	附加	附加資料在檔末	建立新檔
r+	讀或寫	OK	錯誤
w+	讀或寫	覆寫原檔	建立新檔
a+	讀或寫	附加資料在檔末	建立新檔

注意

模式可附加 b 表 binary 檔、附加 t 表文字檔，例如：r+b(或 rb+)、w+b(或 wb+)、a+b(或 ab+)，當然不寫 b 或 t 也可以。因為輸出、輸入的函數才是決定讀、寫的內容為 text 或 binary。

11-10 習 題

1. 鍵入文字(text)檔 data1.in，內有若干個整數(少於 50 個，但個數不確定)。寫程式讀取檔案裡的整數存入陣列 ar，將 ar 的元素**由大到小排序**，在螢幕上印出排序前、排序後的陣列內容。
2. 同第 1 題，但以**三個數一列**印出資料。
3. 同第 2 題，但把資料寫到文字檔 data1.out。
4. 鍵入文字檔 data2.in、data3.in，其內容和 data1.in 一樣是若干個整數。寫出功能如第 3 題的程式產生 data1.out～data3.out 三個輸出檔。請注意：程式要用迴圈敘述，執行一次就要處理完 3 個檔案。
5. 鍵入文字檔 grade.in，內有若干學生之人名及數學成績如下所示：

```
Mary 70
Alex 95
John 80
Jerry 86
Andy 95
Betty 78
```

程式中宣告**字串陣列 name** 及**整數陣列 math**，將成績資料讀入兩個陣列中，寫程式依「數學成績**由高到低**順序」印出成績單。

提示：可將兩個陣列「依數學成績由高到低順序」排序過。

6. 同第 5 題，但依「人名」的**字典排列順序**印出成績單。
7. mail.txt 的內容如下：

```
Mary lives in Maryland. Do you know Mary?
I love Maryland! Do you? Yes, I do.
```

寫程式算出檔案中有幾個字。(答案是 16)

8. 同第 7 題 mail.txt 檔案，寫程式算出檔案中有幾個**相異的字**。
9. 同第 7 題 mail.txt 檔案，寫程式算出檔案中有幾個字**含有 Mary**。(答案是 4)

12 CHAPTER

自訂變數型態

到目前為止，我們所使用的變數都只能**存入一項**資料，絕不可以存入兩項或三項，如：使用敘述「**i=80,75,90;**」指定三個整數給變數 **i**。讀者可能會說：只要用三個變數來存放資料不就可以了？沒錯！是可以用這種方式來解決。但是如果我們要存入的「幾項資料」之間有**密切的關係**，如某位學生的國、英、數成績分別是 80、75、90。倘若可以放在同一個變數，是不是比放在三個不同的變數方便許多？更何況在實際的應用上，程式會需要處理許多學生的成績，例如：依每位學生的平均成績排序後找出名次，則 50 個學生的**三科**成績加上**學號**及**平均成績**就需要用 250 個不同的變數。

聰明的讀者可能還會說：**陣列**(array)不就可以用來解決這個問題？沒錯！是可以用陣列來解決這個問題。但由於存入的資料除了國、英、數成績(整數)外，還有學號(字串)，以及具有一位小數的個人平均成績(浮點數)，因為每個陣列只能存放一種資料，故總共需要**五個陣列**才夠。因此，我們面臨的難題是：當程式執行資料的新增、刪除、查詢與修改時，就需要同時處理這五個陣列。這不但會提高程式的**複雜性**，而且維持資料的**正確性**也會需要加倍的功夫。

本章的主要目的就是要說明 C 語言如何把三個整數、一個字串以及一個浮點數存入「**一個變數**」中，好讓變數的數量減少、程式變得好寫。可想而知，這樣**特殊規格**的變數必須向 C 語言系統「**訂做**」才有。因為任何語言系統都只能提供**標準的資料型態**，如整數、字元、浮點數…等等，不可能提供所有特殊規格的型態，因為有無窮多種組合。**訂做特殊規格**的**變數**，用程式語言的術語來說就是：**自訂變數型態**或**定義變數型態**。

12-1 定義結構化變數型態

我們用上一章的成績檔 class1.in 當例子來解釋一些術語，為了說明方便起見，我們再秀一次成績檔 class1.in 的部份資料，如下所示：

◎ class1.in:

```
2010A01    70  80
2010A02    95  90
2010A03    80  86
   .        .   .
```

檔案中每個人都有三項資料：一個**字串**存學號、兩個**整數**存英文、數學成績。正式的術語稱「每一個人的資料」為**一筆記錄**(record)，或叫**一筆資料**，所以說上列的 **class1.in** 檔案只秀出 3 筆記錄，其餘被省略。另外，每一筆記錄都有**三項資料**，每一項稱為一個**欄位**(field)，也就是說這個檔案的**每筆記錄**都有「**三欄資料**」。

要使用**一個變數**來存放上述的**一筆記錄**，則變數的結構必須有：一個欄位存放字串、兩個欄位存放整數。由於這是使用者**自訂**的**變數型態**，所以「訂做」前我們得先為變數型態以及三個欄位**命名**。例如：依據各欄位資料的用途筆者會將之取名為：

型態名：stuData

idNo	**eng**	**math**

我們用過的變數**型態名**有 short、int、long、float、double、char，當看到某變數的型態是 **int** 時，我們就知道這個**變數的結構**是用來存放**整數**的。同理，當我們看到某變數的**型態**是 **stuData**，就應該知道這個變數可以用來存放 **idNo**(學號)、**eng**(英文)及 **math**(數學)三欄資料。

接下來，我們得決定每個**欄位**(field)的資料**型態**，並把欄位的資料型態寫在欄位名的下方(上方亦可)，完整的「自訂變數型態」**規格說明**可以用下圖表示：

型態名：stuData

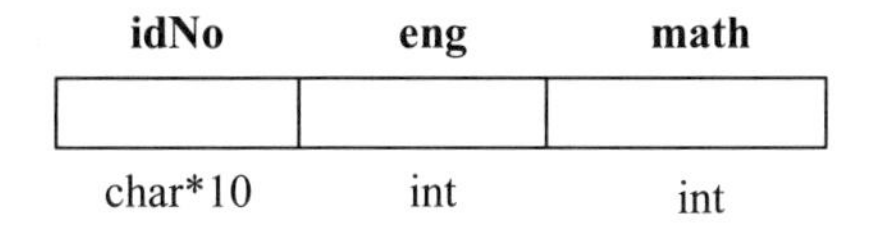

最後的問題是 ── 如何使用 C 語言宣告**自訂的變數型態**呢？語法如下：

```
struct 型態名{
    某型態 欄名 1;
         .
    某型態 欄名 n;
};      /* 注意：右大括弧後要有分號  */
```

請注意：宣告自訂變數型態時，**右大括弧後要有分號**。**宣告**自訂變數型態就是**定義**

自訂變數型態。此外，這種**多欄位**的變數型態又稱為「**結構化**」**變數型態**。

依據上列宣告「**結構化**」**變數型態**的語法，**stuData 型態**的宣告敘述應為：

```
struct    stuData{
      char idNo[10];
      int eng, math;
};
```

如果這時候老闆(或老師)跑來說：程式要依每位同學的「平均成績」排序後找出**名次**，且平均成績要算到**小數第一位**。很顯然我們需要把上列的 **stuData** 再加上一個欄位存放「**平均成績**」，這欄位的資料型態是 **float**，欄名可以取為 **avg** (average 的縮寫)。多了 avg 欄位後，結構化變數型態 **stuData** 的**定義**敘述就變成：

```
struct    stuData{
      char idNo[10];
      int eng, math;
      float avg;
};
```

結構化變數型態的定義敘述要**放在主函數之前**，如下所示：

```
struct stuData{
      char    idNo[10];
      int    eng,math;
      float avg;
};

main()
{    int i, j;
        .
        .
}
```

筆者習慣在這裡問讀者一個問題 ── 上列的程式中一共宣告了**幾個變數**？筆者在此給幾個可能的答案，請讀者精挑細選一個最有可能的答案：

A. 2 個變數 ── **i** 和 **j**。

B. 3 個變數 ── **i**、**j** 和 **stuData**。

C. 6 個變數 ── **i**、**j**、**idNo**、**eng**、**math** 和 **avg**。

D. 7 個變數 ── **i**、**j**、**idNo**、**eng**、**math**、**avg** 和 **stuData**。

12-2 宣告結構化變數

上一節的程式段總共宣告了幾個變數呢？標準答案是 ── **兩個變數**，也就是整數 **i** 和 **j**。那 **stuData** 是什麼呢？請特別注意 ── **stuData** 是「**型態名**」、不是「**變數名**」。換句話說，系統除了內建的 **int**、**short**、**long**、**float**、**double**、**char**…等等常用的**變數型態**外，現在又多了一個 **stuData 型態**。

請宣告變數 x 和 y，其資料型態為 stuData。

C 語言中的變數宣告敘述是 ── 把「**變數名**」放在「**型態名**」的後面。所以宣告變數 **x** 和 **y** 為 **stuData** 型態，要用的 C 語言敘述是：

```
struct stuData    x, y;
```

請注意到唯一不同的地方是：自訂的**型態名**(stuData)**之前要寫上 struct**。struct 是 structure(結構)的縮寫，需要寫上 struct 的用意應該是告訴 Compiler：後面有「使用者自訂的**結構化**變數**型態**」。一旦宣告 **x** 和 **y** 為 **stuData** 型態的變數，**x** 和 **y** 在電腦中的儲存方式就會像下圖所示的樣子：

	idNo	eng	math	avg
x				

	idNo	eng	math	avg
y				

注意

初學者很容易誤以為 **idNo**、**eng**、**math** 是變數，請特別注意：**idNo**、**eng**、**math 不是變數**。如果讀者還認為 **idNo**、**eng**、**math** 是變數，請問「**math=90;**」是要把 **90** 存入那裡？**x** 變數的 **math** 欄位？還是 **y** 變數的 **math** 欄位？

因為 idNo、eng、math 不是變數名，而是欄位名，想要把資料存入這些欄位，光指定**欄位名**是不夠的，還需要指定**變數名**。C 語言的指定方式是：「**變數名.欄位名**」。

請注意：變數名和欄位名的中間要有**一個句點**，這「一個句點」翻成中文就是「**的**」，請參考下列的「**中 C**」對照表：

中　文	C 語言
變數 x 的 idNo 欄位	x.idNo
變數 x 的 avg 欄位	x.avg
.	.
變數 y 的 math 欄位	y.math
變數 y 的 avg 欄位	y.avg

問題

宣告 x 和 y 為 stuData 型態的變數。並將 x 的三個欄位起始設定為 "2012A01", 90, 80。y 則在宣告後用指定敘述填入 "2012A02", 95, 90。每筆記錄算出平均後放入 avg 欄位，再將兩變數的各欄位內容印出。

這個問題是存取「結構化變數」的基本練習，首先要在宣告變數 **x** 時**一併放入起始值**，而設定起始值的基本觀念就是**把結構化變數的所有欄位值當成陣列**即可。故宣告 x 的敘述為：

```
struct stuData    x={"2012A01", 90, 80};
```

至於 y 則在宣告後要用指定敘述填入「"2012A02", 95, 90」，由於 C 語言的指定敘述不能指定陣列，所以必須**一欄一欄的指定**存入的數值。完整的程式如 pr12-1.c 所示：

◎ pr12-1.c 程式：

```
03:  #include <string.h>
04:
05:  struct stuData{
06:      char   idNo[10];
07:      int    eng,math;
08:      float  avg;
09:  };
10:
11:  main()
12:  {   struct stuData x={"2012A01",90,80}, y;
13:
14:      x.avg=(float)(x.eng+x.math)/2;
15:      printf("%s %3d %3d%5.1f\n",x.idNo,x.eng,x.math,x.avg);
16:
17:      strcpy(y.idNo,"2012A02");
18:      y.eng=95;
19:      y.math=90;
20:      y.avg=(float)(y.eng+y.math)/2;
21:      printf("%s %3d %3d %5.1f\n",y.idNo,y.eng,y.math,y.avg);
22:  }
```

12-3 補充事項

typedef 是 type definition(型態定義)的縮寫，使用 typedef 指令可以讓我們為既有的型態名再取一個「**別名**」，語法如下：

```
typedef   型態名   別名;
```

在 pr12-1.c 中我們定義了新的型態「struct stuData」，所以宣告 x, y 為這種型態的變數時，必須使用「struct stuData x, y;」。但如果不想每次都打兩個字的形態，可以先使用

typedef 指令為「struct stuData」取個簡單的別名，如：student。宣告型態、取型態別名與變數宣告的敘述為：

```
struct    stuData{
      char idNo[10];
      int eng, math;
      float avg;
};
typedef    struct stuData    student;
student    x, y;
```

請注意：typedef 指令是 C 語言的指令，而**不是假指令**(前置處理指令)，因此敘述末要加上分號，敘述也前沒有「#」。

改寫 pr12-1.c，如上述程式段使用 typedef 指令定義 student 型態，並將變數 x, y 宣告為 student 型態。

上述程式段把 x, y 宣告為 student 型態，而 student 型態又被定義為「struct stuData」型態，所以等同於把 x, y 宣告為「struct stuData」型態的變數。請特別注意：程式自此可以不再需要「struct stuData」，改用 student 就可以了！因此，C 語言又提供一個整合方式，一次做完自訂**型態的宣告**以及**型態別名的定義**，如下所示：

```
typedef    struct {
      char idNo[10];
      int eng, math;
      float avg;
}    student;
student    x, y;
```

讀者應該不難看出，這段程式就是把 student 定義為「struct{…}」中所描述的結構型態。另外請注意：「stuData」這個字完全沒有出現在程式中，所以是更精簡的宣告方式。請讀者使用這個方式改寫 pr12-1.c 程式。

typedef 的其他使用範例如下：

1. typedef unsigned size_t; /* 定義 size_t 就是 unsigned(無號整數)型態 */
2. typedef int* intPtr; /* 定義 intPtr 就是 int 指標型態 */
3. typedef char* string; /* 定義 string 就是字元指標型態 */

初學的讀者可以使用**字串取代的方式**來快速理解 typedef 指令所產生的效果。例如：

1.「intPtr ptr1;」就等同於「int * ptr1;」，於是 ptr1 就會被宣告成整數指標。

2.「string s1;」就等同於「char * s1;」，於是 s1 就會被宣告成字元指標。

在第 11 章我們曾遇到「size_t no;」其實就等同於「unsigned no;」，也就是說 no 的資料型態為**無號整數**(unsigned int)。系統的引入檔 stdio.h 裡就有 size_t 的定義，有興趣的讀者可以找出 stdio.h 檔確認之。

有關「結構化」變數型態的定義與其變數宣告，C 語言提供若干不同的處理方式。這些內容無關程式技巧或設計策略，初學的讀者對於以下的範例與說明略讀即可。

1. **定義 stuData 型態**時順道宣告變數 x, y，敘述為：

```
struct stuData{
    char idNo[10];
    int eng, math;
    float avg;
} x, y;
```

2. **不定義 stuData 型態**，但宣告變數 x, y 為所要的(結構化)型態，敘述就變成：

```
struct {
    char idNo[10];
    int eng, math;
    float avg;
} x, y;
```

請注意：這樣的宣告並**沒有為(自訂)型態取名**，程式中沒出現「stuData」這個字。

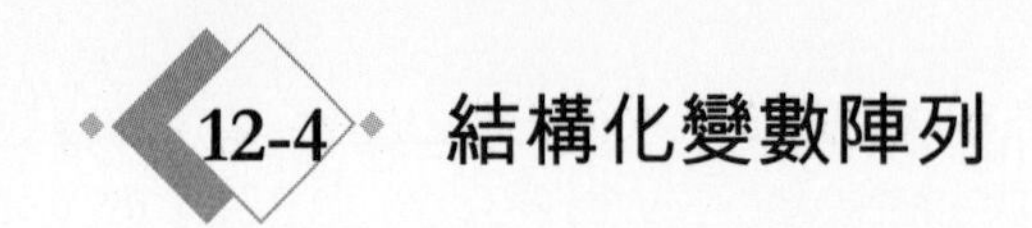

12-4 結構化變數陣列

在 11-6 節我們曾寫過成績檔案的處理程式，這一節筆者打算再次探討這個問題，為了方便程式的說明，問題重述如下：

某班級的成績放在檔案 class1.in 中，寫程式讀取其中的學號及英文、數學成績，以「一人一列」的方式印出學號、英文、數學及個人平均成績於螢幕上。

由於這個題目只要求「每**讀取**一人的資料，就進行**處理**並**列印輸出**」，所以我們不需要在程式中存放所有人的成績資料。但複雜一點的成績處理，如：計算班上每人的**成績排名**就沒那麼簡單了。這時候程式會需要一個**陣列**來存放班上所有人的**學號**與**各科成績**，再計算每人的**平均成績**、依平均成績**排序**、找到**名次**後才能列印輸出。讀者應該不難猜到，這個陣列的**資料型態**就是「struct stuData」，以下簡稱 stuData。

某班級的成績放在檔案 class1.in 中，寫程式讀取其中的學號及英文、數學成績，依個人平均成績由高至低，在螢幕上以「一人一列」印出學號、英文、數學及個人平均成績。

首先，程式需要一個型態是 **stuData** 的**陣列**，這次我們為陣列取個簡單的名字：**s**，具有 **10** 個元素之「**陣列 s**」的宣告敘述是：

```
struct  stuData  s[10];
```

讀取檔案資料之前，請讀者先弄清楚一些觀念。首先，無庸置疑的「**s** 是個 **stuData** 陣列」，但 **s[0].idNo**、**s[0].eng**、**s[0].math** 及 **s[0].avg** 是什麼**型態**呢？上列四項，有幾個是陣列資料呢？別忘了如果**不是陣列變數**，使用 **fscanf** 指令取入資料時，變數名之前要加上 **&** 符號。言歸正傳，各欄位的資料型態說明如下：

1. **s[0].idNo** 的型態是 **char 陣列**，因為在定義 **stuData** 的敘述中有「**char idNo[10];**」。

2. **s[0].eng**、**s[0].math** 的型態是 **int**。

3. **s[0].avg** 的型態則是 **float**。

假設**輸入檔**是用檔案指標 **inf** 指到，依據上列三項說明，讀取第一筆記錄存入 **s[0]**，並計算平均成績的敘述應該是：

```
i=0;
fscanf(inf,"%s%d%d", s[i].idNo, &s[i].eng, &s[i].math);
s[i].avg=(float)(s[i].eng+s[i].math)/2;
```

請讀者注意：因為 **s[i].idNo** 的型態是 **char 陣列**，所以 **s[i].idNo** 是**字元指標**，因此 **s[i].idNo** 之前**不能有 &** 符號。

為了讓程式能處理多個(不同資料量的)輸入檔，我們可以假設輸入檔的每筆資料完整，但不能假設輸入檔的資料**筆數已知**或**固定**。現在我們修改上列讀取第一筆記錄存入 **s[0]**的程式段，加入 **while** 迴圈與 **EOF** 判斷敘述，即可得讀取檔案並計算每人平均成績的程式段：

```
i=0;
while( (fscanf(inf,"%s",s[i].idNo)) != EOF){
    fscanf(inf,"%d%d",&s[i].eng,&s[i].math);
    s[i].avg=(float)(s[i].eng+s[i].math)/2;
    i++;
}
```

請注意：這段程式假設一旦可以正確地讀到學號，就能正確地讀到兩個整數成績。下列 pr12-2.c 是讀檔、計算平均成績與資料列印的完整程式：

◎ pr12-2.c 程式：

```
04:  struct stuData{
05:      char   idNo[10];
06:      int    eng,math;
07:      float  avg;
08:  };
09:
```

```
10:  main()
11:  {   int    i,cnt;
12:      FILE *inf;
13:      struct stuData s[10];
14:
15:      inf=fopen("class1.in","r");
16:      i=0;
17:      while( (fscanf(inf,"%s",s[i].idNo)) != EOF){
18:          fscanf(inf,"%d%d",&s[i].eng,&s[i].math);
19:          s[i].avg=(float)(s[i].eng+s[i].math)/2;
20:          i++;
21:      }
22:      cnt=i;   fclose(inf);
23:      printf("There are %d students:\n",cnt);
24:
25:      for(i=0;i<cnt;i++){
26:           printf("%5s %4d ",s[i].idNo,s[i].eng);
27:           printf("%4d %5.1f\n",s[i].math,s[i].avg);
28:      }
29:  }
```

由於使用 while 迴圈，所以(用來指定**陣列註標**的)迴圈變數 **i** 在處理完一筆資料後需要遞增(第 20 列)。另外，跳離 **while** 迴圈時，變數 **i 的數值**恰巧是輸入檔的**資料筆數**(共 5 筆)。所以第 22 列的「cnt=i;」會把資料筆數(5)存入變數 **cnt** 中。**cnt** 的用途是：列印陣列內容或進行陣列排序時，我們必須事先知道陣列的元素個數(即資料筆數)。最後，程式的第 26、27 列都是列印資料的 printf 敘述，兩個敘述可以合而為一，但是為了避免敘述過長，筆者把它一分為二。

讀者應該很清楚，截至目前為止我們並未寫出完整的解題程式。其實這就是 Bottom-Up 程式策略的精神，**先做會做的部份**，不要想一次把所有問題解決掉。接下來可以做的是 ── **把功能完整的程式段改寫成函數**，供後續的處理程式叫用。

到目前為止，程式只做了兩件事 ── **讀取輸入檔**進到陣列 **s** 與**列印陣列 s** 的內容。現在把這兩件工作的程式段改寫成函數，分別取名為 **loadFile** 與 **prtArray**。請讀者特別注意：為了使程式精簡、易讀，筆者把與**檔案有關**的變數都改為**全域**(global)**變數**，這樣做的好處是叫用 **loadFile** 與 **prtArray** 函數時，都不用傳入任何參數。更動後的完整程式如 pr12-3.c 所示：

◎ pr12-3.c 程式：

```
04:  struct stuData{
05:      char   idNo[10];
06:      int    eng,math;
07:      float  avg;
08:  };
09:
10:  int   cnt=0;
11:  FILE *inf;
12:  struct stuData s[10];
13:
14:  void loadFile()
15:  {   int i;
16:
17:      inf=fopen("class1.in","r");
18:      i=0;
19:      while( (fscanf(inf,"%s",s[i].idNo)) != EOF){
20:          fscanf(inf,"%d%d",&s[i].eng,&s[i].math);
21:          s[i].avg=(float)(s[i].eng+s[i].math)/2;
22:          i++;
23:      }
24:      cnt=i;
25:  }
26:
27:  void prtArray()
28:  {   int i;
29:
30:      for(i=0;i<cnt;i++){
31:           printf("%5s %4d ",s[i].idNo,s[i].eng);
32:           printf("%4d %5.1f\n",s[i].math,s[i].avg);
33:      }
34:  }
35:
```

```
36:  main()
37:  {   int   i;
38:
39:        loadFile();
40:        printf("There are %d students:\n",cnt);
41:        prtArray();
42:  }
```

絕對不可以把迴圈變數改為全域變數，因為迴圈內的其他程式段或函數很可能改掉迴圈變數值，造成迴圈次數錯誤。

舉例說明，假設現在有個迴圈要叫用 **prtArray** 函數三次如下所示：

```
01:  for(i=0; i < 3; i++){
02:        進行某些處理;
03:        prtArray();
04:  }
```

我們知道：迴圈(第 01 列)一開始 **i 的數值是 0**，一次迴圈後，i 的數值應該**遞增成 1** 才對。現在仔細看「**i 等於 0**」的時候，迴圈會在 02 列「進行某些處理」，接著在 03 列呼叫 **prtArray** 函數。

如果 prtArray 函數也**用全域變數 i 作迴圈變數**，當 **prtArray** 函數結束後全域變數 **i 就不再是 0**。以 **pr12-3.c** 為例，因為陣列中有 5 個元素，**i 會變成 5**。結束 **prtArray** 函數的程式，再回到(第 01 列)for 迴圈的「**i++**」，會把迴圈變數 **i** 遞增為 **6**。但**繼續迴圈**的**條件**是「**i< 3**」，所以 **for 迴圈立刻結束**，這造成 **for** 敘述**只執行一次**大括弧內的工作。

當我們開發的程式很大、很複雜時，這種要命的錯誤不容易被發現，最好一開始就絕對不可以把迴圈變數設為全域變數。最理想的狀況是**完全沒有全域變數**，然而不用全域變數的代價就是程式的複雜度會變高。

接下來是以前做過的工作，把陣列的(**cnt** 個)元素**依平均成績由高至低**排序，我們借用 8-3 節的(泡沫)排序演算法：

```
for(j=0;j<cnt-1; j++)
    for(i=0;i<cnt-1; i++)
        if (s[i].avg< s[i+1].avg){
            temp=s[i];
            s[i]=s[i+1];
            s[i+1]=temp;
        }
```

請讀者注意下列說明：

1. temp 的**資料型態**必須是 stuData，這樣 s[i]才可以指定給 temp。也就是 s[i]的每個欄位資料都會存入 temp 的對應欄位。
2. 內迴圈的功用是把「**具有最小 avg**」的元素推向陣列的**最末端**，這樣的工作被外迴圈執行 **cnt – 1** 次之後，整個陣列就排序好了。
3. 內迴圈變數 **i** 的**上限是 cnt – 2**，因為繼續迴圈的條件為「i < cnt – 1」。理由是：當 **i** 的值是上限 **cnt – 2** 時，**if** 敘述會進行 **s[cnt – 2]** 和 **s[cnt – 1]** 的比較，這已經是陣列 s 的最後兩個元素。

如果讀者看不懂上列的程式，得回到第八章，練習使用 Bottom-Up 程式策略寫出整數陣列的排序程式。接著把排序程式改寫成 **sortAvg** 函數，再放入程式 pr12-3.c 中，完成後的程式如 pr12-4.c 所示：

◎ pr12-4.c 程式：

```
04:  struct stuData{
05:      char   idNo[10];
06:      int    eng,math;
07:      float  avg;
08:  };
09:
10:  int   cnt=0;
11:  FILE *inf;
12:  struct stuData s[10];
13:
```

```
     /* 省略 loadFile()與 prtArray()程式碼 */
36:  void sortAvg()
37:  {  int i,j;
38:     struct stuData temp;
39:
40:     for(j=0;j<cnt-1;j++)
41:         for(i=0;i<cnt-1;i++)
42:           if (s[i].avg<s[i+1].avg){
43:                 temp=s[i];
44:                 s[i]=s[i+1];
45:                 s[i+1]=temp;
46:           }
47:  }
48:
49:  main()
50:  {  int   i;
51:
52:     loadFile();
53:     printf("There are %d students:\n",cnt);
54:     sortAvg();
55:     prtArray();
56:  }
```

請注意：程式的第 **38** 列宣告了型態是 **stuData** 的區域變數 temp，temp 必須和陣列元素的**型態相同**才能暫存陣列元素的**所有欄位資料**。另外，由於 pr12-4.c 中所有功能獨立、完整的程式段都被改寫成函數，所以主程式變成精簡、易讀的工作流程，這就是所謂的**結構化程式設計**。

1. 寫出 sortAvg(int ascend)函數，參數 ascend 值為 0：執行依平均成績由高到低排序，ascend 值為 1：執行依平均成績由低到高排序。
2. 修改 pr12-4.c 程式，依學號順序(即檔案內之原始順序)列印成績資料，印出的資料有：學號、英文、數學、平均成績及**名次**。

12-5 索引陣列

在上一節的 pr12-4.c 程式中，成績陣列 s 經過 sortAvg 函數排序後，會改變陣列原來依**學號大小排列**的順序，在實際的應用上這樣的改變經常是無法接受的。理由之一是原始的資料順序極可能是**最常使用**或**最有效率**的資料處理順序，所以才被採用為儲存資料的原始順序。以成績陣列 s 為例：依每人總平均排序只是為了找出排名次序而已，在列印班級的成績資料時經常還是以原始的學號順序排列。

另一個要考慮的因素是結構化變數有**數個欄位**，故而每筆資料可能會佔用為數不小的記憶體，進行結構化變數的資料**搬動**或**互換**所需的時間因而倍增。因此，我們必須做到**不更動資料陣列的原始順序**，但又能找出陣列依某欄位數值大小排序的結果。

索引(index)**陣列**就是用來解決這樣的程式需求，下圖的 idx 陣列就是一個索引陣列，陣列元素的內容要解釋為**指標**，指向 s 陣列的某個元素。例如：idx[3]的內容為 4，所以 idx[3]指向 s[4]，也就說「printf("%f ", s[**idx[3]**].avg);」會印出 95.5。因為 idx[3]的內容為 4，所以 s[**idx[3]**]即為 s[**4**]。

idx	值	→	s	idNo	eng	math	avg
idx[0]	0	→	s[0]	2010A01	70	80	75.0
idx[1]	1	→	s[1]	2010A02	95	90	92.5
idx[2]	2	→	s[2]	2010A03	80	86	83.0
idx[3]	4	→	s[3]	2010A04	86	90	88.0
idx[4]	3	→	s[4]	2010A05	95	96	95.5

假設索引陣列 idx 的內容如上圖所示，下列的程式段會依索引陣列的指定順序印出 s 陣列的每個元素內容。請特別注意：列印資料時，s[4]**會排在** s[3]**的前面**。

```
for(i=0;i<5;i++){
    printf("%5s %4d ",s[idx[i]].idNo,s[idx[i]].eng);
    printf("%4d %5.1f\n",s[idx[i]].math,s[idx[i]].avg);
}
```

如果索引陣 idx 的內容為{4, 1, 3, 2, 0}如下圖所示，上列的程式段所印出的資料順序恰巧就是陣列 s 以 avg **欄位值**(即**平均成績**)由高到低的排序結果。這個例子告訴我們：只要正確地**調整索引陣列的內容**，就可以不變動資料陣列，且又能找出陣列的排序結果。

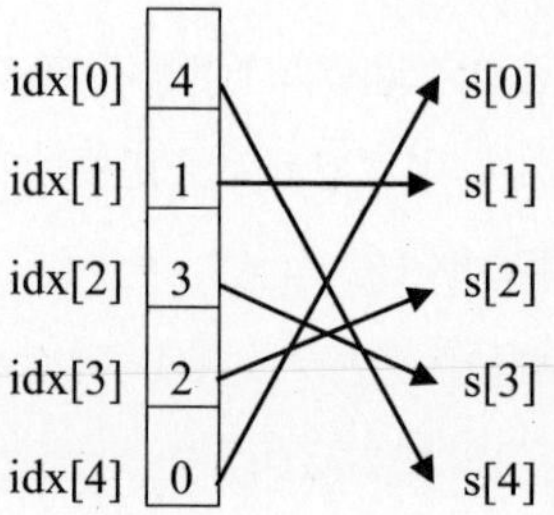

	idx		idNo	eng	math	avg
idx[0]	4	s[0]	2010A01	70	80	75.0
idx[1]	1	s[1]	2010A02	95	90	92.5
idx[2]	3	s[2]	2010A03	80	86	83.0
idx[3]	2	s[3]	2010A04	86	90	88.0
idx[4]	0	s[4]	2010A05	95	96	95.5

下列 pr12-5.c 示範如何使用索引陣列，顯示資料陣列的排序結果。

◎ pr12-5.c 程式：

```
04:  struct stuData{
05:       char   idNo[10];
06:       int     eng,math;
07:       float   avg;
08:  };
09:
10:  int    cnt=5, idx[5]={4,1,3,2,0};
11:  struct stuData s[5]={{ "2010A01",70,80,75.5},
12:         {"2010A02",95,90,92.5}, { "2010A03",80,86,83.0},
13:         {"2010A04",86,90,88.0}, { "2010A05",95,96,95.5} };
14:
15:  main()
16:  {   int   i;
17:
18:       for(i=0;i<5;i++){
19:            printf("%5s %4d ",s[idx[i]].idNo,s[idx[i]].eng);
20:            printf("%4d %5.1f\n",s[idx[i]].math,s[idx[i]].avg);
21:       }
22:  }
```

問題

將索引陣列 idx 存入合適的初始值，寫程式調整 idx 之內容如 pr12-5.c 所示。最後以平均成績由高到低的排序結果印出陣列 s 的內容。

索引陣列的**初始值**就是資料陣列的元素**註標**，目前因為資料陣列 s 沒有空的元素，所以索引陣列 idx 的起始值可以設定為{0, 1, 2, 3, 4}，如下所示。

idx		→	s	idNo	eng	math	avg
idx[0]	0	→	s[0]	2010A01	70	80	75.0
idx[1]	1	→	s[1]	2010A02	95	90	92.5
idx[2]	2	→	s[2]	2010A03	80	86	83.0
idx[3]	3	→	s[3]	2010A04	86	90	88.0
idx[4]	4	→	s[4]	2010A05	95	96	95.5

假設我們要用泡沫排序法將陣列 s 依 avg 欄位值由大到小排列，首先要做的是：

if (第 1 人的 avg < 第 2 人的 avg) 兩筆記錄位置互換;

1. 以前的做法是： if (s[0].avg < s[1].avg) s[0]和 s[1]互換;
2. 現在的做法是： if (s[idx[0]].avg < s[idx[1]].avg) idx[0]和 idx[1]的內容互換;

做完第一次的比較後，idx[0]和 idx[1]的內容互換，陣列內容如下所示。

idx		→	s	idNo	eng	math	avg
idx[0]	1	→ s[1]	s[0]	2010A01	70	80	75.0
idx[1]	0	→ s[0]	s[1]	2010A02	95	90	92.5
idx[2]	2	→	s[2]	2010A03	80	86	83.0
idx[3]	3	→	s[3]	2010A04	86	90	88.0
idx[4]	4	→	s[4]	2010A05	95	96	95.5

接下來要做的是：「if (第 2 人的 avg < 第 3 人的 avg) 兩筆記錄位置互換;」，更接近 C 語言的寫法為「if (s[idx[1]].avg < s[idx[2]].avg) idx[1]和 idx[2]的內容互換;」。

做完第二次的比較後，idx[1]和 idx[2]互換，陣列內容就變成：

idx[0]	1
idx[1]	2
idx[2]	0
idx[3]	3
idx[4]	4

	idNo	eng	math	avg
s[0]	2010A01	70	80	75.0
s[1]	2010A02	95	90	92.5
s[2]	2010A03	80	86	83.0
s[3]	2010A04	86	90	88.0
s[4]	2010A05	95	96	95.5

讀者是否注意到：索引陣列中的**數值 0 逐次往下移**，這代表 s[0]的排列順序逐次往下移。因為 s[0]的總平均成績最底，所以比完一輪後，數值 0 會移到 idx 陣列的尾端，這等同於將平均成績最低的學生記錄排到陣列的尾端。執行**一輪比較**的程式段如下所示：

```
for(i=0;i<4; i++)
    if (s[ idx[i] ].avg < s[ idx[i+1] ].avg){
        temp=idx[i];
        idx[i]=idx[i+1];
        idx[i+1]=temp;
    }
```

結論：使用索引陣列後，程式無需執行資料陣列 s 的排序，改而執行**索引陣列 idx 的排序**。讀者可以計算資料陣列 s 的一筆資料和一個索引陣列元素(即整數)所佔的記憶體大小比值，這個比值大約就是新舊兩種方法交換兩筆記錄的速度比，當然這就是使用索引陣列所換來的好處了。

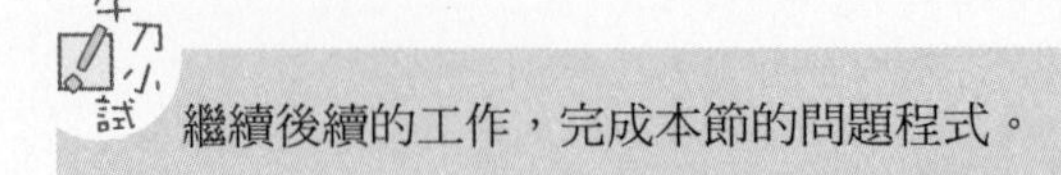

繼續後續的工作，完成本節的問題程式。

使用索引陣列可獲得許多好處，除了保有資料陣列的原始順序、提升排序速度外。搜尋資料時也可以**依據索引陣列**進行二元搜尋，藉以提升搜尋速度。請注意：由於本節的索引陣列的內容是依據陣列 s 的 avg 欄位調整產生，故而等同於以 avg 欄位值進行二元搜尋。

將來讀者學習**資料庫系統**時，要記得：為**資料陣列**建立**索引陣列**的原理就等同於為資料庫的**資料表**(table)建立**索引**(index)，可以加快資料表的排序與搜尋速度。

12-6 主功能表程式

許多應用程式會提供使用者一個「**主功能表**」，讓使用者選擇要執行的**選項**，再依照使用者選擇的選項執行**對應的程式**(或函數)。「選擇**選項** → 執行**選項程式**」會週而復始地重複(無窮迴圈)，直到使用者選擇「**結束程式**」的選項後，「主功能表」的程式才會結束。典型的「主功能表」程式演算法如下所示：

```
while (1) {
    秀出所有選項;
    讀入使用者鍵入的選項;
    依選項執行對應的程式;
}
```

現在我們開始來寫一個主功能表的程式，一般而言，這種程式是應用系統的**主程式部分**，也就是**最核心的部分**，卻也是最簡單的部分：

在螢幕座標(10, 6)的位置開始秀出主功能表，選項字串間要對齊並隔列顯示，主功能表如下：

1. Run sub1

2. Run sub2

0. Good bye

Select 0-2:

請讀者先回顧 10-9 節寫過的一個函數「void skipxy(int x, int y);」，這函數能使螢幕游標自目前的位置**往下跳 y 列**，再**往右印出 x 個「空白」**。另外，請注意 skipxy 函數已被搬到引入檔 myLib.h 中，因此叫用函數前要先引入 myLib.h。我們把**秀出主功能表的無窮迴圈**加上兩個示意用的函數 **sub1**、**sub2**，即得完整的程式 pr12-6.c：

◎ pr12-6.c 程式：

```
03:  #include <conio.h>
04:  #include "myLib.h"
05:
06:  void sub1()
07:  {   system("cls");
08:      skipxy(9,5);   printf("sub1 is done. Press any key!");
09:      getche();
10:  }
11:
12:  void sub2()
13:  {   system("cls");
14:      skipxy(9,5);   printf("sub2 is done. Press any key!");
15:      getche();
16:  }
17:
18:  main()
19:  {   char c;
20:
21:      while(1){
22:          system("cls");
23:          skipxy(9,5);   printf("1. Run sub1");
24:          skipxy(9,2);   printf("2. Run sub2");
25:          skipxy(9,2);   printf("0. Good bye");
26:          skipxy(9,2);   printf("Select 0-2: ");
27:
28:          c=getche();
29:          if (c=='1') sub1();
30:          if (c=='2') sub2();
31:          if (c=='0') exit(0);
32:      }
33:  }
```

測試程式時，請讀者試著鍵入其他的任意鍵，檢查是否只有「**鍵入 0**」才能結束無窮迴圈。另外，請注意：

1. 第 09、15 列的「getche();」敘述並不想取得自鍵盤讀入的字元，其真正的目的只是產生暫停，等使用者按任一鍵後跳回主函數。
2. 第 31 列的「exit(0);」敘述也可使用「break;」敘述取代。因為 break 的功用是「跳出迴圈」，在這裡「跳出 **while** 迴圈」後就是程式的結束了。

pr12-6.c 程式的小小缺點是不管按入什麼鍵，第 29 到 31 列的三個 if 敘述都會被逐一執行。因此，可以改用 **switch** 敘述取代多重的 if 指令，如 **pr12-7.c** 主程式所示：

◎ pr12-7.c 的主程式：

```
18:  main()
19:  {   char c;
20:
21:      while(1){
22:          system("cls");
23:          skipxy(9,5);   printf("1. Run sub1");
24:          skipxy(9,2);   printf("2. Run sub2");
25:          skipxy(9,2);   printf("0. Good bye");
26:          skipxy(9,2);   printf("Select 0-2: ");
27:
28:          c=getche();
29:          switch (c){
30:              case '1': sub1( ); break;
31:              case '2': sub2( ); break;
32:              case '0': exit(0);
33:          }
34:      }
35:  }
```

測試程式時，可再次驗證 break 敘述的功能：將第 **30** 列「**case '1': sub1( ); break;**」中的「break;」拿掉。執行程式後輸入「1」鍵，檢查是否 sub1 及 sub2 兩個函數都會被執行；但輸入「2」鍵則只有 sub2 函數會被執行。

12-7 成績處理系統

這一節將結合 12-4 節的「**成績處理**」程式與 12-6 節的「**主功能表**」程式，整合出來的結果可以視為一個小小的應用系統。這樣的整合經驗對於程式專題製作或較大的系統開發有很大的幫助，請讀者細細體會。

在螢幕座標(10,6)的位置開始秀出成績處理系統的主功能表，選項字串間要對齊且隔列顯示，主功能表如下：

```
1.        Load file
2.        Sort array
3.        List array
0.        Good bye
Select 0-3:  _
```

Load file　：用來選擇輸入檔，執行後須鍵入檔名，檔案資料會讀入陣列中。

Sort array：會把陣列元素依「平均成績」由高至低排序。

List array　：在螢幕上印出陣列的成績資料。

Good bye　：結束程式。

由於執行「**Load file**」選項後需要鍵入**輸入檔之檔名**，所以我們要稍稍修改 pr12-4.c 程式裡的 loadFile 函數。原本這個函數只是**固定**用來開啟輸入檔 class1.in，現在需要加入 scanf 敘述來讀取檔名存入變數 **fileName** 內，再用變數 **fileName** 來開檔。解題程式要改放新版的 loadFile 函數如下所示，：

◎ 新版的 loadFile 函數：

```
16:  void loadFile()
17:  {   int i;
18:      char fileName[20];
19:
20:      system("cls");
```

```
21:     skipxy(9,5);   printf("Input file name: ");
22:     scanf("%s",fileName);
23:     inf=fopen(fileName,"r");
24:     if (inf==NULL){
25:         skipxy(9,1);
26:         printf("Failed to open %s!",fileName);
27:         getche();
28:         return;
29:     }
30:     i=0;
31:     while( (fscanf(inf,"%s",s[i].idNo)) != EOF){
32:        fscanf(inf,"%d%d",&s[i].eng,&s[i].math);
33:        s[i].avg=(float)(s[i].eng+s[i].math)/2;
34:        i++;
35:     }
36:     cnt=i;
37:     skipxy(9,1);
38:     printf("loadFile is done. Press any key!");
39:     getche();
40: }
```

請注意：第 25、37 列要叫用「skipxy(9,1);」而不是「skipxy(9,2);」，因為第 22 列的「scanf("%s",fileName);」要求使用者在鍵入檔名後，**要按【Enter】鍵**才算完成輸入。由於按了【Enter】鍵會讓游標下移一列，所以只要再跳一列即可空出一列出來。

使用 Visual C++的讀者請注意：myLib.h、class1.in、class2.in 三個檔案都放在程式檔的上上層目錄，因此檔案路徑必須先加入「"..\\..\\"」再接上檔名。故光碟範例會與書本範例略有不同。至於程式的列號與執行程式後的操作則完全相同。

至於陣列的**排序**及資料**列印**，解題程式 pr12-8.c 則引用 pr12-4.c 的 sortAvg 與 prtArray 兩個函數來執行。pr12-8.c 的主程式如下所示：

◎ pr12-8.c 的主程式：

```
68:  main()
69:  {   int   c;
70:
71:      while(1){
72:          system("cls");
73:          skipxy(9,5);    printf("1. Load file");
74:          skipxy(9,2);    printf("2. Sort array");
75:          skipxy(9,2);    printf("3. List array");
76:          skipxy(9,2);    printf("0. Good bye");
77:          skipxy(9,2);    printf("Select 0-3: ");
78:
79:          c=getche();
80:          switch (c){
81:              case '1': loadFile();    break;
82:              case '2': sortAvg();    break;
83:              case '3': prtArray(); break;
84:              case '0': exit(0);
85:          }
86:      }
87:  }
```

執行 pr12-8.c 程式後，會看到螢幕上秀出**主功能表**，讀者要先按下「1」鍵。此時被執行的 loadFile 函數會在螢幕上秀出訊息「**Input file name:**」，讀者可鍵入輸入檔的名字「class1.in」或「class2.in」，loadFile 函數會把**輸入檔**的資料讀進程式的**陣列**中。

接下來可以印出陣列**排序前**的內容(按下「3」鍵)，再執行排序(按下「2」鍵)，最後再印出陣列**排序後**的內容(按下「3」鍵)，這樣的操作順序就可以比較**排序前**、**後**的陣列內容是否正確。一切都沒問題之後，再選「1」，試試不同的輸入檔。

筆者剛剛說明的步驟就是應用系統的「**操作程序**」或「**測試程序**」，一般來說，客戶委託我們開發程式時，我們得先和客戶討論好客戶所需的「**程式輸出**」— 包括**螢幕**輸出、**檔案**輸出和**報表**列印(即書面輸出)。再依據「程式輸出」的要求找出應用系統所需的「**輸入資料**」與「**操作程序**」。如果是很大、很複雜的應用系統，這樣的工作需要一個

瞭解系統需求(即客戶需求)而且**程式經驗豐富**的人來負責規劃，這個人就是所謂的「**系統分析師**」── 程式設計師的老闆。

使用 12-5 節的索引陣列，讓系統提供兩種列印結果：依資料原始順序、依平均成績排序。指令選項多加入「4. List Sorted Array」，用來列印排序後的結果，而原來的「3. List Array」則改為列印原始資料順序。

12-8 擴充系統功能

「系統分析師」在找人寫程式時，會說明 ── 程式的**輸入**、**輸出規格**、**程式功能**與**操作程序**。以本章的成績處理系統為例，他會說明：

1. 輸入檔的名稱(class1.in)、資料型態及用途。
2. 全域變數(如：陣列 **s**、整數 **cnt**)的資料型態及用途。

有了這些資訊我們就可以先行鍵入(測試用的)**輸入檔**，接下來就要依據**全域變數**、**程式功能**與**操作程序**著手程式的製作。

陣列 s 是個**全域變數**，其資料型態是 **stuData**。自 **class1.in** 將成績資料讀入陣列 **s** 後，寫出 searchData 函數，函數會：

(1) 在螢幕座標 (10,6) 處秀出「Input idNo: 」。

(2) 讀入使用者鍵入的學號。

(3) 依「學號」搜尋陣列 s，找到學生成績後將之秀在螢幕上，若陣列中找不到該學號之資料則秀出「Not found!」。

這是個有關陣列搜尋的問題，10-8 節有類似功能的例子。假設我們要把使用者鍵入的學號(字串)暫存在**變數 query** 內，而變數 **cnt** 存有學生的人數，則 **searchData** 函數的演算法就變成：

```
自鍵盤讀學號存入 query 中;
for(pos=0; pos < cnt; pos++)
      if (query 和 s[pos].idNo)內容相同) 不要再往下找;
if (找到資料)
      印出成績資料;
else
      印出「Not found!」;
```

相信讀者可以輕鬆地將上列的演算法轉變成 searchData 函數，並寫出主程式，主程式要先開啟成績檔 class1.in，將檔案資料讀入**陣列 s** 並算出學生人數存於 **cnt** 中。最後，再叫用 searchData 函數進行資料搜尋的工作。**searchData** 函數如下所示：

◎ pr12-9.c 的 searchData 函數：

```
42:  void searchData()
43:  {   char query[10];
44:      int   pos;
45:
46:      system("cls");
47:      skipxy(9,5); printf("Input idNo: ");
48:      scanf("%s",query);
49:      for(pos=0;pos<cnt;pos++)
50:            if( strcmp(query,s[pos].idNo)==0 ) break;
51:      if (pos<cnt){
52:            skipxy(9,1);   printf("English is %3d",s[pos].eng);
53:            skipxy(9,2);   printf("Math is %3d",s[pos].math);
54:            skipxy(9,2);   printf("Average is %5.1f",s[pos].avg);
55:      }
56:      else{
57:            skipxy(9,1);   printf("Not found");
58:      }
59:      skipxy(9,2);   printf("Press any key!");
60:      getche();
61:  }
```

注意

每個程式設計師必須有自己的程式開發環境，如 pr12-9.c。尤其多人同時開發成績處理系統時，為了避免對現有的系統(包括程式或資料)造成意外的破壞，我們不會直接在系統(即 pr12-8.c)上開發自己負責的程式。

請執行 pr12-9.c 程式，並鍵入不同的學號，**包括不存在的學號**，來測試程式的正確性。通過了完整的測試，就可以把程式(或函數)交給老闆。他會做什麼事呢？

他會把 searchData 函數放入 pr12-8.c 中(即成績處理系統的程式檔)，並修改其主函數程式，加入「4. **Search data**」選項，修改完成的主函數如下所示：

◎ pr12-10.c 的主函數：

```
 92:  main()
 93:  {   int    c;
 94:
 95:      while(1){
 96:          system("cls");
 97:          skipxy(9,5);   printf("1. Load file");
 98:          skipxy(9,2);   printf("2. Sort array");
 99:          skipxy(9,2);   printf("3. List array");
100:          skipxy(9,2);   printf("4. Search data");
101:          skipxy(9,2);   printf("0. Good bye");
102:          skipxy(9,2);   printf("Select 0-3: ");
103:
104:          c=getche();
105:          switch (c){
106:              case '1': loadFile();     break;
107:              case '2': sortAvg();      break;
108:              case '3': prtArray();     break;
109:              case '4': searchData(); break;
110:              case '0': exit(0);
111:          }
112:      }
113:  }
```

請讀者注意：第 100、109 列是新加入的兩列程式，加入這兩列就可以多出**選項 4**。系統分析師更要精於程式測試或系統測試，例如：執行 pr12-10.c 後他會先選「1」指定讀取 class1.in 檔案，再選「4」後輸入若干個學號(包含可能出錯的學號)，檢查程式輸出是否正確。一切無誤後他會再選「1」指定讀取 class2.in 檔案，再做一次測試，若仍然沒有任何錯誤他就會接受這個程式。

在結束本書之前，筆者要鄭重提醒讀者：務必養成**註解程式**的習慣。在函數的開頭要註解函數**輸入參數的意義**、函數的**輸出結果**、使用哪些**全域變數**，哪些**重要的區域變數**…等等。**重要**或**複雜的程式段**之前也要寫下清楚的註解或流程，來說明程式段的功能。這麼做將來不管是你或別人要來維護(修改)程式時，才不需要花很多的時間重新讀懂程式。

身為系統分析師或老闆更須要求程式設計者在繳交的程式上附加詳細的註解，否則他的離職就會是你噩夢的開始。本書為使程式精簡、易讀，完全沒有做好**註解程式**的示範，筆者在此致歉。

12-9 習　題

1. 修改 pr12-10.c 程式，加入「5. **Modify data**」選項，其功能是**修改**學生的(英文、數學)成績。首先函數要秀出提示訊息 —— 請使用者**鍵入學號**，再依學號搜尋陣列，找到學生成績後秀在螢幕上，接下來要提示使用者**鍵入新的成績**。若陣列中找不到該學號之資料則秀出「Not found!」。
2. 修改 pr12-10.c 程式，加入「6. **Insert data**」選項，其功能是**新增**學生資料(學號及英文、數學成績)。首先函數要秀出提示訊息 —— 請使用者依序鍵入三欄資料，並將三欄資料讀入陣列中，讀入後還要算出平均，最後秀出「Insertion completed!」。

   注意：新增或修改學生資料後要執行「3」號選項 —— 列印陣列內容，檢查資料是否正確地異動。
3. 修改 pr12-10.c 程式，加入「7. **Delete data**」選項，其功能是**刪除**學生資料。首先函數要秀出提示訊息 —— 請使用者**鍵入學號**，再依學號搜尋陣列，找到學生資料後刪除之，最後再秀出「Deletion completed!」。若陣列中找不到該學號之資料則秀出「Not found!」。
4. 修改 pr12-10.c 程式，加入「8. **Save file**」選項，其功能是把陣列的內容**寫回**成績檔(class1.in 或 class2.in)，存檔後秀出「File saved!」。請注意：不要把平均成績寫回成績檔，因為原本的成績檔就沒有平均成績，平均成績是用程式算出來的。

   提示：**i.** 把存放輸入檔**檔名**的 fileName 變數設為**全域變數**，程式會比較好寫。

   ii. 本函數的功用是 —— **異動**學生資料後，如果沒有寫回成績檔，下次讀入成績檔時就看不到異動過的學生資料。
5. 修改 pr12-10.c 程式，加入「9. **Sort by idNo**」選項，其功能是把陣列元素依「idNo」的(字串)值**由小到大排序**。因為陣列可能在依成績排序後又再新增學生資料，要存回成績檔之前，先執行「9」號選項可以把陣列元素先調整為依學號順序排列。
6. 修改 pr12-10.c 程式，加入「w. **Write file**」選項，其功能是把陣列的內容寫到**成績輸出檔**(class1.out 或 class2.out)，寫檔後再秀出「File written!」。輸出檔格式：每筆資料有四個欄位 —— 學號、英文、數學及平均。
7. 修改第 1, 2, 3 題的程式，在使用者鍵完資料後，詢問「**Are you sure (y/n) ?**」，若使

用者回答「**y**」則進行預定的資料異動，否則放棄資料的異動。

8. 修改第 2 題的「資料新增」函數，新增前要檢查學號**是否重複**，若有重複則提示使用者，再輸入一次新的學號。

9. 使用 12-5 節的索引陣列，改寫程式讓所有操作都**不會變動**資料陣列 s 的原有順序。請注意：資料陣列與索引陣列都要一起處理才不會出錯。

10. 當資料量很龐大時，刪除一筆資料常會需要大量搬動排在其後的資料。請試想：刪除資料陣列的 s[0]後，從 s[1]開始的所有資料都要往前移動一個位置。這對於資料量龐大又要快速反應的銀行資訊系統而言，是令人無法忍受的。其實我們只要先刪除索引陣列的元素就可以了，等到適當的時機再刪除資料陣列的元素。如下圖所示，索引陣列的元素少了 2，故而我們從索引陣列讀取資料陣列時就讀不到 s[2]。因此，如果將資料寫回檔案，s[2]就會永久刪除。請利用這種技巧改寫刪除資料、儲存檔案及其他的相關函數使系統正確運作。

    請注意：此時學生人數的個數是由索引檔的元素個數決定。

idx[0]	4
idx[1]	1
idx[2]	3
idx[3]	0
idx[4]	

	idNo	eng	math	avg
s[0]	2010A01	70	80	75.0
s[1]	2010A02	95	90	92.5
s[2]	2010A03	80	86	83.0
s[3]	2010A04	86	90	88.0
s[4]	2010A05	95	96	95.5

11. 第 10 題所述的狀況，另一種處理方式是在資料陣列多加一個整數欄位(如：deleted)表示資料是否被刪除，可用 1 表刪除、0 表未刪除。因此，顯示資料或儲存檔案時就要檢查 deleted 欄位，並跳過 deleted 為 1 的資料。當然系統讀入資料檔時，每筆資料的 deleted 欄位起始值應為 0。請採用這種方式，改寫成績處理系統的相關函數。

第 10、11 題是學習資料庫系統的重要入門觀念，也是磨練系統開發的好題目。

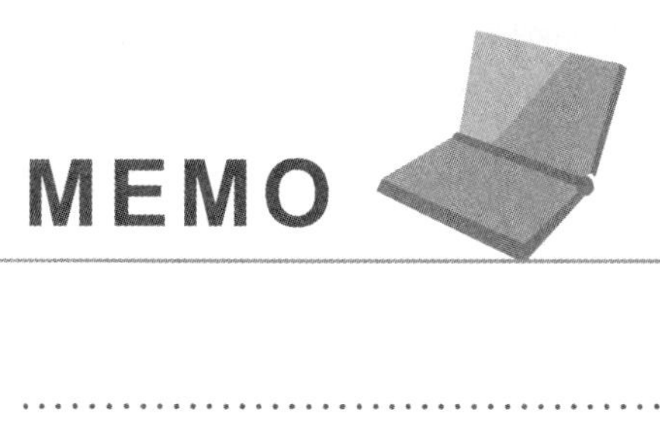
MEMO

C程式設計策略－入門篇

（附單片範例程式光碟）

著　　者：林振輝
出 版 者：國立交通大學出版社
發 行 人：吳妍華
社　　長：林進燈
總 編 輯：顏智
行政編輯：程惠芳
封面設計：林怡君
內文設計：華剛數位印刷有限公司
地　　址：新竹市大學路1001號
讀者服務：03-5736308、03-5131542
（周一至周五上午8:30至下午5:00）
傳　　真：03-5728302
網　　址：http://press.nctu.edu.tw
e-mail：press@cc.nctu.edu.tw
出版日期：民國100年6月第一版
民國101年10月第一版二刷
定　　價：520元
ISBN：978-986-6301-21-6
GPN：1010001062

展售門市查詢：
國立交通大學出版社
http://press.nctu.edu.tw

或洽政府出版品集中展售門市：
國家書店
(台北市松江路209號1樓)
網址：http://www.govbooks.com.tw
電話：02-25180207
五南文化廣場台中總店
(台中市中山路6號)
網址：http://www.wunanbooks.com.tw
電話：04-22260330

國家圖書出版品預行編目資料

C程式設計策略・入門篇/林振輝 - 第一版
--新竹市：交大出版社，民100.06
576面；17*23公分
ISBN 978-986-6301-21-6(平裝附光碟片)
1. C (電腦程式語言)
312.32C　　　　100008441